《イスラエル諜報特務庁》

モサド最強のスパイ

エンジェルと呼ばれたエジプト高官その謎の死を追う

ウリ・バル＝ヨセフ【著】
持田鋼一郎【訳】
佐藤　優【解説】

ミルトス

アシュラフ・マルワン
とモナの結婚式
1966 年 7 月

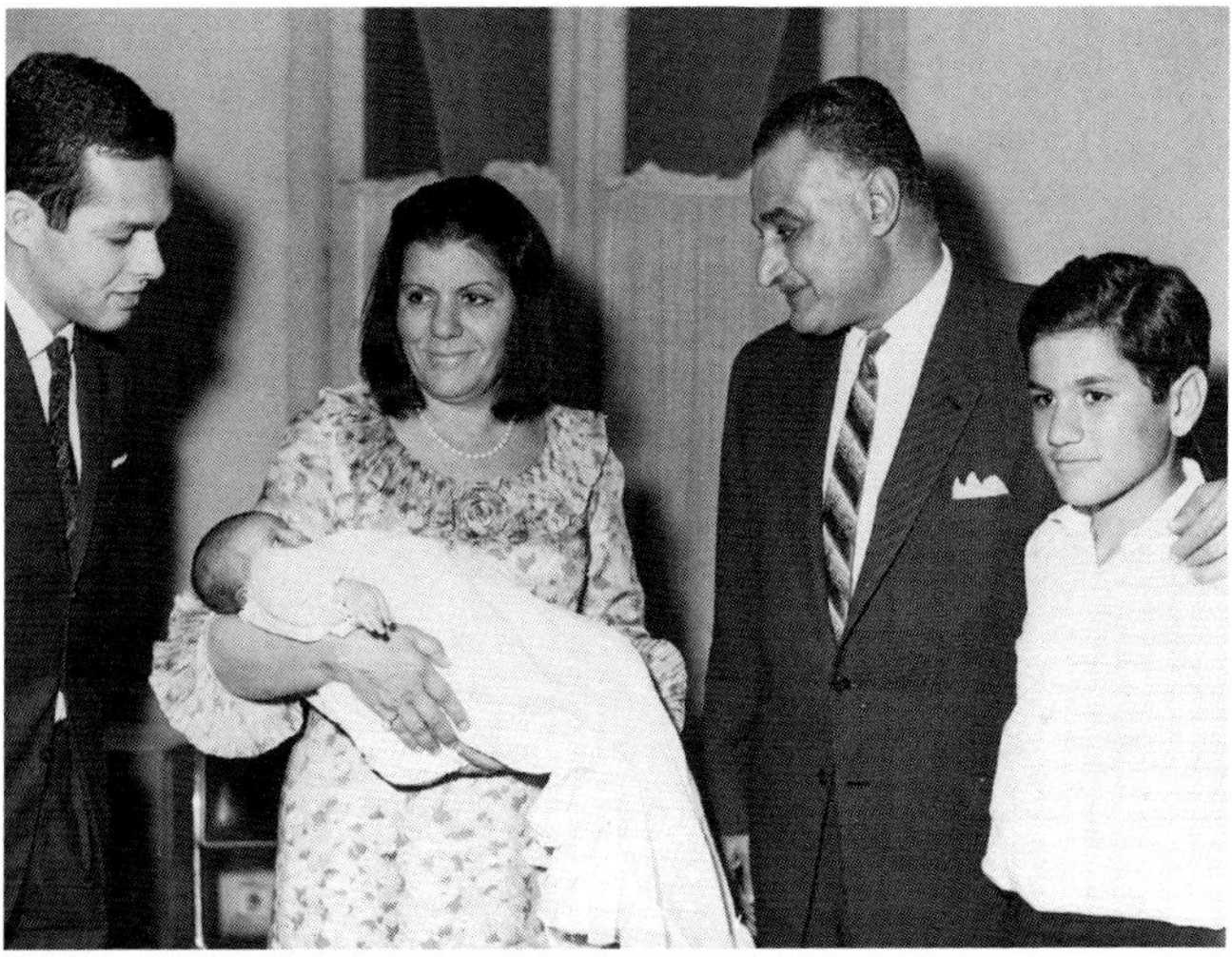

左からマルワン、マルワンの第一子ガマルを抱くタヒア大統領夫人、
ナセル大統領、大統領の三男アブデル・ハミド

③

④

⑤

《ナセル・エジプト大統領の家族》
左から長女ホダの夫ハテム、ホダ、ナセル大統領、タヒア大統領夫人、次女モナ、モナの夫マルワン

①
ダヴィッド・エルアザ
イスラエル国防軍
参謀総長

②モシェ・ダヤン
イスラエル国防相

③ゴルダ・メイール
イスラエル首相

④ツヴィ・ザミール
モサド長官

⑤エリ・ゼイラ
イスラエル軍事諜報局

《上》マルワンが転落死した
カールトン・ハウスのテラス

《右》アシュラフ・マルワン
の葬儀で未亡人モナ（中央左）
を弔問するムバラク大統領の
次男ガマル（中央右）

目次

凡　例

- 訳者による注は本文中に《　》で示した。
- 邦訳がない引用文献は原書名を（　）で示した。
- 原書の注および参考文献は割愛した。

主な登場人物

エジプト

- **アシュラフ・マルワン、「天使《エンジェル》」**…ナセル大統領の義理の息子、サダト大統領の側近、モサド（イスラエル諜報特務庁）のスパイ
- **モナ・マルワン**…ナセル大統領の娘でアシュラフ・マルワンの妻
- **ガマル・アブデル・ナセル**…エジプトの大統領（一九五二〜一九七〇年）
- **タヒア・ガマル・アブデル・ナセル**…ガマル・アブデル・ナセルの妻
- **サミ・シャラフ**…ナセルの首席補佐官、一九七一年に逮捕されるまでムハバラート（エジプトの諜報機関）の権力者
- **モハメッド・ハサネイン・ヘイカル**…エジプトの最有力紙アルアハラムの編集長（一九五七〜一九七四年）、ナセルの親友の一人
- **アンワル・サダト**…エジプトの大統領（一九七〇〜一九八一年）
- **ジハン・サダト**…アンワル・サダトの妻
- **サアド・エル＝シャズリ**…ヨム・キプール戦争時のエジプト軍参謀総長
- **モハメッド・アブデル・ガニ・エル＝ガマシ**…ヨム・キプール戦争時のエジプト軍作戦部長
- **ホスニ・ムバラク**…エジプトの大統領（一九八一年〜二〇一一年）

イスラエル

- **ドゥビー、「アレックス」、「ロード博士」**（本名は今も非公開）…モサドの諜報員、マルワンの操縦者（協力者を管理する担当局員、一九七〇〜一九九八年）
- **ツヴィ（ツヴィカ）・ザミール**…モサドの長官（一九六八〜一九七四年）
- **フレディ・エイニ**…ツヴィ・ザミールの首席補佐官
- **シュムエル・ゴーレン**…モサドのヨーロッパ作戦本部の指揮官（一九六八〜一九七四年）
- **ゴルダ・メイール**…イスラエルの首相（一九六九〜一九七四年）

●**モシェ・ダヤン**…イスラエルの国防相（一九六七〜一九七四年）

●**イスラエル・ガリリ**…無任所相、メイール首相の側近

●**ダヴィッド・エルアザル**…イスラエル国防軍参謀総長（一九七二〜一九七四年）

●**エリ・ゼイラ**…軍事諜報局長（一九七二〜一九七四年）

●**アリエ・シャレヴ**…軍事諜報調査局長（一九六七〜一九七四年）

●**メイール・メイール**…軍事諜報調査局第六部局（エジプト担当）長（一九六九〜一九七二年）

●**ヨナ・バンドマン**…軍事諜報調査局第六部局長（一九七二〜一九七四年）

●**アーロン・ブレグマン**…ロンドン在住のイスラエル人歴史家

●**ロネン・ベルグマン**…マルワンの記事を書いたイスラエル人ジャーナリスト

■その他■

●**カマル・アドハム**…サウジアラビアのファイサル国王の甥、サウジ諜報機関の創設者、マルワンがサダト大統領とファイサル国王の関係を取り持った際のサウジの担当者

●**ムアンマル・カダフィ**……リビアの最高指導者（一九六九〜二〇一一年）

●**アブデルサラム・ジャルード**…カダフィの腹心（一九六九〜一九七七年）、マルワンがエジプトとリビアの関係を取り持った際のリビアの担当者

●**アブドゥラ・アル＝ムバラク・アル＝サバ**…クウェートのシェイク（首長）、億万長者、アシュラフとモナ・マルワンの友人

●**スアド・アル＝サバ**…アブドゥラ・アル＝サバの妻、マルワンの友人

●**ハフェズ・アル＝アサド**…シリアの大統領（一九七〇〜二〇〇〇年）

●**ローランド・〝ダイニー〟・ローランド**…イギリスの大物実業家、一九八〇年代初頭からロンドンでのマルワンのビジネスパートナー

●**モハメッド・アル＝ファイド**…ロンドンの実業家、ローランドとマルワンの商売敵

●**クリス・ブラックハースト**…一九八〇年代のロンドンでのマルワンの活動を取材したイギリス人ジャーナリスト

モサド《イスラエル諜報特務庁》最強のスパイ――エンジェルと呼ばれたエジプト高官　その謎の死を追う

序章　葬儀と謎

カイロの七月は暑い。二〇〇七年の七月一日も例外ではなかった。狭い通りは数百万の汗まみれの歩行者たちや夏休みに入った子供連れなど、膨れ上がった群衆で一杯だった。ハーン・アルハリーリの市場は、日々の買い物を急ぐ主婦たちと、名高い東洋の市場特有の魅力を見物する観光客で溢れかえっていた。カイロの八万人のタクシー運転手は街の混雑した街路に通じる小径を横切るために悪戦苦闘し、警笛を鳴らし続けた。

こうした大勢の人々のうちのほんのわずかな人々が街のモダンな郊外、ヘリオポリスにあるオマール・ビン・アブドゥル・アジズのモスクに集まっていた。モスクで行なわれている葬儀に出席している数百人の会葬者は、見かけない制服とネクタイを身に着けるか、軍服を着ていた。エジプトの政治、安全保障、それに実業界のエリートたちだった。会葬者全員がアシュラフ・マルワン博士の家族の一員、友人、仲間、それに長年にわたるビジネスの協力者、といったマルワン博士の知り合いの人々だった。

マルワンは、四日前に死んでいた。ロンドンのピカデリー・サーカスに程近い豪華なアパートの五階のバルコニーから謎に満ちた転落死を遂げていた。一九六六年にマルワンは、ガマル・アブデル・ナセル大統領の娘モナと結婚していた。大統領の家族に加わることは、まずナセル大統領の高官として、次いでナセルの死後はアンワル・エル＝サダト大統領の側近として、エジプト政界の上層部に至る道をマルワンに開いた。公務を退いてからは、疑惑に満ちた事業の経歴を積むためにアラブ世界との接触を続け、一九八一年からはロンドンに住んでいた。

マルワンの遺体は前日にカイロに到着していた。ホスニ・ムバラク大統領の高官ザカリア・アズミとアフメド・シャフィック航空相が、空港で棺の到着を待っていた。今モスクでは、ムバラク大統領の息子で明らかな相続人であるガマル（ジミー）・ムバラクが、マルワンの未亡人と二人の息子を慰めていた。これは単なる公式の儀礼ではなく、個人的な心遣いといってよかった。ガマルはアシュラフ・マルワンの息子の親友であり、二人はしばしば互いの家を訪問し合っていた。シナイ半島の南端にあるシャルム・エルシェイクで行なわれてからまだ二カ月も経っていないガマル・ムバラクの豪華な結婚式に、マルワン一家は出席していた。

ムバラク大統領自身はガーナのアクラで開催されていたアフリカ・サミットに参加していて、葬儀には参列できなかった。しかし、マルワンを「エジプトの真の愛国者」として述べた公式見解を表明していた。ムバラクは、故人が国家のために果たした偉大な貢献を個人的に知っていたと付け加えていた。エジプト諜報機関の第一人者で軍事の権威であるオマール・スレイマン将軍は葬儀に参列し、マルワンの疑問の余地ない愛国心に対する大統領の声明に公式の承認を与えた。立法府からはエジプト議会のスポークスマンと上院議長が参列していた。軍部の将校が、実業界の大物の隣に座り、カイロ大学の総長を含む学者たちが、エジプトの指導的な日刊紙アルアハラムの主幹といった年季の入ったジャーナリストたちと共に話をしているのが見られた。

イスラム世界で最古のアルアズハル大学の大導師であるムハンマド・サイード・タンタウィ博士と、ムバラクによって任命されたエジプトの前最高宗教顧問が、葬儀を取り仕切った。そのすぐそばに、マルワンの家族がいた。未亡人のモナは黒い優雅なドレスをまとい、頭をヴェールで覆っていた。彼の同世代の多くの連中と同様、ナセルのファーストネームを与えられていたマルワンの長男ガマルは、未亡人の隣におり、その隣に弟のハニが立っていた。ハニはエジプトの前外務相アムル・ムーサの娘と結婚しており、二〇〇七年にアラブ連盟の秘書官になっていた。

モナと実家の人々との不和はよく知られていたにもかかわらず、モナの兄弟姉妹が最後の敬意を払うためにやって来ていた。しかし、アンワル・サダトの家族は一人も出席していなかった。カイロのジャーナリストたちの何人かが記しているように、これは大きな驚きだった。一九八一年十月にサダトが暗殺される以前、サダトと妻のジハンは、アシュラフとモナ・マルワン夫妻と親しい関係にあることがよく知られていた。

しかしながら、ジハン・サダトとその娘たちの欠席は比較的取るに足りないことだった。会葬者のうちの何人かが確実に気づいているように、彼らの以前の仲間であるマルワンに与えられた名誉は、痛ましい真実を隠すうわべだけのものに過ぎなかった。あらゆるところで愛国者として公認されているにもかかわらず、会葬者が埋葬した男は、実際には愛国者とは程遠かった。マルワンはむしろ、エジプト史上、最悪の裏切り者だった。

アラブ・イスラエル紛争の歴史の中で最も激しい戦争だった一九七三年十月のヨム・キプール戦争に至る数年間、イスラエルの諜報機関モサドが、エジプトの強固な戦術組織の心臓部に「奇跡的な情報源」を持っていたことが、一九九〇年代初頭から知られ始めた。幾人かの人々――一九九三年に戦争の回想録を出版したイスラエル軍事諜報局長エリ・ゼイラ将軍といった人々――は、その情報源が、最も危機的な瞬間にモサドを裏切った二重スパイであったと主張した。そのためアラブ軍は、ユダヤ人の最も神聖な祭日であるヨム・キプールの日にイスラエルを奇襲できたというのだ。しかし、ゼイラと同程度に信頼のおける、戦争に直接関わった他の人々が存在した。彼らは、二重スパイ説は誤りであり、情報源による開戦間際の警告がなければ、イスラエルは戦争に負けていたかも知れないと固く信じていた。

時が経つにつれて、情報源とその活動実態に関するさらなる詳細が知られるようになった。二〇〇一年に、その情報源はナセルとサダト両大統領の飛び切り身近にいる人物であり、彼を知るわずかなイスラエル人によって「義理の息子」とあだ名されている人物と特定された。エジプトのジャーナリストはマルワンに、「あの有名なスパイだったのではないか」と直接尋ねた。マルワンはその主張を否定したが、スパイの身元の暴露に大きな役割を果たしたロンドンのキングス・カレッジのイスラエル人歴史学者アーロン・ブレグマンは、「奇跡的なモサドの情報源」は間違いなくマルワンだとエジプトのジャーナリストたちに断言した。

マルワン自身は告発を否定し続けた。しかし、二〇〇七年六月七日にテルアビブで開かれた裁判の中で、法廷はマルワンがその情報源であったことを肯定した。マルワンは自分の首に掛けられた縄が引き絞られてゆくのを感じ始めた。その三週間後にマルワンは死んだ。

少なくともオマール・スレイマン将軍のような葬儀に参列したうちのごくわずかな人は、誰が、なぜ、マルワン排除の命令を下したのかよく知っていた。結局、マルワンの暴力的な死は、エジプトの指導層がマルワンの裁判に巻き込まれ、輝かしい経歴を持つエジプト支配層のエリートの一員――妻が伝説の人物ナセルの娘であり、長男がムバラク大統領の後継者といってもいい人物のビジネスの相手であり、次男がアムル・ムーサの娘と結婚している――が、エジプトとイスラエルの戦争の天下分け目の時期にモサドのスパイであったことを公式に認めるという窮地を救った。

二〇一一年初頭のムバラク政権崩壊後、誰がマルワンを抹殺する命令を下したかという疑問に対する回答が暗示された。エジプトの雑誌ローズ・アルユスフによれば、マルワンの謎の死後、記者に「私はマルワンの忠誠心を疑わない」と述べた人物は、ムバラク本人だけだった。

二〇〇九年五月十日、アメリカのCBSテレビの番組「六十分《シックスティー・ミニッツ》」が、アシュラフ・マルワンの栄達と没落、そして彼の死を巡る論争を追った。「完全なスパイ」と題された番組の終了間際、CBSのスティーブ・クロフトは、「では最後に、誰がマルワンを本当に裏切ったのか？　誰が彼を殺したのか？　もし真実がマルワンと共に埋葬されていないのなら、どこかの最高機密の金庫に埋葬されているに違いない」と言い、解きがたい疑問を述べることで番組を要約した。

この本は、真実を暴露する。真実を得るためには一九四四年のカイロまで戻らなければならない。その時すべてが始まったのだ。

第1章　カイロ、一九四四〜一九七〇年——始まり

アシュラフ・マルワンとして知られるモハンメド・アシュラフ・アブ・アル＝ワファ・マルワンは、カイロのマンシヤト・アルバクリ地区のアルハクマ通り五番地にある家族の家で、一九四四年二月二日に生まれた。そこは首都の中産階級の暮らす新開地で、今も当時のままである。マルワン一家はエジプトの高貴な家柄の出身だった。母方はアル＝ファヤード一族の出で、一族はカイロ北方のナイル川デルタの農業地帯、ガルビア県サ・エルハジャル村の資産家だった。父方の一族は、カイロから約二五〇㎞南方のミニヤ県ソハジャ村の出身だった。マルワン一家は地域で最高の名門の一つで、一族の多くは今でもそこで暮らし続けている。

アシュラフ・マルワンの祖父、ムハンマド・アフメド・マルワンは、自身の一家をカイロに移した。彼はアラブ世界でイスラム法と神学において最古で権威のあるアルアズハル大学を卒業し、エジプトにおけるイスラム法廷の長官にまで出世した。アシュラフ・マルワンの父、アブ・アル＝ワファ・マ

ルワンは、エジプト軍の将校だった。彼はファルーク国王の軍隊の下士官から始め、一九七〇年代に大将の階級で退役するまで、軍隊で昇進を続けた。最終的な地位は、国内の治安に最大の責任を負う軍の部署、エジプト共和国守備隊の副司令官だった。アシュラフ・マルワンとその一家はカイロに住んでいたが、故郷の村との縁を切ることなく一族の祝い事に加わるために村に出かけていた。村人たちによれば、一九七〇年代にソハジャ村がこの地域で最初に配電網に繋がれる村になったのは、アシュラフ・マルワンのお陰だった。このことと、マルワン一家が長年にわたって村に与えた援助と厚意のために、村人たちは今日もマルワン一家に感謝している。

マルワンの成長に関してはとりわけ特異な点は見当たらない。マルワンは弟ハニ、二人の妹モナとアッザと共に、カイロの典型的な中産階級の家で育った。一九五二年、マルワンが八歳の時に、エジプトでは自由将校団のクーデターが起こり、その結果、ガマル・アブデル・ナセルが権力を握り、数年のうちにアラブ世界で最も尊敬される指導者になった。マルワンの父は上級将校だったが、クーデターには全く関係していなかった。それにもかかわらず、一家は新しい指導層と緊密な関係を築いた。権力を掌握した指導者の多くが、マルワン一家の近隣に住んだからだった。ナセルとその家族は既に数年間、マンシャト・アルバクリに暮らしていた。今や自由将校団のかなりの数が、同じように近くに引っ越してきた。この一画はたちまち新体制の政治力の中心部として知られるようになった。

子供時代、マルワンは自宅の近所の学校に通った。マンシヤト・アルバクリ小学校に六年間、アルファルファ中学校に三年間、最後はクブリ・アルクバ高等学校に通い、そこで科学を専攻した。エジプトの一般的な基準どおり学校での授業料は免除されたが、教科書代を払わなければならなかった。高等学校での勉強は猛烈だった。週七時間の数学の授業、五時間の英語、四時間のフランス語、化学と生物が各三時間、それに彼が専攻した第三の科学の授業があり、一日七時間か八時間の授業だった。すでにこの段階で、マルワンの傑出した資質、とりわけ陸軍の優秀生が進む研究予備役への入学許可を得るという、著しく高度な段階への進学を可能にした異彩を放つ知性が明らかになっていた。そのプログラムでは兵役が猶予され、ギザのカイロ大学化学課程の学部に進学することが許可された。マルワンの学習には、特別の士官養成課程が含まれていて、彼は少尉の課程を修了した。一九六五年、課程を終えたマルワンは士官となり、エジプトの軍事産業の化学技術者として兵役を始めた。

過酷な勉学を強いられるにもかかわらず、マルワンは自分の専門分野とはかけ離れた分野、特に経済学、銀行業、金融についての読書に桁外れ《けたはず》な時間を割いた。当時からマルワンを知る人々は、背が高く、魅力的で、親しみやすく、生活の資金を稼ぐ方法を知っている人物として彼を思い描く。大学時代からの二人の親友、モハメッド・ファクリとエッサム・シアムは、研究予備役でマルワンと共に学んだ。シアムは軍人の道を選んだ結果、大将の地位を得た。シアムはまた、国際試合レベルのサッカー解説者および審判員として成功したキャリアを築き、アフリカとエジプトのサッカー連盟に長年務めた。一九六〇年代半ばを共に過ごした間、三人は度々カイロの夜の生活を楽しんだ。授業のない金曜日に三人はしばしばアレクサンドリアに出かけ、浜辺で身体を焼き、海で泳ぎ、遊歩道を散策した。

しかし、マルワンの最高度のエネルギーはテニスコートで発散された。彼は自宅から一㎞弱のところにあるヘリオポリス・スポーツクラブの熱心な会員だった。ここで二十一歳の時に、後に妻となりエジプト社会の上層部への入り口となる女性と出会った。

モナ・アブデル・ナセルは、大統領の娘だった。モナは大統領夫妻の結婚二年後の一九四七年に生まれ、一つ年上の姉ホダがいた。ホダの名前はアラビア語で「贈り物」の意のハディヤにちなみ、両親が息子を望んでいたのだが、とにかく赤ん坊を授かったことへの感謝の意を表するために、母親のタヒアによって名づけられた。モナの後、ナセルは三人の息子を授かった。長男ハレドは政治の世界に入り、イスラエルとアメリカの外交官暗殺の容疑で告発された。次男はアブデル・ハキム、三男はアブデル・ハミドだった。モナが十八歳でカイロのアメリカ大学で学び、未だ両親と同居していた時、初めてアシュラフ・マルワンと出会った。

モナの父ナセルは一九五〇年代の半ば、熱意に溢れ、政治の世界に初めて足を踏み入れた時、彼を自分の仲間と思った大衆にとって瞬く間に救世主のような存在となった。同時に大衆は、自分たち全員を貧しさから救い出し、国民的誇りと繁栄の新しい時代へと導く驚くべき才能のある指導者だと思った。彼は早々と一九五四年にスエズ運河からイギリスを追い払い、一九五五年にはソ連との主な武器取引を削減し、一九五六年にはスエズ運河を国有化し、その後数カ月のスエズ危機においてはイスラエル、フランス、イギリスの「三者の攻撃」に強面《こわもて》で対応することで成果を上げ、国の内外で自らの地位を確固たるものにした。政権に就くと時を移さず、富をより公平に分配するため農地改革をはじめとする政策を打ち出し、過激な政治的世界観を宣言し、一九六〇年代初めにはアラブ世界では初めての社会主義的色彩を持った政策を立てた。指導者も大衆も惹きつける個人的な魅力によって敬意を勝ち取り、国内外の課題を巧みに克服することを可能にする政治的・外交的洞察力を備えた汎アラブ主義の世界観によって統治し、わずか数年のうちにエジプト軍の無名の将校からサラディン以来の最も偉大なアラブ指導者へと変貌した（歴史上のサラディンが実際にはアラブ人だったという事実はなく、クルド人の血をいささか引いていた）。

ナセルの伝説的な地位が、どれだけ多くの影響を家族の生活に与えたか、あるいはどれほど子供たちの養育に影響を与えたか、はっきり知ることはできない。他のアラブの支配者たち、特に亡命したファルク国王とは反対に、ナセルは個人的利得を得るために自らの地位を使うことは決してなかった。一家は、一九四四年にナセルがタヒアと結婚した直後に購入したマンシヤト・アルバクリの同じ家に住み続けていた。妻のタヒアは夫の比較的低額な政府支給の給与で家政を賄《まかな》い続けていた。一家は、ナセルが軍の学校でまだ教師をしていた時に買った同じ小型のオースティンに乗り続けていた。一九五四年に車がおんぼろになった時、月賦で買ったフォードに乗り換えた。

収賄が社会の機構を動かす潤滑油である社会にあって、ナセルの高潔な態度は模範的だった。同時に彼はエジプトの指導者としての仲間たち、とりわけ親友のアブデル・ハキム・アメルが政府の金に手をつけたことをよく知っており、彼らの汚職を自分自身の目的のために利用できる弱点だと考えた。さらにナセルは、大きな富に対して嫌悪を露わにした。一度、エジプトの貴族たちの好みのたまり場になっているアルジェジーラ・スポーツクラブを訪ねたことがあった。そのクラブの雰囲気に強い嫌悪を催したので、二度と訪ねることはなかった。彼はまた、自分の子供たちに人並み以上のいかなる特権を与えることもあえてしなかった。ナイルの岸辺にある故郷のベニ・ムル村の村人たちをいつも心にとめていた。「私は貧しい村の家族の出身であることを非常に誇りに思う」と村人たちに語った。「歴史はナセルが貧しい家族に生まれたことの証言者になり、私は貧しい人間として生きそして死ぬと約束する」。ナセルの長女は、「自分の生活は、エジプトの同世代と同じ普通の生活だった」と回想する。息子のハレドは、自分の政治的経歴においていかなる特典も受けてこなかったと主張した。

もちろんナセルの子供たちは、父親が権力の座に就いた時、自分たちの状況に変化が生じたことを敏感に感じ取ったであろうことは疑う余地がない。子供たちはギザのカウメヤ校に通い続けた。そこはエリートの子供たちが通う学校で、同じ友達と遊び続けた。しかし、ナセルは家で仕事をすることを好み、カイロの宮殿よりも自宅で外国の賓客をもてなすことを好んだから、家での生活は普通の生活とは言えなかった。家族の成長によって必要になったのと、外国の賓客とその随伴者をより効率よく手軽にもてなすために、一度ならず家の建て増しをした。家には間もなくテニスコート、図書館、さらにほかのものが付け加えられた。特別の場合だが、客がとりわけ興味深い人物であるとき、子供たちも同席した。世界ヘビー級のボクシングチャンピオン、モハメド・アリと一緒にハレドが写っている写真が、ナセル一家のスナップショットの中にある。しかし、その成長過程での父ナセルの影響は限られたもので、子供それぞれの事情に依る範囲に留まった。そのことは、マルワンの愛したモナと姉のホダの異なった経験において最もはっきり現れた。

ホダは、皆の話によれば、妹より真面目で知的だった。ナセルの命令でいかなる特別待遇も行なわなかった学校時代の教師は、後にホダの生来の賢さ、献身、勤勉を思い起こしている。ホダは首席で卒業した。ホダの人生の物語は、多くの人に最も自然な過程として見えたに違いない。カイロ大学で経済学と政治学の修士号を取得した後、政治学の博士号を取得した。ホダが学問をしている間、彼女と夫のハテム・サデクは、一九六八年にアルアハラム新聞が設立した戦術研究センターで働き始めた。明らかに家族の絆の助けがあってホダは仕事を得たが、彼女の仕事上の成果がその縁故を問題ないものとした。ホダの大きな才能と選んだキャリアの道からして、多くの人が父親の後継者、エジプト版のインディラ・ガンディー《ジャワハルラール・ネルー初代インド首相の娘で、第五代・第八代インド首相》として彼女を見ていた。しかしホダには他の計画があった。彼女は学究生活を好み、その政治的潜在能力は一度も開花することがなかった。

一方、モナは姉のように優秀ではなかった。その時期のモナを知る少数の人々は、何よりもパーティーを楽しむ浮ついた少女として彼女を記憶している。モナは、政治に関連する事柄や知的な努力が要求されるものにほとんど関心を示さなかった。姉とは反対に、高等学校での成績はエジプト最高の大学への道を閉ざした。彼女の成績は平凡だった。彼女は姉と同じカイロ大学で経済学と政治学を学ぶことを望んだが、要求される成績に達していなかった。高等教育相と大学の幹部たちはモナの入学に同意したが、ナセルは躊躇なく自分の娘に対するあらゆる特典を拒絶し、カイロのアメリカ大学にモナを入学させた。その大学は、一九六〇年代には比較的評価の低い私学であり、そこに入学する学生たちの親は資産家たちだった。ナセル自身が述べているように、モナの授業料を払うのは大変だった。モナの習慣は大学に入ってもほとんど変わらなかった。その時期からの彼女の友人たちは、クラスにいるよりも、ヘリオポリス・スポーツクラブのテニスコートやコーヒー店で、モナは多くの時間を過ごしたと記憶している。

一九六五年の夏、大学の一学年を終えたところで、モナはアシュラフ・マルワンに出会った。一年も経たないうちに、二人は結婚した。

二人の出会いは偶然ではなかった。マルワンの妹アッザは兄ととても仲が良かったが、モナと同い年で親友だった。アッザは、美男で才気あふれる兄についてのすべてをモナに告げてから二人を会わせた。モナの母タヒアの記憶によると、二人が初めて出会ったのはヘリオポリス・スポーツクラブだった。そこは当時、エジプトの上流階級の若者にとって最新流行の出会いの場の一つだった。しかしモナ自身の記憶によれば、マルワンと出会ったのは間違いなくアレキサンドリアの浜辺だった。場所がどこであれ、明らかなのは二つの事である。一つ目は、モナがその時そこですぐマルワンに恋をしたということ。背が高く引き締まったマルワンの姿と身に着けている高価な衣服に、少女の心は揺り動かされた。二つ目は、ハンサムで野心に満ちた青年を惹きつけたのは、モナの容姿や機知など、彼女の個人的な資質ではなかったということである。それは、端的に言うとモナの家柄だった。マルワンは二十一歳で、出世欲と野心に満ち、自分の前途に大きな期待を抱いていた。ナセルの娘との結婚は、彼の運命を全うさせる道を直接開くことになる。だが、ほとんどの情報筋がモナとデートを重ねたマルワンの主な理由としてこの点を挙げる一方で、マルワンが純粋にモナと恋に落ちたと主張する人々も存在する。

モナは、二人がデートするようになってから間もなく、新しいボーイフレンドについて父親に話した。モナは、マルワンと結婚して家庭を築きたいという望みを隠さなかったようだ。ナセルはこの時期までに、裕福で身分の高い家柄の息子たちからモナを嫁にしたいという多くの申し出を受けていた。ナセルはそのすべてを拒絶した。彼は、モナにロマンチックな興味を示したすべての男を疑い、より多くの話を聞くことを望んだ。モナはマルワンについて、彼が「サイディ」一族の出身であることを話し（この一族はエジプトで最高の家柄だった）、父親のアブ・アル＝ワファ・マルワンが陸軍大佐であることも伝えた。

ナセルは娘の話に耳を傾けた。彼はすぐにアシュラフ・マルワンについての完全な調査を命じた。責任を負ったのはサミ・シャラフだった。彼はナセルの首席補佐官で、エジプトで最も力のある一人だった。彼はその後、マルワンの物語で決定的な役割を演じることになる。

シャラフがナセルに送った報告は喜ばしいものではなかった。報告はマルワンの野望と豊かな生活への嗜好を強調し、一方でモナへの愛情の真剣さに対して疑惑を呈していた。すでに娘の生活態度に心を悩ませていた禁欲的な生活を送るナセルにとって、この種の求婚者は積極的な選択肢に入らないと言えた。ナセルは、真面目で勉強熱心で控え目な紳士と結婚しようとしている長女のホダは放任していた。ホダの花婿は、明らかにナセルがモナにも同様な相手との結婚を望む格好のモデルだった。シャラフの報告を受けた後、アシュラフ・マルワンは結婚するのにふさわしくない男だと言い聞かせるために、ナセルはモナとひざを突き合わせ、心を込めて話した。

モナは忠告を拒んだ。モナは心を決めており、二人の婚約の条件についてマルワンの父親と話し合いを始めるようにとナセルに主張した。娘の度重なる要求をナセルは固く拒んでいたが、結局サラディン以来のアラブの最も偉大な指導者は、何とも頑固な娘に根負けした。ナセルはマルワンの父親に会うことに同意した。

二つの家族の間に結ばれた婚約の合意は、厳密には伝統に従っていなかった。新郎の家族は、一千エジプトポンド（約百ドル）の持参金を支払ったが、その中に離婚の際の金額は含まれていなかった。新郎の家族は新婦のために宝石を買うこともなかった。その代りにマルワンは、以前母が嵌《は》め、その前は祖母が嵌めていたダイヤの指輪をモナに与えた。

結婚式は、一九六六年の七月にナセルの家で盛大に行なわれた。数年後にモナは、前年のホダの結婚式がずっと質素だったため多くの重要な人々が招待状から漏れており、父が大きな行事を主宰する必要を感じていたからだと理解した。この時の招待客は親戚ばかりではなく、革命評議会のメンバーを含むエジプト政界の最上位の地位にある人々をはじめ、新郎新婦の同級生に至るまで広げられた。結婚の契約はカイロのマドフン（結婚や離婚を扱う官吏）によって署名されたが、その人物は一九四四年に行なわれたモナの両親の結婚式を司宰していた。ナセルの旧友アブデル・ハキム・アメル戦争相が結婚に立ち会って署名したのと同様に、自由将校運動のリーダーの一人だったザカリア・モヒエディン首相が立ち会いの署名をした。

結婚式で撮られた写真と映画は、ナセルが妻を右に長男のハレドを左にして座り、次男のアブデル・ハキムがその左に座っている姿を映している。アシュラフとモナは、ナセルの反対側にホダ夫妻と並んで座っていた。コーランの第一章と他の章のわずかな朗誦を聞いた後に、ナセルは若い二人を祝福した。パリッとしたグレーのスーツに身を包み、ネクタイを締め、白いシャツを着ていたマルワンは立ち上がり、彼の新しい義理の父親を抱擁した。しかし、すべてが順調というわけにはいかなかった。式の途中で、モナが突然父に向かって、結婚の贈り物として一対のイヤリングを求めた。ナセルが困り果てた時、野戦指揮官のアメルが、一対のイヤリングを探し出して、微笑みかける花嫁にそれを手渡した。

余興は、アラブ世界のトップシンガー、アブデル・ハリム・ハーフェズとウム・クルスームの二人による、世界レベルのものだった。ハーフェズは映画スターで、ナセルの首席補佐官サミ・シャラフと非常に親しかった。ハーフェズは、革命的な空気を味わうためだけにしばしば大統領の執務室を訪ね、それを自分の歌う愛国歌に取り入れた。ヒット曲の中から、彼はナセルが好きだった歌の一つ「放浪者」（アルサワ）を歌った。

ウム・クルスームは、二十世紀の最も偉大なアラブの女性歌手だった。彼女は何年も前からナセルの知人だった。一九五二年七月のクーデターから数日後、ナセルはクルスームに電話し、今まで彼女はエジプトの歌声に過ぎなかったが、これからは全アラブ世界の歌声になると約束した。ナセルはまた、国中が彼女の歌を聴くだろうから、彼女のコンサートの生放送に合わせて革命評議会の秘密会議を開く予定を慎重に立てていると彼女に告げた。そして評議会は無事行なわれた。ナセルの言葉はクルスームの自尊心をくすぐった。そして実際、彼女のコンサートは毎月第一木曜日に「カイロの声」を介してアラブ世界全体に放送され、最も貧しい農民から最も裕福な首長に至るまで、数百万の中東アラブの聴衆を虜にした最初の文化行事となった。彼女の魔法の歌声を聴くため、彼らは自宅のラジオセットや街角のトランジスターラジオに釘付けになった。クルスームのレパートリーにはラブソングに加えて愛国歌もあった。中には、一九五八年から一九六一年までと短命に終わったエジプトとシリアとのアラブ連合共和国を称える歌「新しい夜明け」もあった。クルスームの「バグダット、ライオンの森」は、一九五八年にイラクの専制王国が打倒された後に作詞された。しかし、ナセル宅での結婚式でクルスームはこうした歌を一曲も歌わなかった。モナのリクエストで、彼女は「あなたは愛」（アント・アルフブ）を歌った。彼女がこの曲を初めて歌ったのは一九六五年で、最大のヒット曲の一つになっていた。

　ラジオ・カイロは、当時のエジプト映画のロマンチックな伝統に則り、新郎新婦とその両親たちが交わす喜びに満ちた雰囲気と愛のまなざしを強調してリポートした。新聞も結婚式の写真を掲載した。めかしこんだアシュラフ・マルワンは、伝統的な花嫁衣装をまとい父親の手を取っている若い新婦と共に立っていた。

　言うまでもなく、大統領がたとえ疑念を抱かなかったとしても、娘の婿選びに不満だったことについては一言も言及されなかった。マルワンの友人の一人は数年後、「モナとの結婚は彼を知る誰をも驚かさなかった。マルワンの桁違いな野心を証明していた」と思い起こしている。


　新婚夫婦は、二人のために購入されたカイロの小さなアパートに引っ越した。一年も経たないうちに二人の娘を結婚させたナセルは、二組の夫婦にアパートを買おうとした。ナセルはカイロの不動産市場をほとんど知らず、しかも自分の家計に全く関心がなく、必要な資金を身近で調達するという考えもなかった。彼の多くの友人たちが一緒になって、ナセルのあずかり知らぬところで費用の大部分を支払った。ナセルは、ホダ夫妻にアルアハラム新聞の複合企業の仕事を斡旋したように、モナを援助した。しかし、ホダや夫のハテムは新聞社の権威ある戦略研究センターで働くのにふさわしい才能に恵まれていたが、モナは子供の本の制作部署で働いた。何人かの人々は、二人の姉妹の能力と才能の違いの当然の表れとして、姉妹の仕事を見ていた。

アシュラフ・マルワン自身の人生も、その時期変化を遂げていた。モナとの結婚はマルワンの地位を劇的に向上させ、彼が望んでいたとおり、エジプトの権力中枢に接近する道を拓いた。彼は間もなく、エジプトの軍事産業の化学工場から、機密を扱う国境の補給基地を守ることが主目的の軍事部門である共和国防衛隊へと移動させられた。だがマルワンがこれを昇級への一歩としてとらえた一方で、この移動はナセルのマルワンに対する信頼の薄さの証しでもあった。マルワンはナセルの側近になることを望んでいた。

共和国防衛隊への移動では側近になったとは言えなかった。エジプトの指導者の耳に届いたマルワンの野心に関する追加情報は、別の動きが必要なことを確信させた。一九六八年、アシュラフ・マルワンは、首席補佐官サミ・シャラフ直下の大統領府の仕事に移動させられた。

シャラフはとてつもない策略家として、そしてナセル側近の中で最も野心に富んだ男として広く知られていた。シャラフは、どんな独裁政権においても権力の回廊へと進むタイプの一人だった。ヘリオポリスで資産家の医者の家に生まれたシャラフは、一九四九年に軍事学校を優秀な成績で卒業し、砲兵隊に加わった。革命後、彼が他の将校たちと共に、新体制に反対する陰謀を企てていたという噂が流れた。ある時期に彼は、国内の治安地下活動組織（ムハバラート）を監督するザカリア・モヒエディン内相の束ねる陰謀家たちの仲間に加わった。モヒエディンはこの若い才能ある将校に目を留め、シャラフを自分の諜報機関に受け入れた。しかし内相は最終的にシャラフに冷淡になり、ナセルが一九六一年に新しい大統領府の首席補佐官を探すようモヒエディンに求めた時、シャラフを大統領室へと追いやった。

この新しいポストで、元砲兵隊の高官は大物ぶりを発揮した。彼はいち早く新しい諜報技術の全容を把握した。諜報機関の主な仕事は、体制の高官全員に関する公的・私的情報を収集する事だった。シャラフはエジプト社会の最上層部でナセルの目と耳になった。

シャラフの指示の下で、公安によって集められた外交的・政治的・軍事的な意味を持つすべての情報、普通の噂話さえもがシャラフに集まり、彼自身が包括的な諜報報告書をナセルのために編集した。ほぼ同じころ、ナセルは自ら世間との関係を断ち、体制内の主要な人物たちとの直接的な面会を避けた。首席補佐官の予約なしにナセルと面会できる人々――アルアハラムの記者で親友のモハメッド・ハッサネイン・ヘイカルなど――がごくわずかとなるまで、そう時間はかからなかった。シャラフはナセルを孤独にしたばかりではなく、必要に応じて様々な人の評判を傷つけた。ナセルと親交を失くしたすべての人々は失業し、時には監獄に入れられた。シャラフはたちまち巨大な権力を掌握し、エジプトで最も恐れられる人物になった。

アシュラフ・マルワンが大統領府に転籍した時、彼はサミ・シャラフと面識がないわけではなかった。この時点までに、シャラフはナセルの義理の息子に関する分厚い資料を読んでいたに違いない。

マルワンは最初の息子――ナセルの最初の孫――ガマルの誕生後すぐに大統領府で仕事を始めた。大統領は、極端に限られた自らの自由時間を、ホダがほぼ同時期に産んだ孫娘と同様、孫息子にも割いた。しかし、マルワンは自分が拒否されていると感じていた。義父の自分に対する不信感を嫌というほど知ったマルワンは、義父と親密な関係を築くことができなかった。ナセルのもたらす距離感とためらいは、緩和されるどころか時間の経過によって悪化するばかりだった。二人のやり取りを小耳に挟んでいた人々は、若いマルワンが直接ナセルと話さなければならなかったとき、口ごもって時々体を揺らしつつ緊張してナセルの前に立っていたことを思い起こす。

これは、マルワンがモナと結婚した時、心に描いていたことではなかった。エジプトの権力中枢への接近は、確かにマルワンの個人的・政治的目標に向けての前進だった。しかし自分を信用していないナセルの影と、常にマルワンを見張り続けている攻撃的な策略家の上司の下での生活は、重苦しいものであった。サミ・シャラフに逆らった人々を待っている運命がどんなものであるかを知り尽くしていたマルワンは、自分にも同じ運命が待ち受けていると恐れていたかも知れない。また厳しい監視は、夫婦が大学時代に楽しんでいた生活を妨げた。マルワンの月給はわずかなものだった。大統領府でマルワンと共に仕事をし、ナセルの最後の数年間についての重要な本を書いたアブデル・マジード・ファリドは、マルワンの月給が七十エジプトポンドで、同僚の中で最低だったことを記している。他の証言によれば、マルワンは三十二ポンドの月給で、「第六級職員」であった。いずれにしても、彼の薄給は取るに足らない仕事の反映だった。また、アルアハラムの児童書部門で働いていたモナの月給は三十五ポンドだった。夫婦の収入は中産階級の家族にとっては並だったが、より良い生活を望む二人の期待通りではなかった。さらに、一九六七年の六日戦争に敗北した後の数年間のカイロは、かつての躍動する街ではなくなった。エジプトが失ってしまったもの（すなわち、名誉とシナイ半島）の奪還のための軍事力の構築や、イスラエルとの激しくなる紛争に重点が置かれた。また、戦争によって露呈した戦争相をはじめとするあらゆるレベルの腐敗を是正し、軍人の能力といった基本的な弱点を克服することに集中していた。

そこでアシュラフ・マルワンは、本当に学業に戻りたかったのか義父の監視下から逃れたいだけだったのかはともかく、国外で勉強しようと心に決めた。そのことを正当化するために、マルワンは、エジプトの教育機関はカイロ大学でさえ貧弱な水準であることを引き合いに出した。彼が修士号を得たカイロ大学はアラブ世界では最高の大学と考えられていたが、化学の分野では専門的な標準に達していなかった。エジプトの高等教育制度、特に科学の分野における高等教育制度に対する批判は、世論ですらあった。疑いなく、エジプト国外での生活はより多くを約束するものに見えた。一九六八年にマルワンはロンドンに移住し、そこで化学の博士課程を履修することにした。

ナセルもそれに賛成した。

一九六八年の年末にアシュラフとモナ・マルワン夫妻は、地球上で最も活気があり、刺激的な都市の一つに到着した。音楽とファッションのメッカ、美と富のためのこの上ない遊技場――ビートルズとローリング・ストーンズ、カーナビー通りのブティック、チェルシーやナイツブリッジのファッションヨン王国、これがロンドンだった。君臨するデザイナーはミニスカートやホットパンツの発案者、マリー・クヮントだった。さらにスーパーモデルのツイッギーがいた。彼女は女性の美のために、新たなデザインを提案した。ロンドンは数々の映画や小説の舞台になり、新しい世界文化の首都であり、お洒落な人や若者たちの最高の目的地だった。

それは、アシュラフ・マルワンにぴったりの街だった。

マルワン夫妻はすぐロンドンに溶け込んだ。ナセルは夫婦のために妥当な手当てを支給し、マルワンはロンドンのエジプト大使館の地位の低い使用人としての手当てをそれに付け加えた。マルワンはまた研究を始め、モナは家事に励んで息子ガマルを育てた。二人の夫婦関係は良好だった。モナはマルワンを愛し、尊敬の念すら抱いていた。マルワンは、同じようにモナを愛したとは言えなかったとしても、少なくとも信頼関係を維持した。しかし、ロンドンは底知れない誘惑の都だった。マルワンはたやすく誘惑された。ロンドンに到着して間もなく、市内の最も豪華なカジノであるプレイボーイ・クラブのカードゲームのテーブルにマルワンの姿が見出だされた。プレイボーイ・クラブは一九六五年にオープンして以来、その場にふさわしい金持ちたちを磁石のように吸い付けた。マルワンは金持ちとは言えなかったが、ロンドンが提供する最高の物を何とか得ようとして、賭博への嗜好を増長させた。

しかし、注意深さが欠けていたため、彼の行動はすぐにナセルの関心を惹き、厳しい非難を浴びせられた。マルワンは自らの手で、義父との間に最大の危機を招いた。そして彼は、得ていたもののほとんどを失いかけていた。

マルワンは、ロンドン到着後すぐに、同じくロンドンに着いたばかりの夫婦と友達になった。シェイク《首長》アブドゥラ・アル＝ムバラク・アル＝サバとその二番目の妻、ムハンマド・アル＝サバの娘スアドだった。シェイクは、現代クウェートの創立者ムバラク・アル＝カビールの末っ子だった。彼は一九五四年にクウェート陸軍の司令官となり、数年間首相代理として務め、一九六一年に政界を引退。一九七〇年代半ばに祖国に戻るまで、一九六〇年代をクウェート国外で過ごした。そのほとんどはロンドンだった。一九六〇年にスアドと結婚したが、彼女はシェイクより三十歳若く、シェイクの六人の子供のうち五人を産んだ。しかしスアド・アル＝サバはまた、卓越した個性の持ち主だった。三十一歳の時に首席でカイロ大学の修士号を得、後にイギリスのサリー大学で経済学の博士号を取得した。彼女は詩人でもあり、一九六〇年に三冊の詩集を刊行している。後に彼女は学術的な著作を含む何冊かの著書を出した。彼女はまた女性の地位、教育、文化に関して雄弁に語る社会活動家のような存在だった。

シェイクは汎アラブ主義者で、イデオロギー的には反イギリスであったが、一九五六年に初めてナセルに会うとたちまち夢中になり、自らをエジプトの指導者の最も熱狂的な後継者と見なした。シェイクの妻も同様だった。彼女は徐々に、教育を受けた現代アラブ女性の鑑《かがみ》となった。ナセルの招きに応じて、二人は一九六五年にエジプトへ移住し、そこで親密な関係を築いた。シェイクは国会の開会式、革命記念日の式典、外国人指導者の歓迎会といった様々な公式行事に参列した。シェイク夫妻はナセルの親友になり、モナとアシュラフの結婚式に招待された。

だから、マルワンがロンドンに到着した時、アル＝サバ夫妻が二人を庇護し、街を見せ、夜の街に連れ出すのは自然の成り行きだった。アシュラフ・マルワンが賭博癖で問題を起こした時、スアドは彼の借金の肩代わりさえした。スアドとマルワンの間に、何らかの秘め事があったと疑うべき理由はない。マルワンはハンサムで人を惹きつけるところがあったかも知れないし、スアドのずいぶん年長の夫に対してマルワンは二歳年上だったに過ぎない。しかし、秘め事の証拠は未だに上がっていない。そして実際、スアドが一九九五年に夫について書いた伝記は、豊かで長い人生を共有したシェイクに対する賛辞で満ちている。また、マルワンが結婚後すぐに妻を欺いたとの憶測は理にかなっていない。それは義父への恐怖心からだけではなく、妻に対して不貞を働く傾向があったことは知られていないからである。スアドが後にした説明は説得力があった。彼女は、アラブ世界で最も偉大な指導者の娘でナセルの孫の母親が、貧困状態に陥ることは考えられないと思っていた。スアドはマルワン親子の貧しさを救う手段を持っていたから、それに応じて行動した。これはまた、金銭的に気前のいいクウェートの夫婦の行動にぴったりだった。一九六三年の初めにシェイクは、エジプト陸軍に二十五台のジープを寄付し、二度目は一九六七年と一九七三年の戦争の直前に、エジプトの軍事支出を援助するために百万ドルを寄付した。一九六六年には、シェイクはナセルの歓心を買うために、個人的に百万ドルを差し出した。ナセルはエジプトの教育のためにその金を寄付した。クウェートの石油の恩恵を満喫していたアル＝サバ夫妻にとって、ナセルやその家族が大事だと考える問題を支援するのは、ごく自然なことだった。

しかし借金を背負い、金を受け取ったアシュラフ・マルワンが何を考えていたかを見極めることは難しい。サミ・シャラフの下で働いていた者として、マルワンはどんな監視の目がエジプト政府関係者に向けられているかを知っていた。それが彼を初めての場所であるロンドンに向かわせた理由だった。人々がナセルの家族に贈り物をすることで、ナセルに対する畏敬の念を表そうとする努力に関して、ナセル自身が快く思っていないことをマルワンは熟知していた。そこでマルワンは金を受け取った時、自分がどれだけ危ない橋を渡っているかを知っていたに違いないし、それが露見したらどんな危機が自分を待ち受けているかも知っていたに違いない。しかし、マルワンは明らかに危険を冒すことを楽しんでいた。自分が巧みにエジプトの大統領家の一員になったことについて、彼は恐ろしいほどの自信を抱いており、この自信はナセル本人との日常的接触が切れたことで長く続くことになった。マルワンは金を受け取ったことで、すべてが悪化していることに気づいていなかった。マルワンが育った社会の基準の中に強く根を張っていた物の見方では、贈収賄は生活の切っても切れない一部だった。この場合、人はそれを賄賂とすら呼ばなかった。とは言え、アシュラフ・マルワンは、大統領の家族との親密感以外の見返りを、アル＝サバ夫妻に与えられなかった。

このような状況の下で、ナセルとの間に重大な衝突が起きるのは時間の問題だった。

アル＝サバ夫妻とマルワンの深まっていく友情を、ロンドンのエジプト大使館が知らないわけはなかった。大使館は、大統領の義理の息子から目を離さないよう指示を与えられていた。二つの家族が一緒に時間を過ごし始めてから間もなく、サミ・シャラフは報告を受けていた。金が手渡された時、シャラフはすぐにそのことを知った。ナセルの耳とシャラフの執務室との距離はさほど離れていなかった。押さえられた証拠は数時間以内にナセルの机上にあった。ナセルの反応は素早く、激しかった。彼はマルワンを一番早い飛行機でカイロに送り返すよう大使館に命じた。マルワンは到着後、直接ナセルのところに連れて行かれ、釈明を要求された。マルワンが何を話したところで、状況は変わらない。彼は、ロンドンの高い生活費が自分を追い込んだと言い張ろうとした。しかしナセルは、ロンドンでのマルワン夫婦のライフスタイル、夜間の外出やアシュラフの賭博について耳にしていた。ナセルは娘にエジプトに戻るよう要求し、娘が帰国するとマルワンとの離婚を説得した。

しかし、心底マルワンを愛していたモナは離婚を拒否した。

結婚自体について議論した時と同じく、腹を立てた父と頑固な娘の戦いは、モナが優位に立っていることが明らかだった。ナセルが降伏した。ナセルはマルワンの父親を呼び出して話し合い、二人は、家族の誰かがクウェート人のシェイクの援助を受けているという評判によってエジプト大統領が危機に晒《さら》されることがないようにすることで、結婚の継続を許すという合意に達した。まずマルワンがスアド・アル＝サバ夫妻から受け取った金が返却された。次いで、アシュラフとモナがエジプトに戻ることになった。マルワンはサミ・シャラフの下で働くために戻って来た。マルワンはロンドンでの勉学を続けることになったが、レポートを提出し試験を受けるときに数日間だけロンドンに行くことになった。残りの時間はシャラフの監視下にあった。こうして、アシュラフは必死に逃げたいと願っていた生活に戻ることになった。

ナセルの監視下にあるマルワンの立場は、確かに脆《もろ》いものだったが、ナセルは時々マルワンの外交手腕を用いることがあった。その中で恐らく最も重要な一つは、サアド・エル＝シャズリの件だった。シャズリは一九七三年の戦争時にエジプト軍の参謀総長だった人物である。

回想録の中で、サアド・エル＝シャズリは、一九六九年三月にイスラエルの迫撃砲によって殺されたアブドゥル・ムニム・リアドに代わり、ナセルがアフマド・イスマイルを参謀総長に指名した時、なぜ自分が特別軍司令官を辞任したかを回顧している。シャズリとイスマイルは、一九六〇年以来敵対関係にあった。ある時、意見の違いから喧嘩になり、シャズリがイスマイルの顎《あご》に一発食らわせたことは、エジプト軍の関係者なら誰もが知っていた。

シャズリの辞任を引き留めるための説得は、全くと言っていいほど効果がなかった。最終的に、シャズリが辞任した三日後、ナセルはシャズリ宛の手紙をマルワンに託した。ナセルはシャズリの辞任を自分に対する批判として見ていると手紙に書いていた。シャズリはナセルの見解を否定し、自分の辞任はもっぱら新任の参謀総長とウマが合わないからだと主張した。マルワンはシャズリの返事をナセルに届けた。最終的にシャズリは、ナセルが再びマルワンを仲介役にして、シャズリの権威をイスマイルが侵害しないよう約束したことによって、何とか元の役に戻ることに同意した。シャズリの一件にマルワンを使ったことでナセルの義理の息子に対する信頼が明らかになり、二人の緊張関係の激化は止まらなかったにせよ、マルワンが完全に干されていなかったと結論するのが妥当だろう。確かなのは、シャズリの辞任騒動を解決するための適役としてナセルがマルワンを選んだのは、家族の絆からだった。象徴的には、マルワンがナセルの個人的な意思を具体化したと言える。同時に、仕事上でナセルがマルワンを信頼したという事実は、マルワンの特殊な才能、状況に応じてナセルの利益を図ることができるという才能を認めたことを示している。マルワンは軍の上層部に通じていたようで、軍の高官たちはマルワンを信頼し、場合によっては自分たちの仲間の一人とさえ見なした。

しかし、これだけではアシュラフ・マルワンは満足しなかった。

一九七〇年の夏、二十六歳になったばかりのマルワンは、エジプト軍の化学技術者で将校だった。アシュラフ・マルワンはモナとの結婚を通じて、アラブ世界で最も偉大な指導者と晩餐を共にし、権力の中枢に結びつくことに成功した。マルワンも彼の家族も、国家から拒まれることもなく脅《おびや》かされることもなかった。

見方によっては、マルワンは典型的なエジプトの愛国者だった。

しかし真実は、祖国の歴史において、唯一にして最大の反逆行為に手を染めようとしていた。そもそも、祖国の優秀な若者たちが毎日血を流して戦っている最中、なぜマルワンは祖国の最も憎むべき敵を助けるために自らの人生とキャリアを危険に晒そうとしたのか。その理由は難問中の難問である。

近年のあらゆる分野にわたる調査では、軍事、諜報、公務の分野で成功の道を歩む人々が、なぜ自国の最高機密を敵に売り渡すのか、その動機を理解する手がかりが明らかにされている。今までは主に次の五つの要因が広く信じられてきた。イデオロギー、金、自尊心、脅迫、色仕掛けである。最近の研究では、これらに加えて、出生国あるいは民族的親近感を強く抱く国への二重の忠誠心という動機を示唆している。情熱的なシオニズム《ユダヤ人の国を造る民族運動》の故に、イスラエルに機密扱いの情報を流していたアメリカの海軍情報局員ジョナサン・ポラード《アメリカ国内でイスラエルのために活動していたユダヤ人で、一九八五年に逮捕され終身刑の判決を受けた後、二〇一五年に釈放された》のケースが最も良い例である。また、アルカイダやヒズボラの手先になっているイスラム教徒のアメリカ人は、二〇〇一年以来、連邦捜査局にとって大きな課題となった。

これらの研究が明らかにしたもう一つの事実は、反逆の背後にある主要な動機が時代と共に変化する傾向にあるということである。例えば、一九三〇年代から一九六〇年代にかけての祖国への裏切り行為は過剰なイデオロギーによるものであり、一般的にはソ連を援助することを選択した熱烈な共産主義者たちによるものだった。ケンブリッジ大学に通っていた「ケンブリッジの五人」として知られたグループは、一九三〇年代にKGB《ソ連国家保安委員会》によって勧誘されたが、その時代を反映する典型例である。イデオロギーが重要な役割を果たしたもう一つの例は、マンハッタン計画の科学者たちの多くが、第二次大戦中にアメリカの原爆開発に協力した後、自分たちの知る秘密をソ連に渡した例である。科学者たちの多くはヨーロッパから逃れてきており、ナチの敗北に貢献したことでソ連に同調していたか、あるいはアメリカが唯一の原爆保有国にならないことが平和を生み出すことになると信じたのか、いずれかである。時に応じてイデオロギー的思考は逆にも作用する。冷戦の最中にソ連の高官だったオレグ・ペンコフスキー大佐は、西側の最重要スパイと見なされていた。彼はニキータ・フルシチョフ政権下のロシアの未来に対する深い懸念から、イギリスとアメリカに国家機密を流していた。

一九五〇年代から一九六〇年代にかけての脱スターリン後の共産主義に対する幻滅は、陰謀に加担する第二の主要な動機である金の重要性を相対的に高めた。ＣＩＡ《アメリカ中央情報局》の二重スパイだった将校オルドリッチ・エイムズは、ソ連で活動する十数名のアメリカ人スパイの名前を四百六十万ドルと交換に教えた。連邦捜査局のロバート・ハンセンについては、百四十万ドルと少ない報酬だったが、裏切りは危険そのものだった。ハンセンにとって、金が唯一の動機ではなかった。彼の事例に関する研究では、危険を冒すことを好む傾向、奇妙な性的嗜好、砕かれた自我といった性格上の問題がクモの巣のように複雑に絡み合っており、これらすべてが祖国を裏切る強い衝動を生み出したとしている。

しかし、強欲だけでは、自国を裏切るという不道徳かつ個人的にも危険が大きい行為に手を染める十分な動機とはならない。研究は、そうした行動が特殊な人格パターンに結びついていることを示唆している。最も顕著な事例の一つは、裏切りへの嗜癖《しへき》といった自らの忠誠心を引き裂きたいという傾向である。もう一つの事例は、自己陶酔や自己中心主義の傾向である。これは、雇用主や配偶者との関係が機能しなくなる形で表されることが多く、自分の才能や業績の真価が認められないという感情である。冷戦中の脱走者や反逆者の事例を集めたさらなる研究では、多くの人が早くして父親を失ったり父親との問題ある関係に苦しんでいたことを提示している。これらの研究が示唆するように、喪失感は、敵に自らの任務を提供する動機となっている。

こうした調査のすべては、なぜアシュラフ・マルワンがイスラエルの諜報機関に自ら任務を買って出る決意をしたのか、その理由を理解するのに役立つ。彼の場合、二つの理由が特に当てはまるように思える。一つは金である。マルワンは良い生活を切望した。ロンドンでの生活は、かつての生活に比べてより金が必要だった。マルワンは、大統領一族へ加わったことによりエジプト内外で広範な富裕層と関係を築くことができた。しかし、矛盾しているようだが、ナセルが自分の家族に課した厳格な倫理の故に、マルワン自身が豊かになる機会が奪われてしまった。マルワンが新しく見つけた友人を通じて問題解決を計ろうと考えても、アル＝サバ夫妻の援助に関してナセルと衝突したため、その考えを諦めざるを得なかった。マルワンは、自分の夢を実現させたいならば、ナセルの諜報機関でさえ発見できない収入源が必要だと悟った。

第二の動機は自我だった。これは、彼があらゆる諜報機関の中からなぜモサドを選んだかを解き明かす最良の説明である。大統領の娘と結婚し、エジプトの権力の中枢に加わったことで、美男で才能があり野心的なこの若者は、同世代のエジプトの若者たちが描く夢の彼方にある成功を収めることができた。しかし、マルワンの野心はそこで留まらなかった。限りない自信という重荷を負いながら、自分にふさわしい権力と影響力を切望した。彼は、自分の周囲からこうしたものを得ることに失敗したばかりか、義父から得たものは全く反対のものだった。マルワンの給料はわずかで、彼の地位も大統領の娘と結婚しなかった周囲の他の連中に比べ、かろうじて目立つ程度だった。自分が疑われ、すべての行動が詮索されているという感覚が、彼の行くあらゆるところでつきまとった。マルワンはすでに分かっていたに違いないが、ナセルは、マルワンについて、もしくは彼とモナとの結婚についてほとんど信頼を置いていなかった。マルワンと離婚するようモナにかけたナセルの圧力は、信頼の欠如の最も歴然とした表現に過ぎず、いつの日か一族から追放されるかも知れないという可能性を払拭することができなかった。マルワンにとって、この迫り来る脅威は不名誉の源泉でもあった。近い将来、事態が改善されるかも知れないといういかなる理由も存在しなかった。肥大した利己主義は、彼が今まで受けてきた信頼の欠如と劇的に衝突し、マルワンの周囲の世界や彼の前途にある世界から代償を引き出す必要性を彼の中に生み出した。マルワンはそのことを連中に思い知らせる必要があった。

連中に思い知らせる最善の方法は、ナセルのあらゆる敵の中でも最大の敵、ちょうど三年前にエジプトに最大の屈辱的な敗北を与え、今まで誰もなし得なかった方法で大統領を辱《はずかし》め害を与えた敵に、自分の忠誠を捧げることだった。マルワンがそのことを意識していたか否かはともかく、ナセルに忠誠を尽くさないことが、マルワンの財政的かつ心理的危機に打ち勝つ最も効果的な解決法だった。

しかし、マルワンの結論はナセルへの恨みを晴らすことに留まらなかった。彼の自己陶酔は、名誉、権力、影響力に対する無限の渇望と、人々が彼の忠告に従うべきだという強い主張に表れている。この点で、マルワンはソ連の軍事諜報機関のオレグ・ペンコフスキー大佐とそっくりだった。ペンコフスキーは、フルシチョフの政策が国そのものの存在を危険に晒すと信じ、国を救うことができる人物は自分だと思っていた。ペンコフスキーの行動と思考パターンは、彼が歴史の進路を変えることができ、変えるべきであると確信していたことを示唆している。マルワンは、これから見ていくように、同じ傾向を示している。モサドでの彼の操縦者は、マルワンの中にペンコフスキーと同じ資質を認め、その扱い方を知っていた。例えば、モサドの長官ツヴィ・ザミールにマルワンを紹介するという決定は、イスラエル人だけが彼の真の価値を理解していることを示す必要があるという信念から生まれた。

イデオロギーは、通常理解されているように、それほど重要な要因ではなかった。アシュラフ・マルワンはシオニストではなかった。しかし、自分はイスラエル側に立つべきだという結論に彼を導いた、観念的な資質とも呼ぶべき世界観が存在した。六日戦争におけるイスラエルの印象的な勝利が、彼の心の中のスイッチを切り替えたのかも知れない。彼は自分の国の屈辱を甘んじて受ける人間ではなかった。屈辱の感情はエジプト全体に感じられ、ナセルの側近にも確実に大きな衝撃を与えた。マルワンの心の中の忠誠心がイスラエル側に反転し、勝利者の側に身を置くことによって、彼は敗北の苦痛から逃れる道を見出だした。マルワンと話したイスラエル人は、アラブ・イスラエル紛争で優位の側に立っているという深い感情的な必要性が彼にあったことを認めている。後に見ていくように、ヨム・キプール戦争を通して傷ついたエジプトの誇りを回復していくことが、最終的にマルワンに反対の影響を及ぼし、モサドのために働き続ける彼の動機を蝕《むしば》み始めた。

同様に、六日戦争が別の影響を及ぼしていた可能性もある。一九六七年以前にナセルが成し遂げた最大の成果の一つは、アラブ人全般、とりわけエジプト人を鼓舞《こぶ》したことだった。数世紀にわたりヨーロッパ勢力によって周辺部に追いやられた自分たちが、彼のリーダーシップの下で、世界史の花道に戻って来たという信念であった。全世代が興奮した雰囲気の中で育ち、「兄弟たちよ、頭を上げよ！屈辱の日々は過ぎ去った」というナセルの生み出したスローガンに共感した。しかし、六日戦争はナセルの神話を崩壊させた。ナセルは、この種の屈辱を防ぐことを意図した近代化へとエジプトを導けなかった。敗戦後、国民の失望は二つの方向に流れを向けた。一つの流れは、信仰の新しい源泉の探索をもたらすイスラム主義だった。もう一つの流れは、国家的・宗教的・社会的なあらゆるイデオロギーを放棄するニヒリズムの一種であり、集団的な運命から切り離された個人的な自己を実現する鍵として、安易な金儲けという代替物を見つけることだった。マルワンは後者の流れに押し流されたと言えるだろう。

最後に、マルワンが常人ではないことを忘れるわけにはいかない。マルワンの一件を身近に見てきたモサドの指揮官の一人は、彼は「非常に複雑」で「激しいコンプレックス」の持ち主だったと述べている。彼の行動には刺激への欲求が見られ、その欲求は多くの場合、肉体的か情緒的かはともかく、危険を冒すことに駆り立てた。中にはロッククライミング、スカイダイビング、あるいはバンジージャンプを始める人もいる。しかしマルワンはスポーツの世界に興味を抱かなかった。その代わり、彼は賭博に耽《ふけ》り、後にはつまらぬ商取引に手を出し、イスラエルと接触するという必要のない危険を冒すことになった。ともかく、肥大した自我、欲求不満に満ちたナセルとの関係、そして金の必要性と共に裏切り行為自体、マルワンの荒れ狂う心が必死に求めた冒険に意義を与えてくれたことは、当然のことと言っていい。

これらすべては、一九七〇年の夏に、ロンドンのイスラエル大使館に電話をかけるという決心で、頂点に達した。

第2章　ロンドン、一九七〇年――接触

アシュラフ・マルワンは、ロンドンの街の目印である赤い電話ボックスの一つで、イスラエルのモサドへの接触を始めた。彼はナセルと父との合意に従い、勉学を継続するためロンドンにやって来ていた。マルワンが諜報局員との会話を求めてイスラエル大使館に姿を現したと主張する人もいるが、これは正確ではない。マルワンは確かにイスラエル人との取引で思慮に欠けていた部分もあったが、最初の接触は慎重だった。

大使館の住所や電話番号を見つけることは、高度のスパイ技術を必要としない。それは電話帳に掲載されている。交換手が応答した時、諜報機関の誰かと話をしたいと要求した。彼にとって、そのような要求はごく自然だった。マルワン自身がイスラエルの諜報機関に自身を売り込んだからだけではなく、マルワンの生きていた世界では、最高権力者の周辺には常に諜報機関（アラビア語でムハバラート）の人間がいたからである。

交換手はマルワンの生きていた世界を知らなかったことだろう。しかし手順は知っていた。大使館の諜報局員《インテリジェンス・オフィサー》もしくは防衛当局者と話すことを求めるアラブなまりの英語を話す人物からの電話を取り次ぐことは、交換手にとってこの時が初めてではなかった。交換手はイスラエル国防軍の駐在武官に電話を回した。

駐在武官は電話を取り、丁寧に応じた。アシュラフ・マルワンは自分の名前を名乗り、大使館の諜報局員と話すことを求めた。交換手同様、駐在武官は手順に従った。マルワンは名前を伝えたが、自らの出自については伏せていた。駐在武官は、諜報局員に直接取り次ぐことはできないが、然るべき筋に伝言しておくと約束した。マルワンはイスラエルの諜報機関に協力することを望んでいると付け加え、名前を復唱した。駐在武官は書き留めるために、マルワンの名前の綴りをもう一度聞き返した。マルワンは自分の電話番号を教えることを拒否し、駐在武官はもう一度マルワンから電話してくるよう求めた。電話は終わった。

駐在武官はマルワンの名前と話の内容を書き留めた紙片を手に取り、それを机上の処理済み書類トレーに入れた。紙片はそのままになった。その当時、ロンドン駐在武官はモサドのロンドン支局長とすこぶる仲が悪かった。

マルワンが最初に接触してからほぼ五カ月後の一九七〇年の末、彼はエジプトからロンドンに来て、もう一度イスラエル大使館に接触することにした。しかし、最初の電話と二度目の電話の間に、大きな変化が生じていた。サラディン以来のアラブ最大の指導者である義父ナセルが、心筋梗塞で亡くなっていた。ナセルの死はエジプトの歴史の行く末に大きな衝撃を与えたが、同様にアラブ世界とアラブ・イスラエル紛争にも影響を及ぼした。アシュラフ・マルワンの人生にも変化をもたらしたが、モサドのために働くという彼の決心は変わらなかった。

マルワンがイスラエル大使館に電話すると、再び駐在武官に取り次がれたが、前回とは違った人物だった。シュムエル・エヤル大将は、イスラエル国防軍人事部の指揮を担当する陸軍の最高位の一人として長年務めてきたが、ヨーロッパのイスラエル大使館に向けて起案された新しい命令に従い、ロンドンに着任したばかりだった。再びマルワンは諜報局員との話し合いを求めた。今回は自分の電話番号を知らせた。しかしエヤルは、マルワン本人が大使館に出向く必要があると説明した。マルワンは、自分は公人であり、そのようなことはできないと応じた。エヤルは一歩も引かず、数日間何の進展もなかった。前任者と同様、エヤルもまたモサドのロンドン支局長との仲が悪く、マルワンの伝言を取り次がなかった。

運命はここで大きく転換する。十二月の半ばに二人のモサドの高官が、任務を離れてロンドンにやって来た。一人はレハヴィア・ヴァルディで、人間による情報収集（ヒュミント）を取り扱うモサドの部門ツォメット（十字路の意）の長官だった。頭の禿げかかった五十四歳のヴァルディは、豊かな才能と幅広い経験を持つ優れた専門家として名が知れていた。彼の諜報の経歴は、一九四八年にイスラエルが建国される前から始まっていた。当時のヴァルディは建国前の自衛組織ハガナーの諜報員で、シャロン地域《イスラエル西部の海岸平野》の対アラブ作戦に従事していた。建国後はイスラエル国防軍の諜報部門で働いており、軍のヒュミント部局で司令官をしていた。後に彼はイスラエル軍事諜報局全体を指揮する権限を与えられ、そこで通信傍受などテクノロジーを駆使した情報収集（シギント）について学んだ。一九六三年、軍事諜報局長メイール・アミット大将がモサドを指揮するよう任名され、ヴァルディと共にモサドのヒュミント作戦を実行した。こうした流れの中で、ヴァルディも特別プロジェクトの責任者になった。そのプロジェクトの中でも有名なのは、一九六六年にソ連の最新鋭戦闘機に乗ってイスラエルを攻撃しようとしたイラク人パイロットを捕獲するというものだった。

ロンドンに来たもう一人は、モサドのヨーロッパ作戦本部の指揮官シュムエル・ゴーレンだった。かつてモシェ・ダヤンの指揮下で従軍していた彼は、イスラエルの独立戦争で二度負傷していた。独立戦争後、ゴーレンは軍事諜報局に入り、諜報員を指揮する役目を担った。モサドとの緊密な連携を含む一連の職務を遂行した後、ゴーレンは一九六八年、ワンシントンのイスラエル大使館の駐在武官補に任命された。彼がその地位に就く前、モサドの次期長官ツヴィ・ザミールは、ゴーレンにモサドに加わるよう求めたが、ゴーレンはその要請を先延ばしにした。一年後、ザミールは再びゴーレンに打診した。今度はモサドのヨーロッパ支局長という具体的な申し出で、実質は西ヨーロッパを指揮する任務だった。ワシントンのイスラエル大使イツハク・ラビンと軍事諜報局長アーロン・ヤリヴは同意し、ゴーレン自身も同意した。一九七〇年の末までに、ゴーレンは必要な経験を積んでいた。

ヴァルディとゴーレンは、ロンドン到着後すぐに、エヤルおよびモサドのロンドン支局長と会い、四人はヒースロー空港まで一緒に行くことになった。車の中でエヤルは、数日前スパイを志願して電話してきたが大使館に出向くことを拒否したアラブ人協力者がいたことを口にした。エヤルは名前を聞かれると、その人物はアシュラフ・マルワンと名乗ったと告げた。

ヴァルディとゴーレン、そしてモサドのロンドン支局長は、互いに顔を見合わせた。三人はその名前をよく知っていた。

マルワンはある時期、モサドに目をつけられていた。モサドのロンドン支局は絶えずアラブ側の新しい情報提供者を探していたが、ナセルの義理の息子が最初にロンドンに来た瞬間から目をつけていた。マルワンについて詳細は分からなかったが、金に困っていたこととエジプトに強制送還されたことは把握していた。つまり、マルワンが自国の秘密を売る動機の決定的な要因になり得るのは金だということを掴《つか》んでいた。ナセルの身近な存在であり、大統領の下に集まる情報にアクセスできることは、マルワンを最高に価値ある情報提供者にするだろう。今までは、彼の価値を高めているこれらの要素こそが、同時に彼がモサドのために働くことなどないだろうと思わせていた。しかし、エヤルが今何気なく言ったことが、事態を完全に変えてしまった。

首尾良く接触できないまま、マルワンが再びロンドンを去ってしまうのではないかという恐れから、これが最優先事項となった。マルワンと接触するためにはどれほどの時間が必要なのか見当もつかなかったため、協力者との接触規定を曲げてでも彼らは即決しなければならなかった。マルワンが電話で伝えてきたメッセージは、直ちにテルアビブのモサドの最高司令部に伝達されたが、モサドの西ヨーロッパ作戦部長であるゴーレンはあらゆる角度から状況を精査し、本国での分析を待たずに候補者との接触を承認した。モサド最高幹部のゴーレンとヴァルディが決定を下したことにより、事は迅速に動いた。このことはイスラエル側にとっても幸運と言えた。たとえモサドのロンドン支局長が駐在武官からの伝言を得たとしても、自分でそうした決定を下すことはあり得なかった。ここで遅れてしまうと、マルワンに通じる経路が閉ざされてしまうかも知れない。

だが、マルワンとの契約については、簡単に結論が出せなかった。マルワンは、諜報関係者が「ウォークイン」《在外の大使館などに飛び込みで入ってきて、自発的に情報提供を申し出る外国人協力者のこと》と呼ぶ存在だった。諜報機関は通常、自発的に連絡してきた人物を避ける。この種の情報提供者は、何らかの罠を仕掛ける可能性が高いためである。例えばCIAでは一九六二年、自発的な情報提供者との間に面倒な事態が起きた。ユーリ・ノセンコと名乗るKGBの高官がCIAに情報提供を申し出て、二年後にアメリカへ亡命した。CIAの防諜部長ジェームズ・ジーザス・アングルトンはすぐに、ノセンコがKGBによって送り込まれた二重スパイだと確信した。ノセンコは、リー・ハーヴェイ・オズワルド《ケネディ大統領暗殺の実行犯とされているアメリカ人。逮捕直後に暗殺されている》がケネディ大統領を暗殺するために潜入したソ連のスパイだという疑いを晴らすために送り込まれたと考えられた。他のCIA職員および諜報関係者は、ノセンコは純粋な亡命者であって彼の情報は信頼に値すると考え、アングルトンの推測を否定した。この騒動は数年間続き、一九六〇年代後半のソ連におけるアメリカの諜報活動の根幹を混乱させた。

モサドはノセンコ事件を知り尽くしていた。アングルトンは、防諜を担当していただけではなく、アメリカの諜報機関全体の、イスラエルとの交渉の窓口でもあった。モサドもＣＩＡの高官たちも、アングルトンをイスラエルの親友と見なしており、アングルトンがワシントンのモサド高官と話す会話の主要議題は、ノセンコ問題だったに違いない。当然、ゴーレンもノセンコ事件の全容に精通していた。エジプトの諜報機関がソ連の諜報機関ほど巧妙であるとは考えられなかったが、それが仕掛けられた罠であるかどうかについては、疑問の余地があった。ゴーレンとヴァルディが最後まで引っかかっていたのは、エジプトの協力者によって情報が漏らされた後、モサドがロンドンのど真ん中で行なった作戦について、イギリスのＭＩ５《軍情報部第５課》が暴露してしまうのではないかということだった。もっと悪い事態は、アラブの諜報機関もしくはパレスチナのテログループが、アシュラフ・マルワンを名乗る人物との接触に姿を現したモサドの諜報員を殺してしまうことだった。しかし、これらの恐れを相殺するほど情報提供者の価値は高いと考えられた。得る物はあまりに大きく、潜在的情報の恩恵はあまりに素晴らしかったので、他の懸念はすべて脇に追いやられた。

四人の男がヒースロー空港に向かう車中で、この問題は迅速な決定によって解決された。彼らは車を止め、モサドのロンドン支局長が車を降りて大使館に向かった。

マルワンの電話が鳴るまで、長い時間はかからなかった。すぐにミーティングが手配されること、マルワンから接触したいときにいつでも呼び出せるロンドンの電話番号、そして待ち合わせ場所の詳細の連絡があるまで電話の近くで待機するよう伝えられた。一方で、ロンドンのモサドチームは、ミーティングの段取りに取りかかった。

ミーティングは翌日に行なうことになった。場所はロンドンの中心部にある大きなホテルのロビーだった。すべてが計画通り進めば、マルワンとその相手は数分間ロビーで会話し、その後、上階に予約してある部屋に行って自由に話をすることができる。

ミーティング場所の安全性を確保することが重大問題だったが、モサドのロンドン支局は素早く必要な手筈を整えた。残された問題は一つ、誰がミーティングに臨むかということだった。ゴーレンとロンドン支局長との間で短いやり取りがあり、ドゥビー（本名は今も非公開）という名前の男に決まった。彼はモサドのロンドン支局のナンバー2で、数年間ロンドンで情報を集めていた。祖父母が十九世紀の終わりにヨーロッパからパレスチナに帰還したという生粋のイスラエル人であるドゥビーは、三十代半ばで、流暢にアラビア語を話した。モサドのロンドン支局には、マルワンがどの程度英語を流暢に話すか知っている人物が一人もいなかったという簡単な理由で、ドゥビーにこの役が割り当てられた。

ミーティングは夕刻に設定された。ロンドンを拠点とするモサドの諜報員たちは、罠にはめられないようホテルの外側に陣取っていた。ゴーレンはロビーの長椅子に腰かけ、新聞を読むふりをして入り口に目を向けていた。彼はアシュラフ・マルワンの写真を新聞で隠し持っていた。ドゥビーは離れた場所に立っていたが、ゴーレンと視線を交わしていた。

長く待つまでもなかった。約束した時間通りに、マルワンは黒いブリーフケースを下げてロビーに現れた。説明を受けていたとおり、痩せていて背が高く色が黒いマルワンに、ドゥビーはすぐに気づいた。ゴーレンは間違いなくマルワンだと思ったが、念を入れた。写真をちらっと見て、男に視線を戻した。写真は四年前のアシュラフとモナの結婚式のもので、エジプトの新聞から切り抜かれていた。ゴーレンはためらった。もう一度写真を眺め、その後ロビーに立っている男を再度見て確信した。ゴーレンはドゥビーに視線を送り、軽く頷いた。緊張した面持ちで立っているマルワンに手を差出し、笑みを浮かべてドゥビーが近づいていった。

「マルワンさん」アラビア語でドゥビーはマルワンに静かに話しかけた。「あなたに、お目にかかれて嬉しい。私の名はアレックスです」

マルワンはドゥビーのアラビア語に目を見張るほど驚いた。彼もまた、エジプトの治安地下活動組織ムハバラートの仕掛けた罠にかかることを恐れていた。マルワンは英語で答えた。「あなたはイスラエル人ですか？」

ドゥビーも英語に切り替え、自分がイスラエル人であることを確約し、マルワンを落ち着かせようとした。二人はさらに数語を交わし、二人で話ができる部屋まで上がっていこうとドゥビーが促した。マルワンは同意し頷いた。二人の近くにいたゴーレンは、エレベーターに向かって二人が歩くのを見て深い安堵のため息をついた。最初の接触は問題なく終了した。

階上の部屋に入ると、マルワンは安心した様子で会話を始めた。ドゥビーに自分が誰か知っているか尋ねた。ドゥビーは自身の豊富な経験から、自分が持っている情報をすべて明かす必要がないことを知っていた。マルワンは自分の公的立場、モナとの結婚、ナセルやサダトとの関係、それにサミ・シャラフの下で大統領府の情報局で働いていた事実を詳しく語り始めた。ドゥビーはその詳細をすべて記憶に留めようとした。

マルワンは、自分の仕事の役割の重要性をいささか誇張して説明した。ドゥビーにとってより興味があるのは、マルワンの地位やナセルの後継者との関係ではなく、どんな情報が彼のデスクに集まっているかということだった。ドゥビーは注意深く慎重に、その点を提起した。マルワンは自慢げに笑った。彼は、エジプト全土で最も重要な情報はサミ・シャラフの下に集まっていると説明した。ドゥビーはより具体的な説明を求め、それは政治的な情報なのか、軍事的あるいは外交的な情報なのか、ソ連と関係する情報なのかを尋ねた。マルワンはその質問を待っていた。ブリーフケースからアラビア語で手書きされた書類を数枚取り出し、金額に応じてイスラエルにとって大きな価値のある情報を渡すと言った。マルワンは書類を大声で読み始めた。軍事についていくらか理解のあるドゥビーは、それが全エジプト軍の戦闘序列を記した極秘の覚書きであることを理解した。ドゥビーは連隊とその位置について、司令官と彼らの裁量に委ねられている装備の詳細について、急いで書き留めた。そしてある時点からマルワンへ質問するのを止めた。マルワンが読み終わった時、モサドの将校はリストを眺めた。それは信じられない内容だった。

非常に機密度の高い情報を渡そうとしているマルワンの強い意志に促され、ドゥビーはより特殊な質問をぶつけた。何年もの間、エジプトが特殊兵器の開発に着手しているか否かがモサドにとっての懸案事項だった。一九六〇年代初め、モサドは、ドイツの科学者たちがエジプトと組んで行なっている生物・化学兵器の開発を止めさせるため、対抗宣伝を始めていた。一九六〇年代半ば、エジプト軍はこれらの化学兵器をイエメンの内戦で使用した。イスラエルにとって、ドイツのガス室は記憶に新しく、市民に向けられている化学兵器の問題には非常に敏感だった。従って、エジプトの化学兵器開発についての情報は、モサドにとって最優先課題であり続けた。モサドはマルワンが化学の学位を持ち、化学者として陸軍に勤務していたことを把握しており、化学兵器についてマルワンが知っている限りのことを知りたいと望んでいた。そこでドゥビーは質問した。とりわけ、軍と民間の化学工場が立ち並ぶカイロ北東の地域、アブ・ザアベルで行なわれている活動について質問した。

マルワンは質問攻めにされて驚いた。イスラエルがこの特殊な分野について非常に懸念している理由が彼には分からなかった。マルワンはアブ・ザアベルで働いたことは一度もなかったが、そこで行なわれていることについて精度の高い情報を提供することができた。ドゥビーはすべてを書き留め続けた。ドゥビーが書き終えた時、マルワンは最後の一つの資料が入っている封筒をドゥビーに手渡した。ドゥビーはその封筒を開かずに自分のブリーフケースに入れた。マルワンは頷いた。今日に至るまで、封筒の中に入っていたものが一体何だったのか、公にされていない。

ミーティングの間中、マルワンは支払いのことを一度も口にしなかった。紳士流に、そうした野暮な問題は別の機会に取り上げることにした。だが、マルワンはモサドのためにボランティアで働いたのではない。マルワンは料金の問題を提起する前に、自分の貢献度の高さを示そうとした。実際、友好的な雰囲気を損なわないことは、ドゥビーの担当部署にとって賢明なことだった。二人はいち早く相互の信頼関係を築いていった。ドゥビーはマルワンの人を惹きつける力、良い性質、ユーモアのセンスを認めた。マルワンはドゥビーを、教養ある会話好きの人間で、真面目で信頼できると感じた。操縦者《ハンドラー》《協力者を管理する担当局員》と情報提供者の間で築かれた最初の関係が、情報提供者が長く貢献するか否かに大きな影響を与えることは周知の事実である。この意味で、前エジプト大統領の義理の息子とモサドとの最初の出会いは大成功だった。

ミーティングの終わりにドゥビーは、マルワンが電話と郵便で接触を続けるための適切な連絡先の情報を知っているかどうか再確認した。マルワンは、数週間後にロンドンへ再び来る予定で、到着次第連絡すると約束した。彼は次のミーティングに、「アレックス」が単独で臨むことを求め、ドゥビーは承知した。

マルワンは部屋を出てエレベーターでロビーに下り、ホテルから出ていった。モサドの諜報員は、彼がタクシーを呼び止め、それに乗って消えていく姿を見守った。ドゥビーはカバンの中にすべての資料を入れたことを確かめ、数分後に部屋を出た。同じようにタクシーを捕まえ、イスラエル大使館の近くの住所を運転手に告げた。

ドゥビーが事務所に着くと、シュムエル・ゴーレンが待機していた。レハヴィア・ヴァルディとモサドのロンドン支局長が加わった時、二人はすでにマルワンから渡された文書に丹念に目を通していた。ゴーレンは手にしていた資料から目をあげて、「このような情報源から得たこのような情報は、千年に一度あるかないかだ」と口にした。

報告書は翌日、外交郵便でテルアビブに送られ、モサドの長官ツヴィ・ザミールの机上に置かれた。そこには、マルワンがロンドンの大使館に接触した方法、マルワンの伝言がヒースロー空港に向かうモサドの高官たちの注意を引いた経緯、ホテルでのマルワンとドゥビーのミーティング、会話の内容についてのドゥビーの詳細な評価が記されていた。ロンドンのモサド高官たちは、マルワンがドゥビーに渡した資料のほとんどをヘブライ語に翻訳し、それを暗号化されたコミュニケ《外交交渉の経過・結果を示す公式声明書》に同封した。ザミールは、報告を読み終わるまでに、イスラエルの協力者としてのマルワンの潜在能力を十分に理解した。オリジナルの資料自体にとてつもない価値があった。ザミールはシュムエル・ゴーレンを含む関係者を招集した。ゴーレンはブリュッセルから呼び出され、レハヴィア・ヴァルディはロンドンから戻って来た。

高官たちが承認を待たずにマルワンと接触したことについて、ザミールは全く問題にしなかった。一九六八年、諜報についての経験がないザミールが初めてモサドにやって来た時、ヴァルディは彼の良き師となり、情報提供者との仕事について知っていることをすべて教えた。以来ザミールは二年以上モサドに在籍しており、ヴァルディを信頼していた。西ヨーロッパの作戦を率いるため、ザミールが自ら厳選したゴーレンも同様だった。ザミールは両人をよく知っており、このまたとない機会を活用する最上の方法について、彼らの専門的判断に全面的信頼を置いていた。さらに、責任の遂行と臨機応変の才は常に諜報員の大事な資質だった。だから、マルワンとのミーティングについて彼らにその権限が与えられたかどうかなどということは問題にもならなかった。この会議の主な関心事は、次の段階で何をなすべきかということだった。モサドの長官が討論を主導した。

ツヴィ・ザミールは一九二五年に生まれた。一九六八年にモサドに加わるまで、成人してからの人生をずっと軍隊で過ごしてきた。十七歳の時に、建国前のエリート精鋭部隊パルマッハに志願。イギリス委任統治の末期、彼はユダヤ人移民をシリアの国境を越えてパレスチナに不法に密入国させた廉《かど》で十カ月拘留された。一九四八年のイスラエル独立戦争では、二十三歳でハレル旅団第六大隊の司令官に選ばれた。ハレル旅団は、沿岸部の平地から包囲されたエルサレムへのルート確保を任務としていた。戦後、ザミールは新設されたイスラエル国防軍の上級将校の一員となり、訓練部隊長や南部方面司令部の司令官などを歴任。一九六六年には、イギリスとスカンジナビア諸国の軍事武官に任命された。一九六八年、レヴィ・エシュコル首相は、メイール・アミットの後任として彼をモサド長官に要請した。アミットは首相の直接指揮下にあったにもかかわらず、緊密に協力していた国防相モシェ・ダヤンへの忠誠心を増大させていたため、首相の不満が高まっていた。エシュコルは、政治的な動きをすることのないモサド長官を望み、ザミールに目をつけた。彼は、自主性を重んじる政治的偏りのない人物だった。

ザミールがモサドでの任務を始めた時、政府高官たちが懸念していたのは、もう一人の人物ヨセフ・ヤリヴを長官にする道をならすためにザミールが抜擢されたのではないかということだった。

一九五七年の初め、ヤリヴはイスラエル軍事課報局一八八連隊の指揮官だった。一八八連隊は敵陣の奥深くで作戦を実行することを主な任務としていた。一九六三年、メイール・アミットは軍事諜報局長だったが、同時にモサドの長官でもあった。その年、一八八連隊がモサドに吸収され、ヤリヴもモサドに入った。一九六八年、ザミールがモサド長官に着任した時、ヤリヴは一八八連隊の長であり、モサドの主要な作戦部門であるカイサリア支局の長も務めていた。ヤリヴは自身をモサド長官の候補者と見なしていた。彼は、国防軍参謀総長ハイム・バルレヴや副首相イガル・アロンと親しかったこともあり、ザミールの長官就任はヤリヴに深刻な一撃を与えた。しかし他のモサドの高官たちはヤリヴが適任だとは考えていなかった。そこで、同じくバルレヴとアロンの友人である国防軍の少将ザミールが、ヤリヴへの反対の声を鎮め、後にヤリヴがモサド長官に就任しやすくするよう抜擢されたのだと考えられた。レハヴィア・ヴァルディを含むモサドのメンバーのうち何人かは、ヤリヴが長官になったらモサドを辞任すると明言していた。

ザミールは懸念を払拭するために素早く動いた。前任者とは対照的に、彼は政治的な計算をせずに職務を把握することを優先し、代理人を任命しなかった。代理人の主な目的は、指揮官に何か起きた場合、任務を引き継ぐことだと彼は感じていた。しかし、モサドの長官が前線に出ることはないため、暗殺されるといった深刻な危険はない。指揮官と作戦を実行する部隊との間に緩衝役としての代理人を設けると、自分の任務を複雑にするだけなので必要ないと判断した。

ザミールは就任一年目の大部分を、モサドの活動の核心部を系統的に学ぶことに割いた。彼はモサドのすべての任務に関する調査書類を丹念に読み、絶えずヴァルディやツォメット支局の長と相談した。情報提供者の価値を判断し、求人を募集し、全体を舵取りし、その潜在能力を最大化するあらゆる方法を学んだ。ザミールはまた、モサドとの接触が切れた協力者たちのファイルを詳細に調べ、イスラエルにとって非常に価値の高い情報をもたらした協力者を呼び戻したケースもあった。その過程でザミールは、操縦者と協力者の関係がいかに脆《もろ》いものであるかを理解し、その関係の命運を決めるのは、協力者の心理的欲求を満たすことのできる操縦者の能力にかかっていることを学んだ。もちろん、モサドのために働く協力者の主な動機は金だったが、それだけではなかった。

ザミールはまた、モサドでの情報収集の優先順位を変更することを命じた。彼は、イスラエル国防軍の作戦支援にもっと真剣に取り組むことを望んだ。一九六〇年代初期に彼が国防軍の南部方面司令官だった時、モサドが何の力にもなっていないと感じていた。一九六八年にザミールが長官に就任した時、アラブの軍隊、とりわけエジプト軍は未だ六日戦争の傷から癒されてなかったので、敵からの奇襲攻撃は緊急の課題ではなかった。現在、消耗戦争《一九六八〜七〇年のエジプトによる対イスラエル戦争》が激化する中で、モサドは国防軍を助けるために最善の努力をするべきだ。特に相手の攻撃に関して信頼に足る事前警告を得て、国防軍が時宜《じぎ》を得た防御策を取れるようあらゆる情報を収集することが必要である。しかし一九七〇年に消耗戦争が終結した後、問題ははるかに大きく深刻になった。サダトが公然と敵意を新たにし、威嚇を始めたのである。軍事諜報局はこの時、エジプト軍は静かな消耗戦争を続けるのではなく、スエズ運河を渡ってシナイ半島に達するだろうと予測していた。

優先順位の第二の大きな変化は、ヒュミントに頼るだけではなくシギントからの情報収集に関してだった。モサドは発足当初から、人間による情報源の網として作られてきた。メイール・アミットの指揮下で、モサドは盗聴や隠しマイクの設置といった様々な技術形態を取り入れてきた。しかし今ザミールは、ケシェット（弓）と称される部局の創設をはじめ、シギントにさらなる重点を置くことにした。このことが今まで軍事諜報局によって運営されてきた領域を侵すことになったにもかかわらず、ザミールと、国防軍参謀総長ハイム・バルレヴや軍事諜報局長アーロン・ヤリヴとの親密な友情によって、情報部門間の良好な関係を維持した。

ザミールの着任前、歴代のモサド長官はイスラエルの首相との複雑な関係に苦労していた。イサル・ハルエル《モサド長官、一九五二〜一九六三年》はダヴィッド・ベングリオン《イスラエル首相、一九五五〜一九六三年》の最大の称賛者だったが、彼はベングリオンと対立し、最終的に一九六三年のエジプトにおけるドイツ人科学者たちの事件の余波で辞任することになった。続く数年間、首相のレヴィ・エシュコルとモサドの長官メイール・アミットの関係は、同じような緊張をはらんでいた。一九六五年、敵対するモロッコの指導者メフディー・ベン・バルカが誘拐・殺害された事件について、モサドが関与していたことをエシュコルは知らず、事態を一層悪化させた。同じ頃、エシュコル最大の政敵としてベングリオンのラフィ党が創設されたのもあり、モサド長官がベングリオンと共謀したのではないかと問題視され、アミットは長官退任を余儀なくされた。

前任者たちとは対照的に、ザミールはあらゆる政治問題と無縁だった。元パルマッハ将校として、ザミールは建国前からの戦友エシュコルとの緊密な関係を維持し、モサドの長官として政党との関係を切り離した。エシュコルは、仕事の関係で数回ザミールと会ったが、ザミールがエシュコルにとってとりわけ都合のいいモサド長官になるだろうということは、これだけでは分からなかった。しかしエシュコルは、ザミールがイギリスの軍事武官だった時に書いた報告書に強い感銘を受けていた。その報告書では、イギリスでの人員削減を推奨していた。当時国防相だったエシュコルは、軍事武官が果たすべき役割を考える一例としてその報告書を取り上げた。

しかしザミールには、エシュコルと働く機会がほとんどなかった。エシュコルは一九六九年二月に亡くなったからである。エシュコルの後任首相ゴルダ・メイールとは、より深刻な関係にあった。メイールは就任前、ザミールについてほとんど知らなかったが、ザミールはいち早くメイールの信頼を得て、事実上、諜報問題に関する良き相談相手となった。メイールはかつてザミールをからかって言ったことがある。「ツヴィカ（ザミールの愛称）と一緒に働くのは実に楽だ。彼が望んでいることをしようとする限り」。メイールは同時に、より広範な安全保障問題については、国防相モシェ・ダヤンの判断に信頼を置いていた。

この点について、ダヤンが軍事諜報局長アーロン・ヤリヴから諜報活動の報告を受けている限りは問題にはならなかった。ヤリヴとザミールもうまくいっていた。しかし一九七二年、ヤリヴに代わってエリ・ゼイラ大将が局長に就任すると、二つの諜報機関の情報評価の相違が大きくなり始めた。ダヤンは新しい軍事諜報局長ゼイラの諜報活動に頼る傾向があり、ゴルダ・メイールもその点でダヤンに同調していたので、ザミールの不満は大きくなっていった。ザミールは、アシュラフ・マルワンからの情報に信頼を置き、エジプトが戦争に向かおうとしていると信じていた。それに対して軍事諜報局、とりわけゼイラ局長自身は、全く異なる見方をしていた。しかしダヤンはゼイラに大きな信頼を置き、メイールはダヤンを全面的に信頼していたため、ザミールは蚊帳の外に置かれた。

こうした錚々《そうそう》たる面々が、イスラエル全体にとってどれほど効果をもたらしたかは後に分かるだろう。今の段階では、アシュラフ・マルワンから情報提供を受けるべきか否かについて、ツヴィ・ザミールがモサドの議論を導く十分な経験を一九七〇年末までに積んでいた、とだけ記しておく。

マルワンとドゥビーが最初にミーティングを行なった後、小規模ながら十分な経験を積んだグループが討議に加わった。ザミール、ヴァルディ、ゴーレンに加え、モサドの副長官になったツォメットの高官シュロモ・コーヘン・アブラバネル、ザミールの首席補佐官ナヒク・ナヴォットが参加した。討議により、二つの主要点で合意に至った。

まず、マルワンの申し出は、エジプトの最高レベルの意思決定にアクセスできる情報源を開拓するという前例のない機会であることに合意した。マルワンがドゥビーに提供した文書は、マルワンが提示できるほんの一例に過ぎなかった。ドゥビーとの会話の中で、マルワンは大統領の机上にある大部分の資料を入手できる地位にあると語っていた。討議の参加者たちは、マルワンの地位と情報へのアクセスが可能であることを理解した。つまるところ、エジプト政界の頂点では、ナセルの義理の息子のために扉が常に開かれているということだった。

二つ目の合意点は、マルワンがエジプトの諜報機関から送り込まれた人物かどうかという問題に関してだった。あらゆる角度から問題を調査した後、グループは、マルワンが二重スパイである可能性は極めて低いと結論づけた。それには主に三つの理由があった。第一に、最も練度の高い諜報機関だけが、長期にわたって二重スパイを巧みに使う方法を知っている。二重スパイに関しては、第二次大戦中だとイギリスが最も長けていた。ソ連も巧みではあったが、イギリスほどではなかった。モサドはその難しさを理解していたため、二重スパイを用いることから完全に手を引いていた。二重スパイを使ったイスラエルの諜報機関はシン・ベト《イスラエル総保安庁》だけで、彼らの経験は限られていた。エジプトの諜報機関ムハバラートは、とりわけ練度が高いとは思われていない。モサドの高官たちは敵を過小評価することに躊躇《ためら》ったが、専門的な見地から、エジプトの諜報機関がそこまで有能であるとは考えなかった。これに基づき、マルワンがエジプトの諜報機関によって二重スパイに仕立て上げられた可能性は非常に低いと結論した。

マルワンが二重スパイではないと考えられる第二の理由は、彼の家族関係だった。なぜこの危険な任務に、通常の諜報員ではなくナセルの義理の息子を送り込むのか。エジプトは、敵であるイスラエルの諜報機関の能力が自分たちより上である可能性を認識していた。それはマルワンがイスラエルで殺されるか投獄されるかを意味した。マルワンが知る重要な国家機密には、エジプトの上流階級の私生活をはじめとする情報が多く含まれており、それがイスラエルに渡ってしまった場合の代償は、エジプトにとって計り知れないほど大きかった。

二重スパイ説が受け入れ難い最後の理由は、マルワンがドゥビーとの最初のミーティングで渡した情報の質の高さだった。二重スパイはしばしば本物の情報を渡すが、それは内容の期日が目前に迫っていて価値のないものか、相手がすでに知っている可能性の高い情報のみである。もちろん、二重スパイが信用を得るためには本物の情報を提供する必要がある。イギリスが大戦中に「鶏の餌《チキン・フィード》」と呼んだ、芸術的とも言える情報がそれだ。その中で最も重要な例は、一九四四年六月のノルマンディー上陸作戦だろう。ガルボというコードネームで呼ばれたイギリスの二重スパイ、ファン・プホル・ガルシアは、上陸作戦が始まる数時間前に、侵攻が始まることをドイツに警告した。ガルボが警告したとおりに侵攻が始まったので、ドイツはガルボを大いに信用し、彼の重要度は高まった。それから三日後、ガルボは続けてもう一つの警告をドイツに送った。ノルマンディーを攻撃したのは、ドーバー海峡にさらに大規模な侵攻を行なうため、ドイツ軍勢力をノルマンディーに引きつけるための牽制だという内容だった。ドイツ軍の諜報部はガルボを信用していたので、六月末までドーバー海峡に地上軍の大半を配置し続けた。ドイツ軍が騙《だま》されたことを悟った時には、手遅れだった。連合軍は、ノルマンディーに橋頭保を築いており、フランスの内陸深く進攻していた。

モサドの人間は、ガルボ以外にも同じような例を知っており、マルワンがドゥビーに提供した文書やその他の情報を徹底的に調べた。そしてこれが「鶏の餌」ではないと結論した。マルワンの情報は信頼できるばかりでなく、とてつもない価値があった。このことから、マルワンがエジプトの諜報機関から送り込まれた可能性は低くなった。さらに重要なことは、たとえ彼が二重スパイであったとしても、モサドの高官たちが時宜を得たやり方でそれを発見する手段を持っていることだった。彼らは、マルワンが渡した情報の渡し方と精度を、常に二重チェックする必要があった。それで、マルワンの扱い方を監督する二つの委員会を設置した。一つはモサドの高官たちだけで構成された委員会で、もう一つは軍事諜報局を加えた合同委員会だった。後者は、イスラエルの諜報コミュニティにおける優れた伝統の産物であり、新しい協力者を評価する人々のうち少なくとも一部は、スパイの募集や操縦から完全に切り離される必要があるためである。

この二つの合意点は、ザミール、ヴァルディ、ゴーレンに権限を付与することを可能にし、他のメンバーはより実務的な事柄に振り向けられた。まずは報酬の問題についてだった。マルワンは、期待する金額について具体的な数字に言及しなかったが、誰もがその額は小さくないことを知っていた。四年以上前の一九六六年八月、モサドはイラクのパイロットであるムニル・レドファに五万ドルを支払い、最新鋭のミグ21戦闘機を無事にイスラエルのハツォル空軍基地に着陸させせた。丹念に計画され実行されたこのドラマチックな作戦により、自国の戦闘機の性能を上回るエジプトやシリアの戦闘機をイスラエルのパイロットが詳しく調べることができ、六日戦争でイスラエル空軍が優位に立つことに貢献した。イスラエルはその時、アメリカ空軍の専門家に検査させ、アメリカとイスラエルの安全保障に関わる結びつきを強化した。アメリカにとってもミグ21戦闘機は謎に包まれていた。レドファの亡命のために、モサドの長官だったメイール・アミットは二倍の金額を提示したが、レドファは最初の金額で納得した。しかし、これは一回限りのことだった。マルワンの場合、機密情報を提供する度に支払いを要求するだろうと思われた。この点について選択の余地はなく、彼の要求を待って金額を聞くしかなかった。

しかし、これは別の問題を浮かび上がらせた。マルワンについて入手したあらゆる情報から推して、彼は大金を手にすることによって突然派手な生活をするようになり、国家機密を売っているのではないかという疑惑を受けることが明らかだった。モサドは今までもこうした問題に取り組んだことがあったが、報酬は常に少額で協力者は極めて注意深かったため、深刻な問題にはならなかった。この意味で、アシュラフ・マルワンをスパイに採用することは、新たな問題に直面することになる。しかし、モサドはエジプトの上流階級の行動基準を熟知しており、生活水準の突然の変化に対して、もっともらしい説明を見つけることができるだろうという結論に達した。後にマルワンが操縦者に説明したとおり、エジプトのような国では賄賂を受け取ることは例外というよりむしろルールであり、ナセルの義理の息子がなぜ金を持っているのか説明する必要など全くない。この答えがあまりにも明確だったので、それ以上疑問を呈するする必要はなかった。

最後の問題は、誰がマルワンの操縦者になるかということだった。問題は複雑だった。成功した操縦者は、様々な優れた技術と特質を兼ね備えていた。ジョン・ル・カレは、イギリスの諜報機関に勤務していたが、優れた操縦者は協力者にとって「良き指導者であり、羊飼い、親、親友、支援者、結婚相談員、告解を聞く神父、喜劇役者、それに庇護者のようなイメージである」と述べた。そのような態度はモサドでも同様で、とりわけアシュラフ・マルワンのような複雑な若者を扱う場合には役立つ。危険な二重生活を行なう協力者に対して、重責を共に負って役割を助け、疑う余地のない権威をもって接し、経験を積んだ年上で、賢明かつ注意深い人間であるべきである。

ドゥビーはこのような模範的な操縦者とは少し違っていた。ロンドンのマルワンとのミーティングに彼が選ばれたのは、限られた時間の中で他に誰も見つからなかったというのが主な理由だった。彼のスパイ操縦者としての経験は浅く、妥当な選択ではなかった。討議する中で、マルワンの操縦者に関して多くの候補者が挙げられた。それでも、ドゥビーがロンドン支局に着任して以来、彼の優れた能力は十分証明されてきたし、責任感があって専門家としても優れていて、正確で規則を厳格に守るという評判を得ていた。物事をありのまま、誇張せずに報告する人物だった。この最後の資質がとりわけスパイ操縦者には大事だった。マルワンのような協力者は、ただ一人の人物と仕事することを望むことが多い。つまり操縦者になる人間は、現場で何が起きているのかを知る諜報機関で唯一の情報源となる。ドゥビーには他にも利点があった。彼は魅力的で品がよく、相手との相性が良かった。こうしたことすべてが、アシュラフ・マルワンの信頼と親しさを兼ね備えた関係を築く潜在能力になっていた。

近い将来に起きる特殊な状況が、ドゥビーにとって最終的に有利に働くことになった。彼のマルワンとの一回目のミーティングは、明らかにうまくいった。彼の控えめな報告からも、二人の間に絆が生まれていたのは明らかだった。しかも、個人的なリスクが生じることから、マルワンは「アレックス」以外の誰とも会わないと主張していた。この段階で、ザミールと他のメンバーの主な懸案事項は、マルワンが次回のロンドン訪問時に接触してこないかも知れないということだった。それは望まない事態だった。ドゥビーから他の操縦者に替えてしまうと、マルワンを真剣に必要としていないと感じさせるかも知れず、新たな展開を簡単に失いかねない。こうして熟考の末、ドゥビーが当分の間マルワンの操縦を続けることが決まった。しかし他の協力者とは違い、マルワンの操縦は、テルアビブの司令部と直接相談して実行されることになった。これはマルワンの並々ならぬ重要性から来るものだった。実際、ヴァルディとザミールが担当となり、マルワンの操縦に直接関与した。

これで、アシュラフ・マルワンについての討議は終わった。残されたのは、新しい協力者を採用する際に行なう多くの事務的な手続きだった。その一つは、協力者の素性を隠すために暗号名《コードネーム》を決めることだった。これはツォメットの担当だった。コードネームはあらかじめ用意されたリストから任意に決められた。当初、アシュラフ・マルワンの暗号名として「パクティー」と「アトモス」が候補に挙がっていた。しかし、付けられた名前は「エンジェル」だった。この名前を付けた人物は、一九六〇年代のテレビシリーズ「聖者《ザ・セイント》」で主演を演じたロジャー・ムーアのファンだった。その原題がキリスト教的な響きを持つため、イスラエルでは「天使《ハマルアフ》」というタイトルでテレビ番組のビデオが販売された。

数年後のヨム・キプール戦争の後、天使《エンジェル》というコードネームがいかにマルワンにふさわしかったかが明らかになった。

第3章　一九七一年四月——軍事諜報局の介入

アシュラフ・マルワンとの最初のミーティングは、エジプトとイスラエルの消耗戦争が終わった一九七〇年八月から四カ月後のことだった。消耗戦争は、エジプト政府に敵意の新しい段階、とりわけスエズ運河を渡り、シナイ半島を取り戻そうとするいかなる動機ももたらさなかった。実際のところ、エジプトにとって消耗戦争の結果は六日戦争の敗北の記憶を和らげたが、軍事的劣勢が続いていることを明らかにした。

消耗戦争の背後にあるエジプトの戦術は、イスラエル国防軍の兵士の血を継続して流させることであり、イスラエルの戦闘意欲を削ぐことにあった。エジプトはその優れた大砲を利用し、バルレヴ・ラインとして知られる運河沿いに並んだイスラエルの要塞とそこに通じる道路を絶えず砲撃し、時にはイスラエル兵を殺害する目的で急襲していた。イスラエルにとってその代価は高くついたが、耐えられないほどではなかった。戦闘の十七カ月の間、イスラエル国防軍は二百六十人の兵士を失ったが、その数は一九七〇年にイスラエルで起きた交通事故の死者数の半分以下だった。戦闘でどれほどのエジプト人が死んだかは正確には分からない。アメリカの情報によると五千人を下回ることはないとされていたが、イスラエルの情報では約一万五千人だった。エジプトにとって、死者の割合が許容限度を超えていたばかりではなく、空と陸におけるすべての戦場で、イスラエルが優勢であることを常に想起させた。

このことは、空中戦で最も明らかだった。撃墜された戦闘機の割合は、一対七でイスラエルが優勢だった。比較のためにベトナム戦争の例を挙げると、アメリカ軍の主要戦闘機F105が十五機撃墜されたのに対して北ベトナムはミグ21戦闘機全機を失った。イスラエル国防軍は、一九六九年末までにエジプトの対空砲台を骨抜きにし、エジプト領内は空爆に対して完全に無力化した。イスラエル軍はカイロやアレクサンドリア郊外、その他の軍事施設を攻撃し、エジプト領内深くで空襲を開始した。これらの侵攻の目的は、エジプトの軍事力の弱体化ばかりではなく、ナセル体制の弱体化と停戦を強いることだった。この時ソ連がエジプトの救援に駆けつけ、SA2の砲台七十基、SA3地対空ミサイル、ミグ21戦闘機七十機をはじめとする対空師団を送り、イスラエルによるエジプト領内深くの空爆を食い止める主要配備を設置し、空中での戦闘をある程度まで対等なものにした。敵意は拡大の一途をたどって一九七〇年七月三十日に頂点に達し、イスラエルとソ連の直接対決で五機のソ連機が撃墜され、イスラエルは一機だけが損傷した。この戦闘後、エジプトとイスラエルは停戦に合意した。

マルワンが初めてロンドンのイスラエル大使館に電話した七月、消耗戦争はピークを迎えていた。

十二月末にマルワンがドゥビーと会った時、両国はすでに九十日の停戦合意に署名していた。停戦はさらに九十日延長されたにもかかわらず、イスラエルのスエズ運河からの撤退をはじめとする合意の重要な外交的前進を欠いていたが、戦火の終息は時間の問題だった。エンジェルことマルワンは、エジプトの戦争遂行の意図を突き止めようとしていたイスラエルへの格好の情報提供者になった。この問題が、マルワンとの契約を決定的なものにした。

一九七〇年九月にナセルが死んだ後、アンワル・サダトが大統領に就任し、問題は極めて複雑になっていた。ドゥビーとマルワンの一連のミーティングにおいて、サダト大統領が解決不能のジレンマに陥っていることが明らかになった。イスラエルに対する軍事的選択肢を探れば探るほどエジプトの選択肢が限られてしまい、どれほどの脆弱さを露呈することになるかサダトは気づいていた。消耗戦争の終結に際し、幾人かの将軍がシナイ半島を奪還する方法があると主張したが、サダトはスエズ運河を渡るだけの軍事力さえ信じていなかった。サダトは、イスラエルを交渉のテーブルに着かせることを目標に、限定した軍事攻撃を始めることに関心を抱いていた。同時にイスラエルは、もしエジプトが敵対行為を再開するなら決して黙視しないという警告をはっきり出しており、危険な事態が予測された。サダトが最も危惧したのは、イスラエル国防軍の圧倒的な制空権だった。それがエジプト国内の前線を極めて脆弱なものにしていた。イスラエル空軍の戦闘力の全面展開を阻止する唯一の道は、ソ連がエジプトの「戦争抑止」のために何らかの武器を提供するかどうかにかかっていた。それは、イスラエル国防軍の基地を攻撃できる航続距離の長い戦闘機と、イスラエルの人口密集地帯に届くミサイルの提供を意味した。だがソ連は、エジプトが再び敗北する恐れと、アメリカの緊張緩和維持策のために、動こうとしなかった。そのため、一九七一年初頭の段階で、サダトには軍事的選択肢がほとんどないように思われた。

同時に、外交交渉のための扉も閉ざされているように思えた。実は、イスラエルの国防相モシェ・ダヤンは、イスラエル国防軍がスエズ運河の堤防から撤退する案を提案していた。緩衝地帯を作ることによってスエズ運河を再開させ、エジプトの開戦動機を弱めるのが狙いだった。しかしゴルダ・メイール首相は、この段階での外交主導に反対し、ダヤンの動きを封じた。一九七一年二月、アシュラフ・マルワンがイスラエルに情報を流し始めてから約二カ月、サダトが同様の提案を条件付きで提出してきた際、メイール首相はそれを却下した。

一九七一年初めのドゥビーとのミーティングで、マルワンは、たとえサダト現大統領がナセル前大統領より協調外交へと歩を進めたとしても、和平合意よりも適用範囲の広い一時停戦が最良の解決だと考えており、サダトは自らが暗礁に乗り上げたと感じていると述べた。マルワンはまた、モハメッド・ファウジ戦争相が推進したエジプトの新しい武力攻勢という考え方と、「抑止兵器」の提供に関するソ連との実り少ない会談について明らかにした。これらの情報により、エジプトにとってどう見ても軍事的選択肢は非現実的だという理解を得、イスラエル政府内の人々、とりわけあらゆる外交主導に反対したゴルダ・メイールは強い支持を得た。

マルワンによってもたらされたあらゆる情報に対し、その報酬は比較的妥当な額だった。最初の時と同様、二度目のミーティングに際してもマルワンは支払いの問題を取り上げず、自分の価値が十分に評価されるぎりぎりまで先延ばしにした。その問題が最終的に取り上げられた時、マルワンは一万ドルを受け取ることで合意した。この金額は少なくなかったが、マルワンのもたらす情報の質からして妥当な金額だった。エジプト大統領の執務室の極秘情報を、驚くほどの速さでイスラエルの指導者に届けるルートの開拓には、当然といっていい額だった。

控えめに言っても、これは期待のできる始まりだった。だが、「アレックス」とエンジェルとの関係がいとも簡単に構築されたにもかかわらず、モサドはマルワンの操縦者であるドゥビーを他の人間に替えようとしていた。その背景には、西ヨーロッパのモサド作戦本部の指揮官シュムエル・ゴーレンの存在があった。ゴーレンは、操縦者とスパイの親密な関係が時には任務遂行の妨げとなることを自らの経験で知っていた。ドゥビーは、彼のあらゆる利点を考慮しても実践経験が浅すぎた。ゴーレンはもっと経験豊富な人間を望んでいた。さらに、ゴーレンには隠れた動機があったのかもしれない。ゴーレンはロンドン支局長と緊張関係にあり、優れた成功を収めるためには作戦を自分の直接指揮下に置く必要があると考えた。ゴーレンが考えていた操縦者の候補は、シリアのアレッポ生まれの経験豊富な諜報局員だった。ゴーレンはツヴィ・ザミールに要請を出した。ザミールは考慮すると言ったが、最終的に交代を認めなかった。だがドゥビーを交代させるという問題が浮上したのは、これが最後ではなかった。

マルワンの重要性がますます明確になるにつれ、ドゥビーを交代させないものの、イスラエルの諜報に関わる様々な部局の高官、つまりマルワンとの対話に自分の経験を生かせる人物も臨席させるべきだということになった。これは特別なことではない。当時のイスラエルの諜報社会では、国家的情報を明確に評価する責任を負う部局は、イスラエル軍事諜報局だった。一方で、モサドは首相の直轄下にあり、アラブ諸国など諸外国で作戦を展開する任務を負っていた。モサドによって集められた情報は、軍事諜報調査局に送られた。そこがモサドからの情報を受け取る主要な窓口だった。情報は、シン・ベト《イスラエル総保安庁》や軍事諜報局自身の情報と一緒にして分析された。軍事諜報調査局は、当時、国防軍が答えを求める特殊な質問をはじめ、情報収集に関しては優先権を公式に与えられていた。軍事諜報局の第二部局は、質問を用意し、それをモサドのツォメット作戦支局に送るという形でモサドとの関係を管理していた。モサドは、その際に、関係のある操縦者たちに情報を回覧した。このやり方が、マルワンとの最初のミーティングから一九七一年の早春まで踏襲された。ドゥビーは、第二部局が送って来た質問をマルワンに尋ね、答えを書き留め、それを軍事諜報調査局と空軍の情報部に送り返した。

しかし、二つの部局の共同作業には別の活動が含まれていた。質の高いスパイは、モサドの操縦者だけではなく、軍事諜報調査局で議論される特定分野の様々な専門家とも面会した。マルワンは、全アラブ世界で最高位のイスラエルのスパイとして地位を確立した。モサドと軍事諜報局の長官は、エジプトとの紛争での航空戦の重要性に鑑《かんが》み、その領域でマルワンが決定的な情報へアクセスできることを考慮し、イスラエル空軍情報部出身の分析官がマルワンに会えば、さらに役立つ情報を得ることができるかも知れないと考えた。マルワンと直接ミーティングすることで最大の利点を引き出せると考えられていた人物は、軍事諜報調査局の第六部局（エジプト担当）のメイール・メイール中佐だった。

一九七一年当時、メイール・メイールはおよそ二年間にわたって軍事諜報調査局第六部局の長を務めていた。彼は、その任務よりずっと前から諜報に携わってきた。一九四八年の独立戦争では、イスラエル心臓部へのエジプト軍の侵攻を食い止めた厳しい戦闘、キブツ・ネグバの防衛戦でひどく負傷した。怪我から回復した後、メイールは初期のイスラエル軍事諜報局に加わり、諜報の分野で熟練し、一九五六年の第二次中東戦争では、シナイ半島の地勢に関する手引き書の収集任務に選ばれた。その手引き書は、地質学、水文学《すいもん》、石油掘削などについて国中の専門家を登用していたため、シナイ半島を征服する部隊に並外れた正確な情報とかけがえのない援助を提供することになった。戦後メイールは、北部司令部の諜報副部長や軍事諜報局の司令官メイール・アミット指揮下の部隊長など、軍事諜報局の職務を歴任した。一九六七年の六日戦争に至るまでの間は、軍事諜報局の司令官アーロン・ヤリヴの個人補佐官として勤務した。六日戦争中、彼は第八四戦闘地区の諜報将校として任務に就いた。その任務は、イスラエル・タリ将軍の指揮下でシナイ半島北部のエジプト軍大部隊を壊滅させることだった。戦後、メイールは捕虜になったエジプト将校たちの尋問に当たり、その後パリのイスラエル大使館の副武官に任命された。これがエジプトに関する国防軍最高位の諜報専門家になる前の最後の地位だった。

一九六〇年代、第六部局（エジプト担当）は軍事諜報調査局の最重要部局だった。メイール・メイールは司令官として、諜報分野で最も才能のある人物を国中から集めてきた。軍事部門の長に選んだズシア・カニアゼルは、飛び切りの人材だった。政治部門の長はシムション・イツハキで、後に彼は軍事諜報局での経験に基づき、六日戦争でのアラブ側の見解について本を執筆している。イツハキは、すぐにアルベルト・スダイという民間人と交替させられた。スダイはイスラエル国内で最もエジプトに通暁している一人だった。カニアゼルとスダイの下に、エジプトの軍事・政治体制に関して驚くほど豊富な知識を持つ若い将校たちの一団が誕生した。軍事諜報局の他の調査部局とは違い、第六部局はあまりに大きかったので、一つの場所に入りきれなかった。メイールと軍事部門は、軍事諜報局の長官アーロン・ヤリヴ大将と同じ階で仕事をした。政治部門は、北アフリカ諸国と関係がある他の部局と同様、違う階にある国防軍総司令部の軍事諜報調査局司令官アリエ・シャレヴと一緒だった。

一九七一年四月初め、メイールはヤリヴの事務室に呼び出された。そこには、空軍の諜報司令官シュムエル・シェフェルがヤリヴ大佐と並び、シャレヴも同席していた。ヤリヴは時間を無駄にしなかった。彼は、モサドがエジプトで見つけた新しい情報提供者のおよその背景についてメイールに説明し、採用した経緯を述べた。ヤリヴは情報提供者の名前を明かさなかったが、メイールは、その人物が渡したという特別に精度の高い情報を見て、エジプト・ソ連に関わる情報をはじめ、最新の軍事・外交に関する極秘情報を入手できる人物であることを理解した。ヤリヴは情報提供者からの情報の信頼度をこれから決めることを付け加え、そのスパイとの次のミーティングに軍事諜報局の人間が加わることにモサドが合意したとメイールに告げた。空軍情報部の司令官が同席していることから、メイールは、空軍の誰かが同じようにミーティングに加わることを理解した。

ヤリヴはモサド総司令部へ直ちに出頭するようメイールに指示し、話を終えた。翌朝メイールは、モサドの総司令部でロンドンに向かうよう説明を受けた。ミーティングの主な目的は、情報提供者との話し合いを軍事諜報局の見地からより生産的なものにするという以上に、鍵となる次の二つの疑問について判断するため、メイールのエジプトの専門知識を役立てるためだった。最初の疑問は、情報が本物か否か、これは罠なのかどうかであり、二番目の疑問は、情報へアクセスできるという彼の主張が本当か否かということだった。この二つを明らかにするため、メイールはロンドンに経つ前にこれらの疑問に関する詳細なリストを準備しなければならなかった。

メイールはこうした一連の事態にさほど驚かなかった。今の仕事を始めてから、イスラエルの諜報機関に協力したいというエジプト人と会うため、何度も外国に出かけていた。最も恐れるべきことは、こうした飛び込み《ウォークイン》のスパイが実は二重スパイであることだった。その恐れを排除する最良の方法は、熟練者を送り込んで彼らと長く詳細な会話をすることだった。会話を通じて、スパイ志願者の情報がすでに知られている情報と符合するかどうかを明らかにする。さらに、祖国を裏切ろうとする理由と彼ら自身に関する供述が妥当なものであるかどうかを判断する必要があった。相手と会話することによって、提供される情報に潜在的な価値があるかどうか、直接判断することが可能だった。

だがメイールは、エジプト人の飛び込みスパイとの豊富な接触経験にもかかわらず、この件について何か違和感を感じていた。今回の緊急性、軍事諜報局長が個人的に参加していること、さらにスパイが提供した情報の質、こうしたものすべてが全く異なった次元に属する何者かを指し示しているようだった。

その上、こうした職業上のあらゆる問題と平行して、メイールが心から追い払うことができない一つの懸念があった。それは、差し迫った過越し祭《出エジプトしたイスラエル民族の故事に因んで祝われるユダヤ教の三大祭りの一つ》のことだった。セデル《過越し祭の最初の夜に親族一同が集まって行なう最も重要な晩餐の儀式》がちょうど一週間後に控えている。セデルの夜に自分が家にいなければ、妻のギタは決して許してくれないだろう。しかし今はイスラエル空軍情報部の長官と話をしているので、彼はその考えを自分の心から追い払わなければならなかった。情報提供者によってもたらされた情報の大部分が、エジプト空軍に関係しており、ソ連への仲介の要望にも関連していたため、イスラエル空軍情報部の人間が加わることになったのだ。

ヤリヴのオフィスからモサド総司令部への道は、メイールが軍事諜報調査局に加わって以来、数えきれないほど歩いてきた。メイールはテルアビブの国防軍総司令部を出て、キング・サウル通りの角にある守衛所まで北に向かう。角を右折して五分ほど歩くとダフナ通りとの角に出る。その角に位置する灰色のビルは、当時テルアビブで最も高いオフィスビルの一つで、ハダル・ダフナ・ビルとして知られている。ごくわずかな人が、そこにモサドの総司令部が入っていることを知っていた。メイールはビルの右側に回って数段下り、それからインターフォンのボタンを押した。守衛はメイールと顔見知りで、メイールがやってくることをいつも事前に知らされていた。メイールは守衛に自らの身分証明書を預け、引き換えに訪問者の札を受け取り、ザミールの執務室まで運んでくれる狭いエレベーターに乗った。

モサド長官の執務室には四人の男が座っていた。メイールは、国防軍の南部方面司令部で情報将校として過ごした時からザミールを知っていた。当時ザミールは南部方面司令部の司令官だった。一九六〇年代初め、司令部での将校間の関係は親密で気取らないものだった。メイールと妻はザミールの自宅に何度も招かれた。二人目の男レハヴィア・ヴァルディも顔なじみだった。メイールはかつて、軍事諜報局情報収集部のヴァルディ司令官の下で任務に就いていた。三人目ヨアヴ・ダヤギ大尉は、エジプト空軍に関して責任を負うイスラエル空軍の調査官で、メイールは毎日彼と仕事をしていた。最後はナヒク・ナヴォットで、ツヴィ・ザミールの首席補佐官だった。

短い挨拶の後、ヴァルディは、ナヒク・ナヴォットとツヴィ・ザミールに概況の説明を始めた。彼はすべてを明かさなかったが、そのわずかな情報からも、新しい情報提供者が信じ難い人物であることが分かった。ヴァルディは、エンジェルがどのようにしてイスラエル大使館に連絡を取ってきたかについて、また接触の機会が危うく失われるところだったこと、またドゥビーがどのようにしてロンドンのホテルでミーティングを行なったのかについて、二人の軍人に説明した。ヴァルディは躊躇《ためら》っていた。「今度のケースは普通の情報提供者ではない」と注意深く付け加えた。「情報提供者は軍の将校でも外交官でもない。我々は軍の将校や外交官とは今までも接触してきたし、これからも接触するだろう。けれども今度の情報提供者は、大統領のすぐ身近にいる人物だ」。ヴァルディはそれ以上詳しく述べなかったが、次のエンジェルとのミーティングまでに、ドゥビーがスパイの身元やその詳細を明らかにする、と二人に請け合った。国防軍の二人は、ヴァルディの言葉を完全に理解した。軍事諜報局とモサドにとって、情報は必要最小限の人にのみ与えられることが基本原則だった。二人は外国で作戦を行なおうとしていた。たとえそれが同盟国であっても、逮捕され尋問を受ける可能性は常にある。知っていることが少なければ少ないほど、ダメージも少なくて済む。

ザミールは作戦の指示をわずかに出し、会議を終えた。彼らは月曜の朝にエルアル航空でヒースロー空港に向かう。ナヴォットのデスクの脇には、パスポート、飛行機のチケット、ロンドンでの経費の入った各人の封筒が置いてあった。エンジェルとのミーティングは、彼らがロンドンに到着してすぐに行なわれる予定だった。しかし土壇場になって変更されるかも知れなかった。ロンドン滞在が長引いた場合、もっと多くの現金が必要になったが、モサドのロンドン支局から受け取ることになっていた。

この最後の部分がメイールの居心地を悪くした。今まで情報提供者に会うためにロンドンへ行く場合、多くとも二日か三日の滞在を要するだけだった。今回は違和感を感じていて、おまけに過越し祭が気になってもいる。メイールは立ち去りかけたが、振り返ってザミールに言った。「ツヴィカ、私はセデルまでに戻らなければ、ギタが頭痛の種になる」

「君はエンジェルの世話をしろ。俺がギタの世話をする」ザミールは笑いながら言った。

メイールとダヤギはそれぞれのオフィスに戻り、仕事に没頭した。二人はそれぞれが受け取った分厚い調査書類をまとめなければならなかった。書類には人的・技術的に収集された情報、コピーされた書類、同盟国の情報記録などがあり、数え切れないほどの情報の断片だった。これらすべてのデータに基づいて、彼らはエンジェルに尋ねるべき質問のリストをまとめた。時間に追われていたが、仕事は扱い慣れた問題や事実についてだったので、それほど困難を感じなかった。軍事諜報調査局第六部局と空軍情報部の記録の中には、イスラエルの諜報社会が何年にもわたり共同で行なってきた、他の情報源や他の情報部門の具体的な質問が記されている数知れないフォルダーがあった。

メイールは、夜になってホロンの自宅に戻った。彼はロンドン滞在が長引かないことを望みながら、小さなスーツケースに荷物を詰めた。妻ギタの願いも同じだった。翌朝、モサドの車が彼を家まで迎えに来た。ダヤギがすでに車中にいた。二時間後、二人はロンドン行きのボーイング707の座席に座っていた。

ヒースロー空港は月曜日の昼間で比較的空いていた。入国手続きの列は長くなかった。メイール・メイールは、自分のパスポートを係官に渡した時に不安がよぎった。改竄されたモサドのパスポートでイギリスに入国するのは今回で四度目だった。毎回彼は、入国係官が質問をし始めるのではないかという不安に駆られた。しかし、当時イギリスの入国係官は一般的に丁寧で、疑い深くなかった。国際的テロリズムはまだイギリスを襲っていなかった。係官はパスポートにスタンプを押した。二分後、メイールはパスポート・コントロールを通過した。ダヤギが彼を待っており、二人はバッグを手にして空港の伝言板に向かった。ポケットベルや携帯電話が出回る以前、多くの空港には人々が伝言を残せる大きな伝言板が用意されていた。二人は伝言板に目を通した。宛名の苗字の順に配列されており、メイールのパスポートに記されている名前を記載した伝言を見つけた。モサドの諜報員はそこに少し前に来て、手書きのメモを残していた。その指示に従い、二人はロンドンの中心に向かってタクシーに乗った。ドライブには一時間もかからなかった。二人は料金を払い、二百ヤード歩き、ドアをノックした。

三十代半ばの背の高い男が応答した。顔だちが良く、痩せ型、茶色い髪と青い目をしていて、穏やかな話しぶりだった。二人を招き入れるとすぐにコーヒーを沸かした。ドゥビーは二人に期待していた。二人がコーヒーカップを手に取ると、エンジェルの話を事細かに話し始めた。

メイールは今まで一度もアシュラフ・マルワンについて、あるいは高位の官吏である彼の実父について耳にしたことがなかった。師団長を含むほとんどのエジプト軍上級将校の名前と詳細についてはは注意深く研究したが、共和国防衛隊はただの一度も彼の興味を惹いたことはなかった。第六部局の最優先課題は、イスラエル国防軍が次の戦争で直面するであろう戦闘勢力について知ることだった。しかし共和国防衛隊は、カイロの秘密施設と政権全体を保護し、大統領の旅行の安全を確保する任務に当たっていた。そのため、軍事諜報局はほとんど関心を持っていなかった。メイールにとって、ナセルやサダトの私生活は噂話に過ぎず、関心がなかった。ナセルの義理の息子についてよりも、ナセル自身がソ連についてどう考えているかを知ることのほうがはるかに重要だった。だがメイールは、エジプトの文化やマルワンのような人物の重要性を評価する基準を熟知していた。たとえ大統領の執務室での立場が比較的低いものであっても、マルワンは、エジプトでは他の誰も目にすることのできない記録を手に取ることができた。メイールには実に印象深かった。

同時にメイールは、マルワンが突然モサドに接近してきたことを警戒した。自国の権力の回廊の中で、人生の前途が非常に明るいはずのエジプト人が、なぜイスラエル大使館に電話し、イスラエルの諜報機関と接触を試みるという非常に芝居がかったことをする必要があるのか。これらすべてが受け入れ難かった。メイールはこの数年間、ごくわずかな実例を目にしてきたが、マルワンの特徴は異なっていた。モサドは新しい情報提供者を全体にわたって調べていた。だがメイールは、自分と一緒に働いている上級専門家と同様、マルワンの信頼性を何としてでも立証する道義的な義務があると感じていた。メイールはすでに他の潜在的なモサドの新参者たちと会っており、身元確認の経験もあり、エジプトをよく知っていた。その仕事が自分に向いていると思っていた。

しかしメイールは、ドゥビーから伝えられた次の情報に胸を躍らせることはなかった。マルワンとのミーティングが、当初予定していた翌日ではなくなったというのだ。マルワンは確かにロンドンに到着したが、それから突然ローマに数日間行ってしまった、とドゥビーは説明した。「我々には彼の行動をうまくコントロールする手段がない」とドゥビーは付け加えた。「我々が彼を仲間にするためなら何でもするということを彼は知ってしまった。だから我々から彼に指示することはできない」。さらにもう一つ問題があった。マルワンは前日、どんなことがあっても「アレックス」以外の人間と会う気はないとドゥビーに告げていた。ドゥビーはマルワンに、彼の安全を守ろうとするモサドの強い意志を長時間にわたって説明した。マルワンは絶えず自分の命を気にかけ、彼がイスラエルに寝返ったことをエジプト人に暴露することのできる存在について案じていた。ドゥビーが、エジプト陸軍・空軍に関する二人のイスラエル人専門家を次のミーティングの仲間に加えるとマルワンに告げた時、彼はにべもなく断った。

これは新しい問題ではなく、モサドの操縦者がよく直面する問題だった。しかしマルワンは二重スパイを疑われていたため、彼が他の人間と会うことを頑《かたく》なに拒絶することはその疑惑を強めるだけだった。マルワンは数枚の優れたカードを手にしていたので、イスラエル側に選択肢がないことを知っていた。彼はそのカードを報酬の増額に使うだけでなく、自分の安全性を最大限に確保するためにも使った。

しかし、この操縦者とスパイの微妙なゲームにおいて、モサドも独自のカードを持っていた。ドゥビーはすでにマルワンの信頼を得ていた。他の多くのスパイと操縦者の関係と同様、スパイが操縦者を全面的に信頼する以外に選択肢のない関係だった。マルワンは、ドゥビーの判断に完全に依存していた。その上、モサドはマルワンに気前よく報酬を支払っていた。顧客には支払いに応じて要求するあらゆる権利があった。マルワンが祖国の秘密をモサドに売り始めた瞬間から、自分が今何をしているのかを知っている地球上で唯一の人物に、自分は十分に役に立たないと思われたくないことを、ドゥビーは知っていた。しかし、こうしたあらゆる要素があるにも関わらず、マルワンが譲歩しない限りドゥビーが一人でミーティングを続けなければならないこと、そしてイスラエル側がその件では譲歩しなければならないだろうということを、メイールとダヤギに強調しなければならなかった。エンジェルは、失うわけにはいかない大事なスパイだった。

この点が大きな問題であり、解決策は未だ見出だされていなかった。だが再び、メイールの心に別の問題が浮かんだ。ドゥビーがメイールとダヤギに告げた本国からの指令は、マルワンが戻るまで二人がロンドンに滞在することだった。マルワンが過越し祭の前にロンドンへ戻ってくる可能性は遠のいた。問題は振り出しに戻ったが、まだ希望が残っていた。ドゥビーが言うには、メイールとダヤギがロンドンにいる限り、二人の裁量で許せる金額の範囲内で、二人がしたいことができるとのことだった。二人の唯一の義務は、毎日二度、午前九時と午後五時に、公衆電話から連絡して状況をチェックすることだった。もし変化が生じたら、電話に答える人物が彼らにそれを知らせることになる。

メイールとダヤギは、続く二週間をロンドンで待機した。二人はハイド・パークやセント・ジェームズ・パークの小道、メイフェアやベルグレイヴィアの静かな袋小路、キングス・ロードに開店したばかりのナイト・クラブ、ピカデリー・サーカス近郊のソーホーにある中華料理店に詳しくなった。大英博物館やテイト・ギャラリーの守衛とはすっかり顔なじみになった。毎日、朝夕、ドゥビーが教えた番号に電話し、何も変わっていないことを知った。数日毎に、二人は公衆電話から家に電話し、愛妻と短い会話を交わした。それが二人にできるすべてだった。そして過越し祭がやって来た。ツヴィ・ザミールは宣言したとおり、ギタを訪ね、すべてうまくいってはいるが、メイールはセデルの夜に家へ戻ってくることはできないだろうと彼女に告げた。

その後、四月の三週目の早々、電話の相手が変化を告げた。「ミーティングができる。今日だ」

ドゥビーは前夜にマルワンと会っていた。マルワンはちょうどローマから戻ったところだった。マルワンはローマで、リビアのムアンマル・カダフィ大佐の政府高官と会っていた。アメリカやイギリスがリビアを非難して武器禁輸の措置を取ってきたが、その抜け道を可能にするエジプトの会社を設立する件で話し合った。ドゥビーは、二人のイスラエルの情報担当の高官が今ロンドンにおり、マルワンとのミーティングを待っていると告げた。マルワンの答えは絶対的な拒絶だった。彼は、エジプトの諜報機関が間もなく自分に付きまとってくるであろうことを非常に心配していた。人間関係を拡大することは危険を拡大するだけだった。しかしドゥビーは、マルワンに圧力をかけるために学んだあらゆる術策を駆使して、揺らぐことがなかった。最終的に二人は妥協した。マルワンは高官のうち一人とだけ会い、二人と会うことを拒んだ。二人の高官のうち、メイール・メイールが選ばれるのは明らかだった。メイールの責任範囲のほうがずっと大きかったからだ。ダヤギとイスラエル空軍の情報機関は、マルワンとの親密なサークルの蚊帳の外に置かれた。

次の日、ドゥビーとメイールは共に座り、計画を練った。まずメイールがメイフェア地区の高級ビルに行く。そこの守衛に名前を告げてモサドのパスポートを提示すると、守衛は彼に鍵を渡す。左側にエレベーターがあり、それに乗って四階まで行く。それから鍵に記されている番号の部屋を見つけて中に入り、寝室で待つ。その後ドゥビーとマルワンが一緒に部屋に入って来て、居間で話をする。時間が来たら、ドゥビーがメイールを招いて話に加わる、という手筈だった。

すべてが計画どおりに進み、メイールは安堵した。守衛は彼を待っており、鍵は部屋のドアの鍵穴にぴったりだった。広くて立派な部屋だった。しかしメイールは時間を浪費しなかった。彼は寝室に向かい、背後のドアを閉め、ベッド脇の椅子に腰かけた。三十分後、部屋のドアが開く音がした。ドゥビーの声がした。彼と一緒にもう一人の男がいた。ドゥビーは客に酒を注いだ。メイールは二人の言葉を明確に聞くことができなかったが、二人が英語を話していることは分かった。数分経ち、ドゥビーが寝室のドアをノックし、二人に加わるよう求めた。

メイールは写真でマルワンの顔を知っていた。しかし実物を見ると、写真では表し切れない何かがあった。マルワンについてのメイールの最初の印象は、若くて傲慢ということだった。マルワンは背をそらし、アームチェアーにのびのびと座って寛《くつろ》ぎ、片手で火のついたタバコを持ち、片手でスコッチのグラスを持っていた。メイールが手を差し伸べ、最上級の英語で「ご機嫌いかがですか」と丁寧に口にした時、マルワンは偉そうに握手はしたが、立ち上がろうとはしなかった。メイールは後にマルワンがまるで巨大なゴキブリのように部屋を徘徊していたことを思い起こしている。しかし、メイールは熟練した情報将校だった。臆することなく、マルワンの隣のアームチェアーに腰を下ろした。その瞬間まで立っていたドゥビーはダイニング・テーブルのそばに椅子を引き寄せ、便箋とペンを取り出し、メイールとマルワンが話し始めるのを待った。会話の間中、ドゥビーはほとんど口を開かず、その代わりに、二人の間で交わされた話のすべてを書き留めていた。

軍事諜報調査局第六部局の司令官は、最重要で最優先の質問で話を始めることに決めていた。これには二つの理由があった。第一の理由は、できる限り詳細な最高の情報を引き出し、ミーティングの効果を最大限にすることだった。第二の理由は、質問者がエジプトをよく知っている専門家であり、軍事情報に精通し、ともかく真剣に対応すべき相手だという印象をマルワンに与えることだった。その時期イスラエルが直面していた最も切迫した問題は、エジプトが消耗戦争という消極的な戦時体制から、積極的な猛攻撃に転換する可能性がどのくらいあるかということだった。モサドがエジプトの戦争計画について掴《つか》んでいたところでは、この転換は、消耗戦争によってエジプトがスエズ運河を越え、シナイ半島を奪還するための最高の条件を生み出すために、イスラエルの防御線を「脆弱化させる」最初の局面としての意味を持つと判断されていた。メイールのマルワンに対する最初の質問は、エジプトの戦争目的に関してであった。マルワンは確信に満ちて答えたが、彼の答えは、すでにエジプトのメディアで言われていることのオウム返しだった。その目標はシナイ半島の奪還だった。メイールがエジプトの戦略について尋ねると、マルワンは「我が軍は、橋を建築し舟橋《しゅうきょう》《多くの舟を浮かべて上に板を張って造る橋》を使って渡河するだろう」と答えた。

「どうやって」メイールは尋ねた。「イスラエルが制空権を握っている砂漠で戦うのか?」

マルワンは、自国の将軍たちからはっきり聞いたことを答えた。エジプトはシナイ半島にあるイスラエルの空軍基地を攻撃し制圧するために、戦闘機と地対空ミサイルを手に入れるだろうということだった。メイールは要点を押さえて再び尋ねた。「エジプトはどうやってミサイルの射程距離から外れたイスラエル国内の空軍基地を制圧するのか?」。マルワンは躊躇ったが、メイールが他の多数の情報筋から仕入れた情報と同じことを口にした。エジプト軍がイスラエルの空軍基地の制圧に失敗したら、ソ連はスエズ運河横断を可能にする最新の防空用兵器類をエジプト軍に供与するだろう。運河東岸の道路を奪い返した後、エジプト軍は運河を越えてシナイ半島に防空用ミサイルを移動させて東に展開し、地上軍がさらに前進していく事態になるだろう、というものだった。

メイールは、会話を前進させる方法について指示は受けていなかったが、直感に基づいて決定し、会話をより生産的な方向に導くための経験を十分に積んでいた。メイールは注意深く慎重に、マルワンが述べたシナイ半島征服のエジプトの計画については意味がないということと、それについてはすでに知っているということを伝えた。メイールは、エジプトの将軍たちがイスラエルの空軍や機甲部隊を打ち負かすために、どんな計画を立てているのかをもう一度尋ねた。しかしメイールが耳にしたことはすべて、計画というよりはスローガンだった。マルワンがエジプト軍のシナイ半島奪還の現実的な方法を知らないこと、マルワンがシナイ半島奪還の方法があればそれを知らないはずがないこと、あるいは彼がその計画を手に入れることができなかったことを、メイールは思い知らされた。その代わり、マルワンが返答できなかったことは、エジプトにおいても答えが見つかっていない現実を反映しているのだと理解した。将軍たち自身が、イスラエルの空軍と機甲部隊の優勢を打ち負かす方法をまだ見つけていないのだ。

エジプトの戦争計画について、できる限りのすべてを引き出そうとする一方で、メイールはマルワンがどの程度信頼できるかを測ろうともしていた。メイールは自分が答えをすでに知っている質問も投げかけてみた。第二一機甲師団の司令官は誰で、その総司令部がある場所はどこか？　カイロ西方の空港の司令官は誰で、どんな航空機がそこに駐機しているのか？　これらの質問に対して、マルワンは一度として間違えなかった。マルワンの答えのほとんどは、メイールがすでに知っていた事実と合致した。他方で、マルワンは自分が知らないときは知らないと答え、次のミーティングまでに答えを用意すると約束した。ミーティングが進むにつれ部屋の雰囲気は変わり始めた。マルワンは強がることを止め、軍事一般に精通し自分と同じくらいエジプトの軍事情勢全体に通じた人物として、目の前の情報将校を眺め始めた。傲慢な調子から言葉を注意深く使うように変わった。時が経過し、メイールの質問がより特殊で専門的になった時、自分が答えられないことを認めざるを得なかった。

これがメイール・メイールの全面的な目的だった。

今や会話の主題はイスラエルの指導層を悩ませている内容に変わっていた。一九七〇年五月半ばから、エジプトにソ連が対空防衛部隊の軍事要員を配置するようになった時、イスラエルの意思決定関係者は、次の戦争でイスラエル国防軍が赤軍部隊と直接対決しなければならないことを懸念していた。

メイールがこの問題を提起した時、マルワンはエジプトに駐在するソ連部隊、ひいてはソ連自身について強い嫌悪感を露わにした。マルワンは、ソ連がエジプトの領土と軍隊を奪取しようとしているという自分の信念を繰り返し口にした。ここでマルワンは、強い民族主義者としての本心からの感情をむき出しにした。しかしその一方で、マルワンは最高度の守秘義務が課せられた機密を最大の敵に売ろうとしており、そこにはマルワンの愛国心について何か感情的に屈折したものが見て取れた。それはマルワンの心の中に存在した奇妙な二重性、彼の魂の抱える矛盾の反映だった。

ミーティングはたっぷり三時間続いた。終わり間際に、メイールは次のミーティングまでの課題をマルワンに与えた。エジプト軍がスエズ運河を渡る計画と、エジプト軍全体の戦闘序列を提供することだった。これは第六部局にとっての最優先課題であり、マルワンに対して残されている二重スパイの疑惑を完全に払拭する類いの材料だった。

ドゥビーはマルワンに連れ添ってアパートの外に出た。メイールは居間の重厚なテーブルに向かって座り、マルワンから聞いたばかりの話を新鮮なうちにすべて書き留め始めた。彼は、マルワンの話を忘れてしまったり内容が歪められたりしないようにすることは、自分にとって困難な仕事だと思った。幸いなことに彼は一人きりではなかった。ドゥビーが数分後に戻ってきて、二人はメモを比較し、詳細な点までチェックし、矛盾を解決した。最終的に、二人はマルワンが二人に話したすべてを記載した四頁の報告書を書き上げた。二人はその報告書を、翌朝モサドのロンドン支局からテルアビブの総司令部に送った。

メイールとダヤギはミーティングの翌日、イスラエルに戻った。空港で車が二人を拾い、モサドの総司令部まで運んだ。二人は偽造されたパスポートを返却し、費用を清算するために経理部に行った。二人は共に渡航目的を誰にも漏らさないよう厳しく言い聞かされていた。メイールは、ロンドンからの公式声明書を元にモサドが作成した報告に目を通すことを求められた。数時間後、報告はホーテルというコードネームで三人の人物に正確に伝えられた。三人とは、ゴルダ・メイール首相、モシェ・ダヤン国防相、ハイム・バルレヴ国防軍参謀総長だった。続く数年間、軍事諜報局の編集や分析を通さず、生の情報を最高指導層へ直接上げるこの普通とは異なった方法が、エンジェルとのミーティングについて報告するしきたりになった。

メイール・メイールとアシュラフ・マルワンとの次のミーティングは、約四カ月後に行なわれた。サダトは、一九七一年がシナイ半島をエジプトに取り戻すための外交・軍事の道筋を決定する年になるだろうと宣言していた。外交的な進捗が何もないまま、戦争への選択肢が支持された。しかし戦争に向かってエジプト軍が準備できているかと言うと、劇的な改善からはほど遠かった。サダトは、エジプト軍がイスラエル国防軍に勝利する準備ができていないことを知っていた。

実際に、敵意が再燃するかどうか、それが起きるならばいつなのかという問題が、メイールの二度目のミーティングでの質問の焦点だった。マルワンの答えは、十分満足のいくものではなかった。しかしメイールは今や、マルワンが持ち込んだスエズ運河を渡る計画とエジプト軍全体の戦闘序列を手に入れた。それはまさに、メイールが求めていたものだった。この時点で、メイールが仮にまだマルワンの意図に何らかの疑いを持っていたとしたら、その疑いはすべて消え去った。

最後のミーティングからの数カ月で、エジプトはナセルの死をきっかけに多くの変化を経験し、新しい幹部がエジプトの最高指導層のほとんどを占めていた。そのうちの一人にアシュラフ・マルワンがいた。

第4章　一九七一年五月――始動

世界の舞台に初めて立ったその日から、ガマル・アブデル・ナセルは、イスラエル国家壊滅のために全アラブを団結させ戦争することができる男で、イスラエルの指導者たちが今まで直面した中で潜在的に最も危険な敵と見なされてきた。多くの進展がこうした恐れを裏付けているように思えた。一九五五年にナセルは東欧諸国と巨大な武器取引を開始し、エジプトの臨戦態勢を劇的に改善した。一九五八年にはアラブ連合共和国を作るためにシリアとの形式的統一を主導した（連合は三年後に解消された）。そして一九六七年、イスラエルとの大規模な危機を引き起こし、六日戦争の引き金となった。

イスラエルは、武器取引を比類のない脅威と見なした。ひとたび武器取引が完結すれば、イスラエルはもはや戦争でエジプトを打ち負かすことができない。これを防ぐため、ダヴィッド・ベングリオン首相は一九五六年にシナイ作戦を開始し、大きな脅威になる前にエジプトの軍隊を破壊した。この作戦は効果的だったが、国際的な強い圧力に晒《さら》され、イスラエルがすぐにシナイを立ち去ることで短命に終わった。ヨルダンのフセイン国王体制の崩壊とレバノンのキリスト教支配の打倒を目的としたエジプトとシリアの統一は、イラクの君主制の崩壊と共に、イスラエルにとっては首に巻かれた綱が地政学的に引き絞られていく感覚に繋がった。ナセルにとって、イスラエルへ全面戦争を仕掛ける機は十分に熟した、とイスラエルの諜報社会は信じていた。

一九六七年五月、ナセルは一九五六年以来シナイ半島に駐留していた国連の平和維持部隊に退去を命じ、シナイ半島にエジプト軍を集結させ始めた。自己の能力を過信していたナセルは、イスラエル南端のエイラットに至るすべての海上交通を遮断するため、チラン海峡（サウジアラビアとシナイ半島の間にある海峡）の閉鎖を命じた。このことは、あらゆる基準に照らしても事実上の宣戦布告を意味しており、緊張を高めるばかりだった。ナセルが広範な連盟アラブ軍を率いているのを見て、危機は最高潮に達した。多くのイスラエル人にとっては、一九四八年の独立戦争以来の存亡の危機だった。この六日戦争におけるイスラエルの圧倒的な勝利の後でさえも、多くのイスラエル人は戦争に向かった数週間の緊張から、長い間トラウマに悩まされた。

六日戦争でのイスラエルの勝利は、ナセル大統領に大打撃を与えて終わった。サダトは、後の回想録に「ナセルを知る人々は、ナセルは一九七〇年九月二十八日に死んだのではなく、一九六七年六月五日、正確には戦争に敗れた一時間後に死んだことを知っている」と記している。ナセルは、戦争前に自分の取った瀬戸際政策が、自国をエジプト近代史における最大の破局へと導いたと感じていた。このことが彼の健康状態の悪化に大いに影響したであろうことは間違いない。ナセルは数年前から糖尿病や潰瘍《かいよう》といった健康問題を抱えていた。国賓との晩餐会に際しても、自分のために調理された特別料理を食べていた。彼の激しい日常生活は治療を妨げた。一九六一年以来、毎日痛み止めを服用していた。一九六七年の戦争以後、容態はさらに悪化した。耐え難い痛みのためにホルモン療法を行なったが、それがストレスと神経痛を引き起こした。糖尿病が悪化し、心臓病の最初の兆候が表れた。彼は心臓の専門医、アル＝サウィ・ハビブ博士を主治医にしていた。ハビブの回想録で、ナセルは一九六九年に最初の心臓発作に襲われたと記されている。回復後、ナセルは生活のペースをもっと緩やかなものにするべきだというハビブの忠告を聞き入れなかった。一九七〇年、モスクワを訪れた際にナセルは入院し、一連の検査を受けた。検査の結果、動脈硬化と心臓病にかかっていることが判明した。医者は再び休息を勧めたが、ナセルは働き続けた。

一カ月後、イスラエルとの消耗戦争が終結する数日前、ナセルの体調は回復不能であるという検査結果が出た。ハビブは再度、休息するよう主張した。戦争が終わり、ナセルはストレスから少しの間解放された。しかしその数週間後、ヨルダンと「黒い九月《ブラック・セプテンバー》」として知られるパレスチナ組織との間に紛争が勃発した。一九七〇年九月二十八日、ナセルはヨルダンのフセイン国王とPLOの指導者アラファトの紛争を終結させる仲介役を成功裏に果たし、首脳会談に呼び集めたアラブの指導者たちを見送った数時間後、もう一度心臓発作に襲われた。その数時間後、サラディン以来と言われた偉大なアラブの指導者は、身内や友人、医者に看取られて死んだ。

ナセルの病状についての記事が次々に西欧メディアで報じられた。しかし、ナセルの突然の死は全世界に衝撃を与え、さらにアラブ世界を震撼させ、何よりもエジプト自身に激震が走った。カイロの街路で泣き叫ぶ数百万のエジプト人の姿、悲しみに襲われた会葬者が棺のそばでヒステリックになり自制心を失う様子、数億人のアラブ人が孤児になってしまったことを告げる新聞の見出し、こうしたことのすべてが深刻で測り知れない痛みとナセルの死後の空白を表していた。

ナセルの死は、イスラエル・アラブ紛争に対してと同様、エジプトとアラブの歴史に対しても大きな意味を持っていた。それは、エジプトのエリート層の間で激しい権力闘争を引き起こし、短期的にはアラブ世界と連携していく方向に移行させ、長期的にはアメリカ・ソ連との関係に大きな変化をもたらした。

ナセルの死はまた、モサド最大のスパイであるマルワンにとっても深い意味を持っていた。大統領の心臓発作による運命的な死の八カ月後、それまで存在感の薄かった義理の息子マルワンは、劇的な状況下でサダト新大統領の側近になった。こうしてマルワンは、エジプトの国家体制の最重要機密をほぼ無制限に目にすることができるようになった。つまりナセルの死は、イスラエルの過去最大の情報提供者を、より価値ある存在に変えたのである。

アシュラフ・マルワンにとって、義理の父の死は、新たな危機と新たな機会とを提供した。最大の危機は、大統領家族の一員であることから得ていたあらゆる特権を失うかも知れないことだった。しかし、ナセルの威信はその死後高まる一方で、この恐れはすぐに消えた。残された家族はアンワル・

サダトの下でも、後のホスニ・ムバラク体制下でも、王族の風格を身に着けていた。同時に、アシュラフ・マルワンにはどこか厄介者という感じが付きまとった。支配層の中には、ナセルが義理の息子をどう思っていたかを正確に知る人々が少なからず存在した。彼らは、死の直前にナセルが娘にマルワンとの離婚を要求していたこと、そしてモナの頑《かたく》なな態度で離婚が成立しないことを知っていた。ナセルの死後、新政権はモナの要求を聞くことなく、マルワンを追い出すかも知れなかった。

同時に、マルワンには深い安堵を感じる理由があった。彼はサミ・シャラフのような体制べったりの官僚が彼の監視を続けると思ってはいたが、ナセルほどの厳しい目でマルワンを見る者は誰もおらず、ナセルの一族ということで、地位から得る利得を享受できた。エジプトの官僚にとって、自分の地位から利益を得るのはごく当たり前のことだった。スアド・アル＝サバのようなスキャンダルにマルワンが巻き込まれる機会は激減した。ナセルの死は、マルワンにとって、彼の財政状況を著しく改善する道を拓いた。

しかしナセルの死が、イスラエルのために働くマルワンの動機にどれほどの影響を与えたのか、明言するのは難しい。マルワンが初めてイスラエルに接触を図った時、ナセルはまだ生きていた。そして今、ナセルが死んだことによって出現した新たな局面に照らして考えてみると、マルワンを軽んじる者に対してナセルの後ろ盾を使うことは幾分効力を失い、金銭的理由が占める割合も少なくなったかも知れない。しかしマルワンが、ナセルの生前も死後もイスラエルのために働くことにいかなる躊躇も見せなかったことは事実である。むしろ一九七〇年七月に大使館に初めて電話をかけた時よりも、関係を続けることはずっと容易になったように見える。

ナセルの後継者であるアンワル・エル＝サダト副大統領は、一九五二年の自由将校団による革命の流れを汲むエジプトの指導層の中で、さほど有名ではなかった。アラブ世界でもイスラエルでも、彼を知るほとんどの人は、サダトが長期間権力の座にいることはないだろうと思っていた。しかしサダトは数カ月の間に反対派を葬り、困難に立ち向かい、自らの地位を強化した。一九七〇年九月のナセルの死から翌年五月にかけて、「革命の矯正」と呼ばれる親ナセル派の大掛かりな追放は、政治的保身家としての彼の情熱を明らかにし、世界中の観察者に強い印象を与えた。この時期のマルワン自身の政治的動きは、イスラエルの諜報関係の長官たちを除いては、ほとんど注目されなかった。サダトのように、マルワンは自らの地位を脅《おびや》かす機会を把握し、驚くべき能力を発揮した。若く野望に満ちたマルワンとサダトとの間に、密接な協力関係が生まれた。これは少なからぬ幸運を通じて生じた関係だった。サダトがエジプトの支配を最終的に安定させた一九七一年五月までに、アシュラフ・マルワンはエジプト社会の階層を急激に駆け上がった。

こうしてエジプトは、イスラエルの諜報関係者にとって開かれた書物と化した。

アンワル・エル＝サダトは、副大統領の地位でガマル・アブデル・ナセルの後継者として大統領に選ばれた時、五十二歳だった。彼は一九一八年十二月二十五日、ナイル川デルタのミト・アブ・アルクムという寒村で生まれた。一九三八年に士官学校を卒業すると、イギリスの間接的支配に激しく反対する民族主義者として知られるようになった。彼は、第二次大戦中にドイツに対するスパイ容疑で逮捕され、再び有名になった。後にワフド党党首の殺害容疑でも逮捕された。エジプトを支配していたワフド党は、イギリスの傀儡《かいらい》政権と見なされていた。彼は、証拠不十分として無罪になった。サダトは、一九五二年のクーデターを挙行し、ファルーク国王を打倒して新しい共和体制を打ち立てたムハンマド・ナギブの率いる自由将校団のメンバーだった。ナギブは共和国の初代大統領になったが、実質的にはナセルが支配していた体制で、ナセルはナギブを追放して一九五四年に大統領となった。サダトは、ラジオ放送を通じて王制転覆を宣言した高官としてエジプト国民から高い評価を得ていた。だが自由将校団のメンバーは、ファルーク国王を打倒するという極めて重大な時、サダトが妻と映画を観ていたために数時間遅れて参加したことを記憶していた。

そのため、自由将校団の中では突出した人物ではなかった。彼が就いた地位は行政官という形式的な役職だった。ナセルや他の仲間は彼を低く見ていた。ナセルはよく「彼に車とガソリン券を与えろ。そうすれば彼は幸せになる」とサダトについて言っていた。サダトには政治的野心が欠けており、安価で買いたたくことができると信じられていた。彼が結果を出せるはずの仕事に就いた時も、彼の成果は標準以下だった。一例としては、イエメンでの戦争にエジプトが派兵したことが挙げられる。一九六二年、イエメンの独裁政権が軍事クーデターによって部分的に崩壊しかけた時、エジプトの支援を受けた共和体制派とサウジアラビアや西欧諸国の支援を受けた王制派との内戦が勃発した。その仲介に立つことがエジプトにとって意味を持つか否かを探るため、サダトはイエメンに派遣された。サダトは帰国し、「戦争で共和体制派の勝利に手を貸すことは、紅海へのピクニックのようなものだ」と国会で放言した。サダトの意見を重視して、ナセルはエジプト軍をイエメンに派遣した。戦争はたちまち泥沼化し、終わりが見えなくなった。ナセルは数年間にわたってエジプト軍の三割以上を占める勢力を送ることになった。サダトの拙速で傲慢な査察は、ナセルの外交政策の大きな失敗の一つになった。

イスラエルの政策決定者の間で形成され始めたサダトのイメージは、サダトの同輩たちの作ったイメージとほとんど変わらなかった。歴史家のシモン・シャミールは、イスラエル軍事諜報調査局第六部局（エジプト担当）の予備役として勤務していたが、ナセルの死が伝えられると、直ちに任務に就くよう召集された。シャミールは三人の大統領候補に関する調査書類を渡され、見解を求められた。一人はアリ・サブリで、最有力候補と考えられていた。二人目は国内治安担当の内務相シャアラウィ・ゴンマ。そして最後がアンワル・サダトだった。シャミールは回想録の一九七〇年十月六日付の箇所で、サブリとゴンマが主要ライバルだと結論していた。サダトは明らかにナセルの後釜に座ることはできなかった。サダトが就いたすべての役職について、「サダトは外交便の配達人か会議室の柱に過ぎない」とシャミールは記している。その際にイスラエル軍事諜報局が使った情報では、「サダトは頭が鈍く狭量で、独立した政治的思考に欠け、独自色のない曖昧な外交をするだろう」とされていた。様々な情報筋は、彼の知的限界だけではなく、「日和見《ひよりみ》主義者で良心の呵責を感じることもなく、扇動家であり偽善者であると考えられる。田舎者で才能に乏しく、政策を指揮することに関して自分の意志を貫くことは不可能だ」とサダトについて述べている。シャミールは、「サダトは国家を運営するために必要とされる人物ではない。彼はいかなる意味でも、政権の手綱を握り、ナセルの後継者として、またアラブ世界の指導者として受け入れられるべき基本的な資質に欠けている」と評価した。世界中の他の諜報機関の評価も同様だった。

ある人々は、エジプトの指導者として最も不適格な人物であると、サダトについて論じていた。エジプトの熟練したジャーナリストであり、サダトの友人でもあったアニス・マンスールは、実際は、多くの人が論じているよりはるかに賢明で野心家だったと言及している。サダトは、自分に注意を引き過ぎると、ナセルの権力を密かに侵そうとしている印象を与えかねないことを理解していた。生き残るためには、できるだけ脅威を与えないイメージを強調し、常に目立たないよう気遣ったという。このマンスールの見方が正しければ、サダトの戦略は、それだけ見事であることを証明していた。一九六九年にほとんど形式的な役職に過ぎなかった副大統領にサダトが指名されたのは、脅威を与えない人物というイメージがそのとおりだったからである。その役職が本当に重要になったのは、ナセルが翌年に突然死してからであった。

サダトの弱々しいイメージが計算されたものであったかどうかにかかわらず、サブリ、ゴンマ、サミ・シャラフ、それに前副大統領のフセイン・エル＝シャーフィイーといった人々が、大統領になったサダトに着いて行った理由は理解できる。サダトが大統領になったことで、二つの利点をもたらした。第一は、合憲的な体制が継続するという合図を送ったこと。第二に、彼の政治的な弱さは他の大統領候補者の地位にほとんど脅威を与えないと理解されたことである。彼らは機会があればサダトを罷免することもできた。サダトはエジプトでは取り立てて人気のある人物ではなく、独立した権力基盤もなかった。当時、カイロでは「神は二つの破局をエジプトに与えた。ナセルを死なせたことと、そしてサダトをその地位に据えたことだ」という言葉が流布していた。一九七一年、ヘルワン製鉄工場でのメーデーの式典で、サダトは基調演説を行なった。数千人の人々が、ナセルの肖像画ポスターを打ち振りながら、「サダト！　サダト！」と声を張り上げた。

サダトの政治的弱さは、ナセルの下で団結していた特殊な統治機構のためでもあった。それは、大衆に直接話しかける方法を知っているカリスマ的で強力な指導者を持ったことの結果だった。その指導者が突然死したことで明らかになったのは、ナセルの身近で「権力の中枢《マルカズ・アルカウィ》」として知られるようになった二番手の指導者層が合計十五人いたことだった。彼らはそれぞれ、外交、防衛、インフラ整備、政党政治といった、責任ある政務を担っていた。彼らの権力は、ナセルとの絆や個人的技量の故ではなく、「彗星の尾《コメット・テール》」と呼ばれる自分たちに忠実な追随者を構築し維持する能力に負っていた。

結果として、彼らは自分たちの義務を誠実に遂行することよりも自らの追随者たちの幸福を維持することにより多くの力を注いだ。例えば、陸軍元帥アブデル・ハキム・アメルが六日戦争の結果により信頼を失った時、元帥は戦争の準備より軍事上の「彗星の尾」を維持することにもっと力を注ぐべきだった、とある人々は主張した。同じように、シャアラウィ・ゴンマ内相とサミ・シャラフ大統領秘書官によって運営されていた諜報員の広範なネットワークは、国の治安のためというよりも二人に対しての忠誠心が大きかった。ナセル個人の指導力はエジプト人の生活全体を支配していたから、国民の間で彼の支持は他の追随を許さず、彼の地位やその彗星の尾を脅かす権力の中枢を恐れる必要がなかった。しかしサダトが権力を握った時、状況は一変した。サダト政権は、権力の中枢を巧みに操れるかどうかにかかっていた。

これは簡単な仕事ではなかった。権力の中枢同士の結びつきは強かった。サミ・シャラフとモハメッド・ファウジ戦争相の間に見られるいくつかの例では、その結びつきは血縁関係に基づいていた。他にも、共通の世界観や政治信念に基づいて結びつきを強くしていった。その結果、ナセルと連携して機能し、国内のほとんどの権力を掌握して見事なほど滑らかに回転する指導機構となった。中でも最も注目すべきはアラブ社会主義連合の議長アリ・サブリで、ナセルに副大統領を解任され、代わりにサダトが任命された後でさえ権力を握り続けた。さらに、シャアラウィ・ゴンマ内相がいた。イスラエル軍事諜報局を含む多くの人々は、当然サブリかゴンマがナセルの後継者になると見ており、サダトはこの二人のうちのどちらかに、すぐに大統領の座を明け渡すだろうと期待していた。しかし、権力の中枢は他の誰かを念頭に置いているようだった。サダトはすぐに交代させられるかも知れないが、結局アシュラフ・マルワンの上司であるサミ・シャラフが国をリードすることになるだろうと思われた。

アンワル・サダトは、自ら権力の中枢あるいは彗星の尾を構築したことがなかった。彼の指導スタイルは少数の忠実な側近に依存していた。サダトが今まで就いてきた地位は形式的なものだったので、与える影響は小さく、追随者を作ることを難しくしていた。そのため大統領となってからの最初の数カ月間、権力の中枢がサダトを大統領の座から引きずり下ろそうとしていることを知っていても、サダトは彼らと協力した。しかし同時に、彼は政治犯の解放、エジプト全体の生活水準の向上といった人気のある政策を行なった。

これらの政策はサダトの立場を改善し、数カ月後には権力の中枢におけるサダトの立脚点を揺るぎないものにした。彼らの見解では、サダトはナセルではなかったが、最善の繋ぎ役であり、時宜《じぎ》に適った人物だった。しかしサダトはあらゆることを自らで決断し始め、権力の中枢との緊張が高まった。とりわけ、イスラエルからのシナイ半島奪還の努力に関する問題が大きかった。エジプトが武力によってシナイ半島を取り戻す方法はないとサダトは信じていたので、一九七一年二月、エジプトの海上交通を許可させるために、イスラエル国防軍がスエズ運河から撤退する仮協定を提案した。提案はアリ・サブリを激怒させた。サブリは、イスラエルの占領を終わらせる唯一の手段は戦争だと信じていたが、軍事的劣勢を跳ね返すにはソ連からの支援に頼るしかなかった。権力の中枢の多くもサブリの立場を支持していたが、サダト独自の返還要求について関心を表明する者もいた。

サダトと権力の中枢との緊張は、一九七一年の五月第二週に頂点に達した。ここで展開するドラマにおいて、アシュラフ・マルワンは主役を演じた。サダトの言葉によると、マルワンはサダトの反対者を一掃できる勝ち札を手渡すことができる人物だった。

サダトの弱点の一つは、彼の敵対者、とりわけサミ・シャラフとシャアラウィ・ゴンマが諜報機関を掌握していることだった。彼らは電話の盗聴線を身近な仲間の間に張り巡らせていた。これを知ったサダトは、通常の連絡手段を避ける道を探った。サダト自身に彗星の尾が欠如していたため、仕事をより困難にした。彼は自らの家族に頼らざるを得なかった。ナセルの親友だったアルアハラム紙の編集者モハメッド・ハサネイン・ヘイカルから暗殺計画の警告を受けた時、大統領邸に来てくれるよう要請するため、サダトは十三歳の娘ノハをヘイカルのアパートに行かせた。五月十三日、権力闘争の決定的瞬間が近づいていると感じた時、サダトは姪のルブナを自家用車でアレクサンドリアまで送った。そこでルブナはマムドゥ・サレム市長と会った。サレムは、国家の要人警護を担当する尋問機関の前長官だった。ルブナの伝言は短く明確だった。「大統領はすぐにあなたに会いたがっている。他言無用」。サレムはカイロに急行した。サダトは彼に内相の地位に就く気があるかを尋ねた。サレムは申し出を受け入れ、シャアラウィ・ゴンマと静かに交替した。

宣誓後、サレムは直ちにアレクサンドリアの国内治安部隊の司令官に就任し、エジプトの尋問機関の新しい長官になった。サダトは、大統領に対する陰謀者として特定した全員のリストをサレムに渡した。陰謀者は全員逮捕された。

サレムが宣誓を行なう直前、サダトはサレムがアレクサンドリアから到着するのを事務室で待ちながら、大統領警護の司令官エル＝レイシ・ナシフ将軍の忠誠心を試そうと決めた。ナシフはナセルによって個人的に任命され、今はサダトの安全を守ることが任務だった。しかし、将軍と護衛官はサミ・シャラフの指揮下にあり、ナシフの直接的な忠誠心は大統領秘書官に向けられていた。サダトはナシフの職業的義務として、あらゆる状況下で一連の指令を尊重するよう異例の指令を与えていた。サダトがナシフに、大統領への個人的な忠誠心と、陰謀を企てた政府高官たちを収監する意思と能力について尋ねると、ナシフはすべてを理解し、大統領への全面的忠誠を誓った。サダトは二人の会話を誰にもしゃべらないことをナシフに誓わせた。ナシフは誓い、その誓約を守った。

熟練した陰謀家であるサダトは、すべてを自らの意思で動かせる地位にいると感じていた。そしてそのタイミングは、アシュラフ・マルワンによるところが大きかった。マルワンは、まだ大統領宮殿のサミ・シャラフの下で働いていた。

一九七一年にサダトが対立者を一掃しエジプトの支配権を掌握したことについて、マルワンは中心的な役割を果たしたと関係者全員が合意している。だが彼の行動については異議が存在した。サダトの回想録『サダト自伝——エジプトの夜明けを』には事実誤認が散見されるが、その中で、マルワンは五月十三日の午後十時五十七分、人民会議議長、戦争相、大統領秘書、最高行政会議メンバーの辞表を持ってやって来たと記されている。彼らの集団辞表の目的は、大統領自身の辞職を強いる危機を生み出すことだったとサダトは認識していた。「私は彼らの辞表を受け入れた」と述べている。

サダトの妻ジハンも回想録『エジプトのある女』（*A Woman of Egypt*）を著しているがその中で、彼女が全般的に夫を導き、実際に陰謀を打ち負かした際に自分が重要な役割を果たしたことを主張し、それをよりドラマチックに詳述している。彼女の記すところによれば、夫と共に家で十時のニュースを見ていた時、ドアをノックする音がした。アシュラフ・マルワンだった。彼は、ナセルとの血縁や大統領執務室での役割に加えて、個人的な友人でもあった。マルワンは辞表の束を二人に手渡し、サダト夫婦が見ていたニュースでちょうど公式声明が発表されようとしていることを不愉快そうに付け加えた。サダトは信じられずに頭を振った。その後実際に、アナウンサーが大量の辞表提出を報告した。居心地悪そうに立ち続けるマルワンに、ジハンがなぜもっと早く持って来なかったのかと尋ねると、サミ・シャラフが事務所から帰さなかったのだと答えた。ジハンは、サダトへのマルワンの忠誠を一度も疑ったことはなかったが、後に陰謀者の一人がマルワンに辞表の束を午後八時に運ぶよう命令したと証言したのもあり、「私はもはや何を信じたらいいのか分からなくなった」と述懐している。ジハンによると、この瞬間にマルワンの役割は終わり、エル＝レイシ・ナシフの任務が始まった。サダトはリストに載っている全員をすぐに収監するようナシフに命じた。

サダト夫妻は、主としてマルワンは使者の役割を果たしていたと述べている。二人の記述からは、サダト体制の崩壊を目的とした大量の辞表を運ぶという任務を、官僚の正しい行為だと印象づけるためにシャラフの命令でやって来たのか、あるいはマルワンの自発的な意思で、たとえ遅ればせながらもニュースで放送される前に持って来たのか、正確なところは分からない。しかしながら、他の情報筋では、マルワンは辞表を運ぶことを自分で決めただけではなく、サダトの敵対者を有罪にする証拠を得るために命の危険を冒し、自分の敵を打倒するためにサダトが必要としている道具を大統領のところまで運んだと説明している。

ナセルは、自宅に二つの秘密金庫を持っていた。大きな金庫には、最高機密の計画を実行するために使われる現金が入っていた。小さな金庫には、情報や安全保障についての最重要書類が入っていた。ナセルの死後、未亡人タヒアはサミ・シャラフに金庫の鍵を預けた。五月十三日にシャラフは書類を小さな金庫から他の隠し場所に移すため、彼の個人秘書ムハンマド・サイードを使いに出した。二つの情報筋によると、マルワンはそのことを耳にしてサイードを追いかけたという。書類を手にしたサイードがナセルの家を出て車を発車させる姿をマルワンは目撃した。マルワンは追いつき、銃を取り出して撃ち始めた。サイードは車を止め、マルワンは書類を取り上げ、それをサダトのところまで運んだ。中には社会主義同盟党結成に関する書類もあった。それは、サミ・シャラフと他の反対派の指導者たちの個人的な書類と、彼らの賄賂を入れておいた銀行預金の情報だと推定される。ある報告によると、サミ・シャラフとアシュラフ・マルワンがサダトを中傷している書類もあったという。マルワンは、サダトに書類を運ぶ前に、都合の悪い記録を破棄する必要があった。しかしながら、これに反する異なった報告では、マルワンはサイードが持っていたすべての文書をサダトに提出したという。

この事件については別の見方もある。アメリカのＣＩＡが、クーデターを阻止するために中心的な役割を担ったというものだ。彼らは共謀者たちの電話を盗聴し、アメリカのために秘密裡に働いていたＫＧＢのエジプト事務所長ウラジミール・サハロフ経由で陰謀を嗅ぎ出した。ＣＩＡのカイロ支局の副司令官トーマス・トウェッテンは、共謀者たちを有罪にする証拠をマルワンに渡し、マルワンはそれをサダトに渡した。エジプトの親ソ連派によるサダト暗殺を含むクーデター計画を、CIA防諜部長でありイスラエルとの交渉窓口であるジェームズ・アングルトンに流したという同じような記事もある。その情報がカイロのトウェッテンに渡り、マルワンに届いたというのだ。

これらすべての報告に対して、サミ・シャラフ自身の手記も存在する。シャラフは五月十三日の晩、サダトに宛てた辞表を持っていくようマルワンに渡したと主張している。マルワンはそれを拒否し、その代わり自らの辞表をシャラフに提出した。シャラフはマルワンの辞表を受け付けず、忠誠心のある代わりの人間が見つかるまで今の地位に留まるべきだと主張した。選択肢のないマルワンがその仕事をすることに同意した時、シャラフは、ナセルに縁のある人々に関する書類が一杯入っている三つの革のスーツケースをマルワンに渡すよう、秘書のサイードに告げた。その書類には、閣僚、最高行政会議のメンバー、そして大統領の家族に関するものは入っていなかった。

様々な見解がある中で全員が同意している点は、翌日、事件の黒幕たちが逮捕されたすぐ後に、サダトがマルワンの信頼に値する仕事ぶりを称賛したということである。

アシュラフ・マルワンが一九七一年五月のクーデターを阻止したとは言い難いが、彼の果たした役割は辞表を運んだだけではない。マルワンは、すでに見てきたように、共謀者たちが有罪となる証拠もサダトに届けた。サダトも妻ジハンも、回想録の中でこの件に関して言及していないが、信頼できるエジプトの情報筋によると、その後数年にわたってサダトは、マルワンがこの事件に関与したことが「自らの行く道を照らしてくれた」と言っていたという。この後すぐマルワンが劇的に昇進したことを合わせて考えても、マルワンの果たした役割は最も重要で決定的だったに違いない。

マルワンがサイードに銃を突きつけて書類を奪ったという話は信じ難いが、サミ・シャラフの、マルワンに書類を渡すよう自分がサイードに命じたという主張よりは真実に近いように思える。多くの点でシャラフを非難する人はいるだろうが、彼は馬鹿正直な人間ではない。数時間後に自分が逮捕されることになる書類を運ぶよう、シャラフがサイードに命じたというのは怪しいだろう。

五月十三日の夜、マルワンが共謀者たちの罪を明らかにする書類をサダトに提供したのが妥当だとすれば、自分に不利なすべての書類を除いたことは至極もっともなことに思える。マルワンがサダトに最高の敬意を払っていなかったことは明らかだ。もしこうした証拠が書類の中にあったとしたら、その書類が間違ってもサダトの目に触れることのないようあらゆる手を尽くしただろう。これはマルワンが、サダトの家に遅れてやって来たことを謝りながら、訪問の間中、居心地悪そうにしていたというジハン・サダトの記録とも符合する。マルワンが他人の不正行為の動かぬ証拠、命の危険をもたらすような物証をサダトに持ち込んでいたら、遅くなったことになぜ居心地の悪さを感じたのであろうか。その時、マルワンはすべての書類に目を通し、自分を厄介ごとに巻き込むすべての書類を処分するために時間をかけたと考えると筋が通る。これがマルワンの遅れた本当の理由だろう。サダトとマルワンの利害が一致した点は、本書全体の物語を通じて中心となる軸であり、この点を押さえればより深く理解することができる。しかしここで二つの疑問が浮かび上がる。サダトはなぜ陰謀全体におけるマルワンの役割をあえて無視し、軍事諜報の経験がなく上層部との連携にも欠けているマルワンをサミ・シャラフに代えて機密を扱わせ、重要なポストである指揮官に指名し、重用したのか。そしてなぜマルワンは、先は長くないと考えられていたサダトに加担し、自らの地位を危険に晒すようなことをしたのか。

最初の疑問については、サダトがマルワンを魅力的だと思った理由は二つある。まず、マルワンがエジプトを建国した一族の一員としてのオーラを身にまとっていたことであった。権力の中枢たちは、ナセルの真の後継者として自らの地位を示していた。それに対してサダトは、ナセルの家族との関係を通じて自身の支配の正当性を打ち立てる必要があった。マルワンはナセルの家族の中でサダトを支援できる唯一の人物であった。ナセルの未亡人タヒアは、夫の生前、公的生活から自らを切り離していた。ナセルの死後、より一層その態度を強くした。ナセルの三人の息子たちは若すぎた。長男ハレドは二十三歳になったばかりで、サダトを見下していた。サダトはクーデターの計画された一カ月前にナセルの家を訪問し、ナセル家の防弾ガラス付きのベンツのリムジンを使わせてほしいと頼んだ。大統領の死後、ナセル家の車庫に放置されていた三万六千ドルのリムジンだった。しかしナセルの遺族は、リムジンはナセル家が所有しているのであって政府の所有物ではないと言って要求を拒んだ。サダトは異論を唱えた。ハレドは議論している最中に車庫に行き、ベンツにガソリンをかけて火をつけた。

ハレドは異常かつ衝動的な方法で敵意を露わにしたが、ハレドのサダトに対する敵意はナセル一族の多くが共有していた。ナセルの長女ホダとその夫は、自然な継承者として考えられる唯一の家族だったが、権力の中枢に深く入り込み過ぎていた。ともかく、サダトがナセル家の一員から利益を得たいならば、アシュラフ・マルワンを利用する以外に選択肢はなかった。ナセル自身はマルワンを家族の一員として認めていなかったが、エジプト国民には関係なかった。

マルワンが魅力的に映った二番目の理由は、マルワンが大統領府で働いていたことだった。このことは、共謀者たちにとっての泣き所となった。サダトは、陰謀の現場で何が本当に行なわれていたかを自分に話すことのできる現場の人間を、喉から手が出るほど必要としていた。大統領府にいる大勢の親ナセル派に対して忠誠心を全く感じていなかったマルワンは、適役だった。

サダトにとって重要なのは、ナセルの義理の息子を利用できるという事実だった。マルワンは、「彗星の尾」や「権力の中枢」からも、上司のサミ・シャラフからさえも恩義を受けていなかった。これは自分の足元を確かめようとする大統領にとって、マルワンの持つ価値を大いに高めることになった。マルワンはモナ・ナセルの夫であると共に、アンワル・サダトとその妻ジハンの親友だった。もちろんこの友情は利害なしには存在しなかった。

二つ目の疑問、マルワンはなぜサダトとの連携を選んだのか、とりわけ一連の闘争でなぜ弱く見えたサダトに手を貸したのかは、一筋縄ではいかない問題である。さらに問題なのは、ナセル一族全体が、いかなる状況下でもサダトを支持しなかったという事実であろう。マルワンにとって、サダトを支持することは、自分の政治的経歴を終わらせ、ナセル一族の一員という公の立場を失わせる可能性があった。その危険をあえて冒したマルワンの決心は、彼が何を計算していたのかについて、そして彼の性格について、多くのことを教えてくれる。

まず彼には二者択一の問題があった。実際は、サミ・シャラフや他の指導者を支持するほうが安全であっただろう。しかし、それは特別にうまい話ではなかった。マルワンは大統領府での低い地位を恥ずかしく思い、シャラフが大統領になったとしても事態が改善される見込みはなかった。シャラフは、マルワンとモナの結婚についてナセルが考えていたことや、マルワンが愛情ではなくむしろ野心からモナと結婚したことを正確に把握していた。さらにシャラフや他の人々は、ナセルの厳格な倫理と激しく対立するマルワンの贅沢な生活への嗜好を明らかにする十分な証拠を掴《つか》んでいたことだろう。それらの証拠は、マルワンに対して難なく使えるものだった。想定できる最善のシナリオは、マルワンが彗星の尾の一員になることだった。しかしこれは、マルワンが描いた計画ではなかった。

それに比べ、サダトの取り巻きの一人になるという考えは、より多くのことが約束されるように見えた。サダトは彗星の尾を持っていなかったが、少数の忠実な人々がサダトを頼りにしていた。マルワンにとって、サダトと直接一緒に働くことは、他の組織に加わるよりずっと利点があった。サダトに忠誠を誓うだけでこの道に進むことができた。マルワンがサダトに提供できた最も重要なことは、ナセル一家との絆だった。ナセルの家族との絆は、それが本物ではないとしても、サダトが独自に政策を追求する上で、親ナセルの政治的正当性を得ることができた。

これ以外に財政的な視点もあった。家族が利権や利得を得るのを慎むよう要求したナセルとは対照的に、サダト夫妻の見方が違っていることをマルワンは知っていた。ナセルのスパルタ的生活態度は、サダトの家族にはなじめなかった。サダトはナセルと交替する前、エジプトの最富裕層の一人であるオスマン・アフメド・オスマンに長女を嫁がせていた。オスマンは、アスワンダム建設の主要請負人の一人として多額の金を儲けた。もう一人の娘は、エジプトで最も裕福な家系を引く一人サイェド・マレイと結婚した。サダトは、自分の財産になるならうるさいことは言わなかった。当時のカイロ周辺で流れた噂によれば、サダトが大統領になる少し前、妻がカイロのある家に惚れ込んだ。しかし、その家の所有者は売却に関心がなかった。一九七〇年七月の初め、ナセルがモスクワに渡航している隙に、副大統領として国家の舵を取っていたサダトは、直ちに家を没収する命令を送り付け、すべてを内々に済ませた。数日後にナセルがエジプトに帰国した時、家の所有者は自分の財産の没収についてナセルに嘆願書を出した。短い尋問の後、ナセルはサダトの命令を破棄し、所有者に家を返した。ある人の記録によると、怒りのあまりサダトの解職を決意したらしいが、ナセルはそれを実行できないまま九月に亡くなった。

この話が真実なのか、あるいは腐敗に対するサダトの態度を象徴する噂に過ぎないのかは分からないが、いずれにしてもはっきりしていることは、サダトの親しい仲間は、この種の行動に対してナセルが取った態度よりはるかに寛容だったということである。マルワンは、スアド・アル＝サバから金を受け取ったことで義理の父ナセルとの間に大きな危機を招いたが、サダトの庇護下ではそのような危機が決して起きないことは確実だった。マルワンはモサドのために働き始めて以来、新しく築いた富についてのもっともらしい説明を必要とした。それには彼の汚職が完璧な言い訳となった。

しかしこれらすべての理由以上に、マルワンの行動には心理学的な要素も存在した。再びマルワンは刺激と危険に対する根深い衝動に駆られた。サダトの命運と結びつくことによって、彼は危険な行動という「苦境」を選んだ。確かに、サミ・シャラフの彗星の尾に加わるほうがずっと楽だった。しかしそこにはもう一つ、「敗者の同盟」と呼ばれる心理学的要因が存在した。マルワンはナセルによって拒否され、陰の権力者たちも彼を同じように扱った。そして彼らは、同様にサダトを軽蔑していた。マルワンは、そういうサダトに共通の感覚を感じていたのかも知れない。マルワン自身は、イスラエルの操縦者に何度も話していたように、サダトを高く評価していなかったようだが、サダトを似た者同士と感じていたのかも知れない。冷静な計算と混じり合った強烈な衝動に駆り立てられた心理。アシュラフ・マルワンのように非常に複雑な心理においては、共通の運命という感覚は、極めて重要な選択をする瞬間に決定的な役割を果たすのだろう。

最後に、アシュラフ・マルワンには、真の政治的忠誠心、あるいはこの問題の道徳的規準に関するいかなる感覚も欠落していたことを覚えておくべきだろう。彼が変わらず忠誠を抱き続けた人物は、マルワンの味方になって父と対峙した妻のモナ、それに二人の息子たちだけだったように見える。最も憎むべき敵に祖国の秘密を売ろうとする男にとって、サミ・シャラフや彼の共謀者たちを収監するための証拠をサダトへ提供することは、大したことではなかったのだ。

アンワル・サダトが、アシュラフ・マルワンをサミ・シャラフに替えて大統領秘書官とした時、モサドの最重要スパイは突然、考えられないほど多くの価値を持つ存在になった。彼は今やアラブ世界の最も強力な体制の中枢に在籍していた。もちろん、マルワンはシャラフではない。地位だけでは、シャラフが振るった権力と同等の権力が自動的に授けられたわけではなかった。シャラフは「大統領業務のための国家秘書」として、大統領府を、国家およびナセル体制の安全に関するどんな小さな情報も扱う情報センターとでも言うべき、恐ろしく効率的な諜報機関に変えてしまった。しかし、シャラフがその役割になるには年月を要した。それはマルワンが十歳頃の一九五四年に始まり、情報を集める経験と影響力とを獲得していき、独自の情報網を作り始めた。シャラフのネットワークはエジプトのあらゆる暗部にも拡張し、サミ・シャラフが知らない、あるいは見つけることができないことはほとんどなかった。そのネットワークはシャラフのあつらえた手製の傑作で、彼自身へ不屈の忠誠を捧げる人だけを部下に採用することに最善を尽くした。それがシャラフの彗星の尾だった。

アシュラフ・マルワンがシャラフの任務を継いだ時、シャラフの彗星の尾の中から誰一人としてマルワンの部下になる者はいなかった。

その上、マルワンは全く経験なしで任務に就いた。確かにマルワンは二年間シャラフの下で働いていたが、シャラフがマルワンを決して信用していなかったため、大統領府の実務についてほとんど何も知らなかったし、機密を扱う任務を任されることはほとんどなかった。マルワンは、シャアラウィ・ゴンマ内相や軍の指導層といった他の権力の中枢との特別な結びつきとも無縁だった。一度、大統領府でシャラフの情報ネットワークの指令を受け取ろうとしたことがあったが、うまくいかなかった。シャラフの部下の誰一人として、マルワンのような若くて経験のない人物に忠誠を誓わないことがすぐにはっきりした。ナセルは大統領府を彼の全体制の支柱に変えたが、サダトは違っていた。サダトは日々の仕事に忙殺されることを好まなかった。彼はむしろ主眼を戦争や平和といった大きな戦略的な決定に置き、信頼できると感じた人々に国を運営させることを好んだ。マルワンの若さ、経験の少なさ、政治的弱さ、そして彼の個人的な習慣、とりわけ他の指導的人物と対立を生み出す彼の極端な野心を考慮すると、サダトは、シャラフの負っていた全職責をマルワンの手に委ねるわけにはいかなかった。

そこでマルワンは一定期間は大統領秘書という肩書きのままとなり、実際の任務は劇的に少なくなり、アラブ世界の鍵となる指導者に向けて大統領の個人的使者として行動する「特別要件のための連絡係」のような存在となった。マルワンの若さとナセルの家族の絆は、例えば一九六九年の軍事クーデターでリビアのイドリース国王を打倒したムアンマル・カダフィ大佐の率いるリビアの新体制との持続的な連携を完璧なものにした。カダフィはナセルに心酔していて、マルワンより二歳だけ年上だった。カダフィの腹心アブデルサラム・ジャルードは、マルワンと同い年だった。

サダトの選択は賢明だった。ジャルードとマルワンは、フランスが一九六七年に課した武器の禁輸措置について、一致協力して最も重要な役割を果たし、エジプトとの取り引きを可能にした。その見返りとしてマルワンは、アメリカとイギリスがリビアに課した武器や民間航空機の代替部品の売却禁止措置をめぐり、ジャルードを助けた。しかし二人の関係は仕事だけに留まらなかった。間もなく、二人が協力してでっち上げた不正な取引や、ロンドンやローマ、カイロの乱痴気パーティーに出席したといった噂がカイロに流れた。

サダトは、リビアに加えてサウジアラビアとも交渉するようマルワンに求めた。サウジアラビアはエジプトの国家財政の大部分を負担していた。マルワンがサウジ王族の中で接触したのは、ファイサル国王の義弟のカマル・アドハムだった。アドハムは一九六〇年代半ばにサウジの諜報機関を設立し、その指揮を執り続けていた。その諜報機関の主要目的は、アラビア半島にナセルの汎アラブ主義が広まるのを阻止することだった。しかし、エジプトがイエメンから軍を引き上げた後、サウジの王室とナセルとの関係は著しく改善した。ここでもまた、サダトの選択は賢明だった。アドハムとマルワンは職業的な関係を越えて親友となり、その関係には個人的な経済的利得が少なからず含まれていた。間もなく、マルワンが関与したとされるあらゆる汚職行為がエジプトの新聞に掲載され始め、その中で少なくとも一度はカマル・アドハムの名前が挙げられている。アドハムが関わっているとされるこの期間のマルワンの汚職については、後ほど詳しく見ていく。ここで特記すべきは、マルワンの汚職に関する評判が広まったことで、彼がモサドから得ていた金に誰も注目しなかったということである。

マルワンはシャラフの負っていた全職責を引き継がなかったものの、モサドにとっての彼の価値は、一九七一年五月以後急騰した。サダトとの親密さは、以前は個人的な結びつきだけに依っていたが、今や公的なものになった。マルワンが望むなら、どんな相手に対しても正式に要求することができ、どんな情報の断片も入手することができた。これで、イスラエルがエジプトから得ることができる情報は無制限になった。

第5章　世界中のスパイ機関の夢

一九七一年五月の「革命の矯正」以前にも、アシュラフ・マルワンは、イスラエル史に登場する他のどのスパイよりも強い印象を操縦者に与えていた。一九七〇年十二月、ドゥビーとの最初のミーティングでマルワンは第一級文書の情報を持ち込んだ。次のミーティングでは、エジプトの指導層の中で起きているあらゆることについて驚くほど正確な情報を提供した。ロンドンのミーティングで新たにメイール・メイールが加わったことにより、イスラエルが最重要と考える情報に集中し、マルワンはスパイとしての効果を高めた。一九七一年四月、メイールにとっての最初のミーティングで、彼はスエズ運河を渡るエジプトの計画についてマルワンに尋ねた。次のミーティングに、マルワンは運河を渡るための陸軍の実際の戦闘序列を持ってきた。そこには、どの部隊が橋を架けて橋頭保を築き、誰が最初に橋を渡り、誰が続くのかといったエジプト軍のすべての戦法が詳細に記されていた。戦闘序列のコピーは、運河付近のすべての分隊指令所の金庫に保管されていた。マルワンによれば、一九七〇年八月に終わった消耗戦争の前から、これらの計画に基づく演習が行なわれていた。現在は明らかになっているが、これらの戦闘序列は、一九七三年十月六日のヨム・キプール《贖罪日》に実行される最初の戦局について、驚くほど正確に記されていた。

マルワンが持ってきた二つ目の書類は、全エジプト軍の戦闘序列だった。そこには、軍の構成、分隊の数と司令官の名前、配置された武器、戦闘機の詳細なリストと空軍基地のすべての場所、エジプト軍のすべての作戦単位についての膨大なデータが含まれていた。当時のイスラエル軍事諜報局は、様々な人的情報源《ヒュミント》と技術的情報源《シギント》に基づいてエジプト軍の配置図をまとめ上げていたが、これが加わることによって今までをはるかに超えるレベルのものに仕上がった。それは質において前例がなく、軍がすでに知っていたあらゆる情報の精度を上げるのにも役立った。マルワンがもたらした情報は、すでに入手していた情報の信頼性を増す高度な情報だったので、マルワンが二重スパイではないとの確信は劇的に高まった。未だ疑いの目でマルワンを見ていた者のあらゆる疑念は払拭された。

とりわけサミ・シャラフの地位にマルワンが指名されたことは、諜報史において非常に稀な状況を生み出した。攻撃に備えるイスラエルの指導層にとって、直接的な助けになるのは敵側にいるスパイだった。マルワンがモサドのために働き始めた頃、東ドイツのスパイ組織の長官マルクス・ヴォルフは、スパイであるギュンター・ギヨームを西ドイツのウィリー・ブラント首相の個人秘書に据えることに成功した。マルワンの場合と同様、ギヨームの操縦者は、彼がこれほど高い地位に就くとは思ってもいなかった。ギヨームはブラントと緊密な関係を保って数年間働き、東ドイツや場合によってはモスクワにまで戦略上の最高機密を流した。ギヨームは一九七四年に逮捕され、ブラントは辞職を強いられた。しかし一九七〇年のエジプトとは違い、西ドイツはすぐに東ドイツを攻撃する計画を立てているわけではなかった。ギヨームが流したのは政治的・外交的な情報で、軍事的な情報ではなかった。他方マルワンは、具体的な攻撃計画に関してエジプトで極秘扱いの軍事機密をモサドに渡した。これは、イスラエルの諜報機関が入手を望むリストの中でも最上位の項目だった。

今日、マルワンがイスラエルに提供した資料は、モサドの文書庫にある四冊の巨大なバインダーに収められている。書類とそのヘブライ語訳だけではなく、「情報源の評価」として知られるマルワン自身が口頭で伝えた口述筆記も含まれ、その内容は幅広い。中には政府の予定、サダトの経済政策、公安警察の再建など、比較的重要でない国内問題を扱ったものもある。これらの資料を読むことができるのは、イスラエル情報将校のごく少数に限られていた。

最も重要なのは軍事に関する資料である。その大部分は速記で、事後にまとめる正式な議事録とは違って会話中に書き留められた記録であり、国家の最重要機関の最重要課題を扱っていた。そこには陸軍の最高会議での討論内容、陸軍将官たちの会合、ソ連の将軍たちとの会話、アラブ諸国の高官たちとの首脳会談、サダトの外遊先での指導者たちとの会合が含まれていた。サダトは、軍の将軍たちの会合といった極秘の会合であったとしても、自分があまり興味のない内容であれば欠席し、代理でマルワンを送ることが多かった。このような場合、速記の情報は添え物に過ぎなかった。ドゥビーやメイールとの会話で、マルワンが様々な会合に出席していることは間違いなかった。「部屋は騒がしかった」とか、「サダトはずっと苛立《いらだ》っていた」などとマルワンの評価は伝えている。

エジプトが攻撃するにはソ連の武器が必要だと考えていたため、イスラエルにとって最大の関心事であったソ連との会合についてマルワンが提供した情報には、サダトとソ連の指導者たちの間で交わされた短い会話ばかりではなく、国防相、参謀総長、諜報局の高官といった実務レベルの会合の詳細も含まれていた。これらの報告を総括すると、エジプトが対イスラエル戦争をどう考えているかということだけではなく、クレムリンの考え方も知ることができ、イスラエルの政治・諜報分野で最高位にいる指導者たちに広い視野を与えた。

エジプトとソ連の関係を知る上で、マルワンがどれほどイスラエルの諜報機関に役立ったかを示す最良の例は、一九七一年十月にモスクワで行なわれたサダトとソ連指導者たちとの会談であろう。サダトがソ連を訪問した目的は、クレムリンに抑止兵器を供給するよう説得することであり、それを持つことによって、イスラエルがエジプトの機密部分に深刻な打撃を与えるのを阻止できる。一九七一年三月のレオニード・ブレジネフソ連書記長との会談で、サダトはツポレフ16爆撃機から発射される空対地ロケット弾ケルトミサイルと、射程距離が約二百七十㎞でイスラエルの主要な標的に到達する地対地ロケット弾スカッドミサイルを求めた。

軍事諜報局とモサドは、十月の会談で武器取引が行なわれたことを含めて、二回の訪問についての部分的な情報を得たに過ぎなかった。イスラエルとの戦争について、サダトの「決断の年」が近づいていたのもあり、何が議論されどんな取引がなされているのか、イスラエルはとりわけ熱心に知ろうとした。サダトがモスクワを去った直後、マルワンはロンドンでメイールとドゥビーに会った。マルワンには、主にイスラエル空軍の情報部が用意した質問が浴びせられた。どうしてエジプトは戦争の計画を発表したのか。合意の詳細はどうなっているのか。武器のシステムは何か、いつ搬入されるのか。マルワンは最善を尽くして答えたが、彼が知らないことも多々あった。ミーティングの終わりに、メイールはマルワンに、サダトとブレジネフとの会話が記された書面を入手できるかどうかを尋ね、そうした文書の重要性を強調した。マルワンは記録を手に入れると返事した。

今まで、ミーティングは数週間か数カ月おきだったが、今回マルワンは数日後には操縦者のところに戻り、会談の議事録を渡した。議事録によると、ソ連はエジプトがイスラエルに対してミサイルを使う際モスクワへ許可を求める条件なしに、エジプトにケルトミサイルを与えると約束したことが分かった。しかし、ソ連は納入日を明らかにせず、エジプトが熱望しているスカッドミサイルを売ることも拒んでいた。

この武器の調達に関連した具体的で高い価値のある情報に加え、イスラエルは、エジプトの戦争準備について、ソ連の印象や両国の関係の柔軟性を直接知ることができた。クレムリンの会議室に掛けられたシナイ半島の大きな地図の前に立ち、エジプトの戦争相モハメッド・アフメド・サデクは、スエズ運河を渡ってシナイ半島を横断するため、ミトラとギディの両峠に向けて戦車を送るというエジプトの計画を述べた。この時ブレジネフは立ち上がり、二つの渡河地点が地図上のどこにあるのかを尋ねた。サダトは急いでその地点を指し示した。議事録は、計画を実行するエジプトの能力について、ソ連が疑念を抱いていることを明らかにしている。ソ連側は会議中に何度も、サダトに対して、エジプトの陸空軍はイスラエル国防軍に対峙する準備が整っていないため、地図上の計画が成功する見込みのないことを告げた。「貴国はT－34を所有している」とソ連の百戦錬磨の将校の一人が言った。「これでユダヤ人と戦うと言うのか?」。T－34は、第二次大戦中にソ連の機甲部隊の中核となった三十年前の戦車だったが、イスラエル国防軍の近代兵器の前には無力だった。実際、ソ連は次世代の戦車をエジプトに売っており、何年もの間、エジプトの機甲部隊はT－54とT－55とに依拠していた。しかしソ連は最新式のT－62をエジプトに売ることを拒んだ。T－62は、イスラエル国防軍の頼みの綱であるアメリカのM－60と戦うために作られていた。この議事録からイスラエルが理解したのは、文字通りではないにしても、ソ連の専門家がエジプトの機甲部隊の能力を低く評価していることだった。これは、破滅を招きかねないイスラエルに対する新たな軍事キャンペーンを、エジプトに思い留まらせようとするクレムリンの強い意図を示していた。

ハイム・バルレヴ中将は、サダトのモスクワにおける会談についてマルワンがイスラエルに提供した詳細を、ゴルダ・メイール首相、モシェ・ダヤン国防相、イガル・アロン副首相、それにイスラエル・ガリリ無任所相《政府の特定部局の長とならない閣僚》などで構成される非常に小さな会議に送り、それが会議の中心的議題となった。一九七一年十一月二十一日、バルレヴは、射程距離約二百kmで重量五百kgの空対地ケルトミサイルを搭載する十二機のツポレフ爆撃機を、ソ連がエジプトに売却することに合意したと報告した。バルレヴによると、約九千五百人のソ連の顧問、技術者、指導員、地対空ミサイル基地を含む対空師団を展開する一万人以上の赤軍部隊と、ソ連のパイロットによって運航される戦闘機小隊が配備されているという。彼はまた、運河を渡るための地上演習をはじめ、スエズ運河に沿って行なわれる集中的な軍事活動についての情報を手にしていた。当然のことながら、こうした情報はマルワンからだけ入ってくるわけではなかった。査察、偵察飛行、盗聴、その他の情報筋など、軍自身が入手した情報もあった。モサドもまた、マルワン以外の情報筋を持っていた。しかしマルワンは、恐らく情報の追加的な部分、とりわけ厄介な部分の情報提供者だった。サダトは自分の意図が真剣であることを示す方法として、センター10として知られる陸軍の地下作戦指令室に入っている。そこで将兵や運河に配備された兵士たちに告げた談話から明らかになった光景は、外交手段でシナイ半島を取り戻す機会が見つからないため、唯一開かれている道は戦争だと宣言したということだった。

サダトの「決断の年」が近づいた時、エジプトの意図を解明しようとするイスラエルにとって、マルワンの資料は決定的であることが明らかになった。他のどの国よりもエジプトの軍事力を熟知していたソ連は、エジプトが戦争には勝てず、戦争する意思もないと考えていただろう。しかしイスラエルにとっては、いくつかの兆しがソ連と結びついていた。エジプトの意図を解明するために、軍事諜報調査局は一連の会議を立て続けに行なった。エジプトが運河を渡るための準備と見られるサダトの敵対的な公式宣言と、その一方で、エジプト軍の司令官たちは陸空全体を通じて自軍の圧倒的な劣勢を知っているので攻撃を仕掛ける公算は非常に低いという認識との間の、明らかな矛盾点に的が絞られた。その結果、軍事諜報のエジプト支局を統括していたメイール・メイールは、エジプトが戦争準備を完了したより明確な兆候がなければ、警告を発する必要はないと結論した。一部の分析家は、この慎重な評価が、メイールを大佐に昇進させることになったと主張した。しかし、たとえこの時点での慎重な評価が賢明であったことが明らかだとしても（ヨム・キプール戦争はこの二年後である）、エジプトがソ連から武器を調達していることは深刻な懸念を惹起した。一九七一年十一月の閣僚会議で、イスラエル国防相は、現在エジプトがイスラエルと戦争しても敗北するだろうが、何らかの打撃を与える能力はあると述べた。彼はとりわけケルトミサイルについて心配していた。もしそのようなミサイルが、「テルアビブ、ラマット・ガン、あるいはバット・ヤムといった地域に投下されれば、壊滅的な打撃を被ることになる。それらの地域には高層ビルが林立しているからだ」と警告を発した。

マルワンがモサドに提供した資料は、アメリカとイスラエルの関係にも影響を与えた。モサドは、マルワンの情報に依拠してCIAに報告を送ることがあった。情報提供者を特定できないよう注意深く編集し、翻案して渡していた。さらに極秘事項については、モサドのツヴィ・ザミール長官からCIAのリチャード・ヘルムズ長官に直接手渡され、CIA側も書類に目を通す人数を最小限に絞った。しかし、十月のサダト・ブレジネフ会談の議事録については、イスラエル側だけに留めるか翻案をCIAに渡すか、重大な選択を迫られた。ゴルダ・メイール首相は、第三世界の最重要国家の一つとソ連との関係をアメリカに知ってもらうため、ホワイトハウスにその原型を差し出す決意をした。この書類はまた、中東に対するクレムリンの直接的な態度を示しており、アメリカが、ソ連の外交政策や他の多くの側面について結論を出すことを可能にするだろう。ザミールは、情報提供者の身元が割れることを恐れていたので、気が進まなかった。しかし彼はゴルダ・メイール首相の決定を受け入れ、イスラエルで母の喪に服していたモサドのワシントン支局長エフライム・ハレヴィを呼び出した。その後ザミールは、ゴルダ・メイール首相のワシントンへの渡航に加わった。ニクソン大統領と国家安全保障顧問ヘンリー・キッシンジャーが同席し、メイール首相は議事録のコピーをそれぞれに手渡した。一方でザミールは、すぐ近くの部屋でＣＩＡ長官ヘルムズと会い、情報に関する彼の考えを聞いた。ヘルムズは、文書の信憑性を保証し、モサドが非常に価値ある情報提供者の育成に成功したことを祝福した。二人の諜報機関長の親密な関係には、明確な行動規則が存在した。ヘルムズは情報筋の身元について何も聞かず、ザミールはそれ以上何も提供しなかった。

ゴルダ・メイールはあまり物を書かない人だった。しかしワシントン訪問の最後、彼女はニクソンと一緒に写った写真にザミールに宛てた数語を書き加え、彼の仕事に対する彼女の称賛と感謝の念を表した。メイールは口頭で、ニクソンとキッシンジャーが、イスラエルの達成した業績と手を加えない形で情報を共有してくれたことに深く感謝したばかりではなく、イスラエルに追加でＦ－４ファントムを売却する用意があると言ってくれたことを、ザミールに伝えた。

その後間もなく、マルワンはソ連とエジプトの関係について極秘の追加情報を送ってきた。ゴルダ・メイールは、この情報もホワイトハウスに渡すことを望んだが、ザミールは断固として反対した。今度はＣＩＡが情報提供者の身元を確実に洗い出すと確信していたからである。メイールは主張を曲げず、話は行き詰まった。軍事秘書官イスラエル・リオール准将、無任所相イスラエル・ガリリをはじめとする最高レベルの会議で、ザミールは、メイール首相が強制すれば命令は実行するが、情報提供者の安全を脅《おびや》かすことになると主張し続けた。メイールも頑固で、ザミールに「飛行機に乗って自ら情報を運べばいい」と言った。ザミールは「エフライム・ハレヴィが適任だ」と述べた。メイールは「資料を渡すかどうかは原則的に首相に委ねられているのに、その決定を受け入れないのか」と主張した。それでもザミールは断固として拒んだ。ゴルダ・メイールは立ち上がり、怒って部屋を飛び出した。ザミールは動揺することなく一歩も引かなかった。

最終的にメイール首相が譲歩し、アメリカ側がその書類を目にすることはなかった。

一九六八年の後半、エジプトが六日戦争で敗北した後の軍事力をほぼ立て直した頃、イスラエルの諜報社会にとっての最大の関心事は、エジプトが攻撃を仕掛けてくるかどうか、そして攻撃するとしたらいつかという問題だった。軍事諜報局は早い段階で、この問題に応える見事な仕事をしていた。その結果、ナセルが一九六九年五月に攻撃を開始すると推測された。少なくとも最初は静かな紛争になるだろう。この予測に基づき、イスラエル国防軍の参謀総長バルレヴは、五月一日までにスエズ運河の前線に沿って戦争の準備を完了させる命令を発した。運河に沿って築かれた防衛陣地はバルレヴ・ラインと呼ばれ、エジプトとの紛争が長期化した場合にそれを援護するための補給線を含め、予定通りに完成し、五月八日に消耗戦争が始まった際、イスラエルは準備を完了していた。消耗戦争は、エジプト側が外交的にも軍事的にも何も得ることなく、一九七〇年八月七日に終わった。

しかし、エジプトの敗北は直ちに二つの疑問を喚起した。エジプトは現在シナイ半島を取り戻す外交的・軍事的方法を模索しているのか、そしてもしエジプトの選ぶ道が戦争であるなら攻撃できるだけの準備がいつ整うのか、という問いだった。

一九七一年五月の「革命の矯正」の後、マルワンはサダトの側近へと昇進し、同年七月に第一の疑問に関するサダトの現実的な考え方をイスラエルに送った。軍事諜報局による同月の覚え書きには次のように記されている。

エジプトの高位筋によると、彼らにはもはや外交協定への希望はなく、さらにあらゆる指標によれば、イスラエルが占領したシナイ半島から撤退する意図はないと見られる。彼らの言う「外交協定」とは、シナイ半島だけでなく、一九六七年にイスラエルが獲得したすべての領土をエジプトに返還することを意味する［つまり、ヨルダン川西岸地区をヨルダンに、ゴラン高原をシリアにそれぞれ返還する］。エジプトは、アメリカが自分たちを騙《だま》してきたという確信を持つに至った。アメリカは、イスラエルを撤退させる意志も手段も持っていなかったというのが真実だった。この状況から考えて、エジプトには、自国の軍や国民に対して外交協定の希望が残されていると説得する方法がなく、従って、軍事力を行使する以外に選択肢はないと結論した。

同じ頃、駐米イスラエル大使イツハク・ラビンは、ニクソンやキッシンジャーに渡すための内密なメッセージを用意するよう、個人的に求められた。エジプトの立場に関してはマルワンが送った情報に基づいており、四つの特記すべき点が指摘されていた。

1. エジプトはロジャース計画〔平和と引き換えにシナイ半島を返還する提案〕に基づき、イスラエルとの完全な和平合意に向けて準備をしている。
2. アメリカはエジプトに対し、ロジャース計画を受け入れるよう繰り返し迫る。
3. もしアメリカがイスラエルに圧力をかけることを拒めば、エジプトは戦争する以外の選択肢を持たないだろう。
4. 政治的・軍事的闘争におけるサダト体制の力点は、パレスチナの運命ではなく、エジプト領土の返還にある。

エジプトを平和愛好国とし、イスラエルとアメリカを好戦国として表現したこのメッセージを、ワシントンに送ろうとしたゴルダ・メイールの動機が何だったのかは分からない。恐らくメイールは、イスラエルがいかにアメリカの厳しい中東政策に沿って動こうとしているのかを示そうとしたのだろう。その核心は、冷戦下においてサダトがアメリカ側に付かないならば、イスラエルはシナイ半島を返還するいかなる和平交渉も拒絶するということだった。いずれにせよイスラエル政府は、エジプトの平和的な意図を全く信用していなかったため、いかなる条件下でもシナイ半島の東三分の一の支配権を放棄することに無関心で、アメリカとイスラエルの国益の一致は、シナイ半島の全面返還と交換に平和条約を前進させるというエジプトの努力を無力にした。ちなみにシナイ半島返還と和平合意は、七年の歳月と多くの犠牲の後に、キャンプ・デーヴィッド合意によって実現したのである。

しかしラビンは、イスラエルに対するアメリカの圧力が増大する結果を恐れ、メッセージを送ることはなかった。

こうした動きが後知恵でどのように判断されるかに関係なく、イスラエル政府は、アシュラフ・マルワンのお陰で、戦争と平和に関するエジプトの意図を非常に正確に把握していたという事実は残されている。エジプトは自国が武力によってシナイ半島を取り返すことができないことを認識しており、イスラエルもその認識を把握していた。イスラエル軍事諜報局は、エジプトが戦争を始める場合、その目的はシナイ半島の奪還という非現実的なものではなく、「列強を介入させて解決策を強いること」だと分析した。

第一の疑問に関して正しい答えを得た軍事諜報局は、第二の疑問にとりかかった。エジプトは、目的がより限定的であったとしても、どのような状況になれば攻撃の準備が整ったと考えるのか。ここでの彼らの努力は、一九七〇年から一九七三年十月のヨム・キプール戦争までの期間中、イスラエルの諜報部と意思決定者を導く支配的な枠組みとなったコンセプツィア《固定観念の意。六日戦争の勝利によって生まれたおごりや楽観主義》を形成していった。エジプトは軍事的劣勢の問題を解決することなしに、決して攻撃を仕掛けることはない。ここでもまた、マルワンの情報が決定的な貢献を果たした。

エジプトが直面している第一の問題は、圧倒的に優勢なイスラエルの空軍力だった。一九六七年六月、イスラエル空軍がエジプト空軍を壊滅し、エジプトはシナイ半島を失った。今度はエジプトが奇襲攻撃をかけて、イスラエルの空軍基地を破壊することができるのかというと、それは二つの理由からほぼ不可能だった。第一の理由は、エジプトの戦闘機のほうがずっと長い距離を飛ばなければならず、おまけにイスラエルには改良されたレーダー網が張り巡らされているためである。第二の理由は、ソ連がイスラエルの防空網に潜入できる戦闘機をまだ開発していなかったことである。F－4ファントムやA－4スカイホーク（イスラエルが保有）、あるいはフランスのミラージュ5（イスラエル空軍のために特別開発された）といった最新鋭の戦闘機を生産していた西側諸国に対して、ソ連は短距離の迎撃機と核兵器運搬のための戦略長距離爆撃機の開発に傾注していた。ソ連にはエジプトの必要とするような戦闘機がなかった。エジプト空軍の司令官アリ・ムスタファ・バグダディ将軍は、一九七二年初頭の最高幹部会議で不満を表明した。「必要なのは抑止戦闘機だ。優れた積載量と航続距離を持つ、音速二《マッハ》ほどの戦闘機があれば、わが軍を敵の領域深くまで侵入させることができる」。当時、バグダディの要求に応えられる唯一の戦闘機はF－4ファントムだった。エジプトがソ連の顧客である限り、イスラエル空軍の優位性問題に解決策はなかった。

しかし、イスラエル空軍の優位性を抑えないと、エジプトがシナイ半島に侵攻しようとする努力は壁にぶち当たるだろう。消耗戦争後のエジプトの主な軍事的成果は、ソ連からの援助と、スエズ運河の西岸に沿って大量の対空砲を配備したことだった。これは、停戦合意に反する重大な違反だが、スエズ運河を渡ろうとするエジプト軍にとって目に見えない効果的な傘を提供した。これらの対空砲列は場所が固定されており、運河の東約十㎞にわたってイスラエル空軍の攻撃から守られるため、全エジプト軍がこの地域に留まることができる状況を生み出した。しかし、エジプト軍がそこから前進しようとした瞬間、彼らには地獄が降りかかって来る。このような状況下で、シナイ半島を奪還することは不可能だった。一九七二年末までにエジプトが立てたあらゆる攻撃計画では、第一の目的がシナイ半島の大部分を奪還することだったので、イスラエルによる制空権は戦争の可能性を左右する決定的要素だった。換言すれば、イスラエルにとってもエジプトにとっても、何か重大な変化が起きない限り、エジプトが攻撃できないことは明らかだった。

エジプトが攻撃を開始する条件と、それらの条件がいつ満たされるのかという二点において、マルワンはイスラエルに決定的な貢献をした。マルワンの口頭による報告と彼の提供した文書は、制空権の問題が決定的であるというイスラエルの見解を裏付けた。マルワンがまだサミ・シャラフの下で働いていた時、メイール・メイールとの会話で唯一の解決策が提示された。対空砲火の援護の下、エジプト軍がスエズ運河を渡った後に、固定された対空砲火基地を東に移動させ、常に対空砲火の援護の下で、ミトラやギディといった峠に向かって戦車を半島に集結させていくというものだった。しかし、当時のエジプトの戦争計画を見る限り、地上攻撃の設計と訓練に重点を置き過ぎ、イスラエル空軍の弱点に全くと言っていいほど目を向けていなかった。一九七〇年の時点で、エジプト軍は固定式

ＳＡ－２とＳＡ－３だけで、移動式ＳＡ－６対空砲をまだ所有していなかった。ソ連軍によって人員配置されているＳＡ－３については、エジプトがアメリカの緊密な同盟国に対して攻撃を開始した場合、クレムリンが使用許可を出すか否かは不明だった。許可が下りたとしても、スエズ運河を越えて対空砲火基地を移動させることは非常に複雑な作戦であり、無事に移動できたとしても数が少ないため、圧倒的な力を持つイスラエル空軍に対抗するには不十分であっただろう。イスラエル空軍は、一九六〇年代末からアメリカのＦ－４やＡ－４戦闘機を大量に入手し、大いに戦力を増大していた。たとえエジプトが運河を渡る計画を練り、その計画に従って演習を実施していたとしても、その計画は実行不可能であることは誰の目にも明らかだった。

　しかし、現有の武器で軍事行動を成功させることができないとエジプト軍が知っていたとするなら、それを可能にするには何が必要だと考えただろうか。ナセルの死後、特に一九七一年五月以後、エジプト軍はイスラエルの空軍力の問題をより現実的に検討し始めていた。新しい戦争相モハメッド・アフメド・サデクの指示の下で多くのシナリオが描かれ、対空砲火基地を徐々に東へ移動させるという戦略は機能しないことが明らかになった。エジプトは国内で空襲が再開されることを容認するわけにはいかなかった。これらの問題に関する現実的な唯一の解決法は明らかだった。イスラエルの空軍基地に深刻な打撃を与え得る長距離爆撃機、イスラエルの人口密集地に到達可能な空対地および地対地ミサイルなど、より優れた武器をエジプトに売却する確約をソ連に取りつけることだ。これにより、イスラエルのエジプト本土の奥深くへの爆撃を阻止することができる。

一九七一年の五月と十月にモスクワで行なわれたサダトの会談について、マルワンがイスラエルに与えた詳細から、イスラエルがエジプト国内へ攻撃するのを阻止するために、エジプトはイスラエル国内を脅かすことのできる武器に最も関心があることが明らかになった。確かに、一九七一年十月までにソ連はケルトミサイルを搭載できるツポレフ16爆撃機をエジプトへ売却することに合意したが、スカッド地対地システムの売却は拒否していた。一九七二年九月頃、マルワンは、ソ連最高会議幹部会議長ニコライ・ポドゴルヌイに宛てたサダトの手紙のコピーをイスラエルに提供した。その手紙でサダトは、「我々の領土の奥深くにある標的への攻撃を阻止する報復兵器」を提供したがらないソ連に対して、不満を述べていた。サダトは「この種の報復兵器を持たなければ、軍事的選択肢が全くなくなってしまうことは明らかである」と付け加えた。マルワンが後に伝えた情報は、一九七二年後半にケルトミサイルがエジプトに到着し、一九七三年に運用が開始されたなど、次の段階を詳細に述べていた。マルワンはまた、一九七三年五月下旬にスカッドミサイルに関してソ連が態度を変化させたことや、一九七三年八月にソ連の人員が配置されたことについての最初の情報提供者だった。

長距離爆撃機の件は、主にソ連がそれを全く所有していないという理由で、厄介な問題だった。エジプト軍はミグ23に希望を託していたが、一九七一年まで量産体制に入っていなかった。迎撃用のミグ23は一九七二年六月にソ連空軍で運用可能となり、第三世界諸国へ輸出するための地上攻撃用機は一九七三年に生産を開始した。エジプト空軍が最も早く運用を開始できるのは一九七四年だった。とりわけ戦闘機がその時までに本当に準備されるという保証がなかったため、サダトにはそれまで気長に待ち続けるという選択肢はなかった。エジプトの戦争計画立案者たちは、イスラエルの空軍基地を効果的に攻撃するために最低でも五つの編隊（六十〜七十五機）が必要だと判断していた。

サダトが権力を握ってからしばらくすると、マルワンは軍の最高幹部との会合に関して報告した。軍の最高幹部は戦争の条件として、イスラエルのF－4ファントムに匹敵する戦闘機が必要であることをサダトに訴えていた。イスラエルの軍事諜報局と空軍の情報部は、イスラエルの制空権を無力化するために必要な戦闘力を、エジプトが緻密に計算し始めていることを把握していた。ある時点でエジプトは、戦争開始のための最低条件として爆撃機による五つの編隊を挙げていた。

さらに重要なのは、一九七二年の初めになると、戦争突入の条件として長距離爆撃機への言及を突然止めたという事実である。とりわけ一九七三年六月三日、戦争が始まる約四カ月前に、マルワンはドゥビーに、エジプトの将軍たちがそうした戦闘機の供給を戦争開始の必須条件とは見なさなくなったことを伝えていた。その代わりにエジプト軍は今、運河西側の巨大な防空体制を頼みにし、それこそがイスラエル空軍の北部・南部戦線の努力を無に帰して自国の空軍の劣勢を跳ね返す驚くべき要塞となることに期待していた。

イスラエルはその変化に気づいていたが、その意味するところを把握できないでいた。軍事諜報局と空軍の情報部は、一九七三年十月のヨム・キプール戦争まで、エジプト軍が爆撃機なしで攻撃に出ることはないだろうと信じ続けた。そのため、例えば戦争直前の一九七三年九月二十四日、軍事諜報局長エリ・ゼイラは、エジプトにとって、イスラエルの標的を攻撃できる爆撃機の購入は戦争に必要な最低条件であり、少なくとも一九七五年までにこの条件を満たすことはないと断言した。この誤りは、マルワンが初期に与えた情報にもっぱら基づく固定観念《コンセプツィア》を膨らませ、イスラエルの情報分析官を惑わし、マルワンが全く異なった事態を伝え始めた時に至ってなお、イスラエルの情報分析官はその考えを修正することを拒んだ。

ソ連から有力な戦闘機を手に入れることがほぼ不可能になったことをエジプトは十分に理解し始め、他の選択肢を探すことを強いられた。ミグ17、スホイ7、それにスホイ17さえも戦争の約一年前にわずかな量が到着しただけで、役に立たなかった。アメリカ以外で、イスラエルとほぼ互角に戦える戦闘機を生産している唯一の国はフランスだった。皮肉なことに、地上攻撃用に設計されたフランスの戦闘機はミラージュ５Ｊの変形型で、イスラエル軍によって提供された仕様書に則ってイスラエル空軍用に製造されたものだった。しかしフランスは紛争当事国に対して禁輸措置をとっており、イスラエルへの五十機の搬入を停止させ、ミラージュ５Ｄといった他のモデルと同様、この五十機についても売却先を探していた。ミラージュ５Ｄは、六百八十kmの低高度攻撃半径を備え、八百六十kgの爆弾を二個搭載できた。この数はイスラエルのＦ－４とはとても比較にならなかったが、それでもソ連が提供できるものよりまだましだった。

しかし、ミラージュを手に入れることは簡単ではなかった。結局、フランスの禁輸措置はイスラエルに対してと同様、エジプトにも適用された。リビアでムアンマル・カダフィのクーデターが成功した数カ月後の一九六九年十一月、リビアとフランスとの間にミラージュ購入に関する交渉が始まった。表向きはリビア空軍のための交渉だったが、実際はエジプトのための交渉だった。一九七〇年一月、リビアとフランスは、百十機の購入についての合意に署名した。そのうちの半分はエジプト向けの5Dだった。搬送は、サダトがマルワンに指示を与えた時期と重なる一九七一年に始まった。言うまでもなく、リビアを経由して搬送され、一九七一年にエジプト空軍に5Dが統合されることなど、取引にかかわるすべての詳細は、すべてイスラエルの知るところだった。ヨム・キプール戦争の間、エジプトの第六九編隊は、タンタ基地に異なるタイプの四十二機のミラージュ5を配備した。ミラージュの操縦訓練を受けたエジプト人パイロットは少なく、約二十五人だった。これらのミラージュは、戦争開始の日にエジプト空軍の最も重要な任務を担った。マルワンのお陰で、イスラエルの諜報機関は、編隊、指揮官、搭乗パイロットの名前、秘密の格納庫の場所について、知っておくべきことは何もかも知っていた。

ミラージュがエジプトに搬送されたという情報が、イスラエル軍事諜報局長ゼイラやその幹部たちの保持する不屈の固定観念《コンセプツィア》を変化させることはなかった。ミラージュに搭載されている合計約一・七トンの爆弾は、戦争開始時にイスラエル空軍のファントム百機に搭載された爆弾約八トンの四分の一にも満たない。十分に保護されたイスラエル空軍基地が空爆されたとしても、格納庫に隠された航空機が深刻な打撃を受けることはない。マルワンが伝えた情報によると、エジプトもそれを認識しているようだった。エジプト軍はミラージュ5を最高の攻撃機と見なしていたが、イスラエルの制空権を無力化する効果的な手段とは考えていなかった。

ヨム・キプール戦争以来、膨大な量の情報が放出されてきたが、その大部分は戦争に至る経過の長い連鎖についての公式の覚書と調査記録だった。すなわち、エジプト軍が攻撃のために必要としているもの、受け取ることが可能になった武器、攻撃の日をめぐる決定についてのエジプトの展望だった。このすべてから、疑いの余地なく、アシュラフ・マルワンがイスラエルに提供した情報は、エジプトで何が起こっているのかを終始一貫、正確に反映していることを明らかにした。

ヨム・キプール戦争に先立つ数日間の、イスラエル諜報機関の大失態の原因を調べていると、一つのことが明らかになる。それは正確な情報が欠落していたからではなく、明らかな情報によって回避できるような事態に至っても、軍事諜報局が固定観念《コンセプツィア》を捨てなかったからである。マルワンのお陰で、イスラエルは一九七二年十月まで、エジプトが戦争の必要性と戦争を開始するための必要条件をどう見ていたかを前もって理解していた。しかしその頃、サダトの心境に変化があった。勝つために必要な武器を待つことなく戦争を始めると決心したのである。アシュラフ・マルワンは、この後見ていくとおり、このことを正確にイスラエルに報告した。しかし軍事諜報局は、臨機応変に対応できなかった。これこそが、戦争が起きた際にイスラエルの準備が整っていなかった原因となった。

マルワンのもたらしたイスラエル諜報機関への影響は、固定観念《コンセプツィア》に関わることだけではなかった。

マルワンの提供するエジプトの攻撃計画に関する情報は、あらゆる点で信じ難いほど正確であることを証明し、イスラエル軍事諜報局は豊富な情報を享受した。

一九六八年からエジプト軍がシナイ半島再占領の模擬演習をタハリールで始めた時、軍事諜報局の八四八部隊に属する広範な監視機関、技術的情報《シギント》収集部隊を通じて、エジプト軍の動きは一部始終追跡されていた。

一九六九年初頭に行なわれたある演習の後、軍事諜報調査局により発行された報告書は、「その演習で、エジプトはシナイ半島西部の制圧と、五つの歩兵師団、二つの機械化師団、二つの機甲師団の戦力で、四日から五日以内にミトラ、ギディ両峠の東に防御線を張る」と結論していた。一九七一年の夏、マルワンはメイール・メイール大佐に「花崗岩《かこうがん》」と称する計画の詳細を提供した。これにより軍事諜報局は、エジプトが戦争をどう見ているかについて、より詳細で信頼できる説明を入手した。同様に、一九七二年初頭にマルワンが提供した情報により、軍事諜報調査局は四月十六日付けで四十頁の特別調査報告書を発行した。そこにはエジプト軍の攻撃計画を詳述した地図も含まれていた。戦争の最初の局面は二十四時間以内に完遂する計画で、渡河地点とそのすぐ近くの地域を援護しながら、五つの歩兵師団が五つの異なる地点で運河を渡り、その後二つの機甲師団、第四および第二一師団を東岸に渡らせ、イスラエル国防軍の要塞に上陸して占領する。この作戦は昼でも夜でも実行可能だが、夜間にはイスラエル空軍の能力が限定されるため、エジプトは暗闇を利用して作戦を試みるだろうというのが軍事諜報局の見立てだった。シナイ半島の残りの地域から運河地帯を孤立させるため、エジプト軍は、ミトラ、ギディ両峠の東部に七～十の特別奇襲隊をヘリコプターから降下させようとしていた。一両の戦車と二つの歩兵大隊からなる海兵旅団はルマニ海岸に上陸し、別の旅団規模の歩兵部隊は、イスラエルの援軍に通じるシナイ半島北部の道路を遮断する目的で、東部の浅瀬の通路を使って海兵旅団と合流することになっていた。エジプト軍の作戦はまた、運河の岸に沿ってティムサ湖やグレートビター湖を横断する水陸両用の部隊を擁していた。これらすべてが戦闘の初日に行なわれる予定だった。

二日目に機甲師団はシナイ半島ほぼ十二㎞の奥まで前進する。三日目には、半島の東部の入り口まで平行壕に沿ってその地域を制圧するのに効果的な橋頭堡を奪取する。四日目の最終局面ではイスラエルの国境に至り、シナイ半島の制圧を完了させる。

マルワンが提供した文書の桁外《けたはず》れな精度と、文書に記されているエジプト軍の広範囲な活動の印象とが結びつき、モサドの長官ツヴィ・ザミールをしてマルワンのことを「我々が今まで持った最大の情報提供者」と言わしめた。ザミールは、マルワンについて「第一級の情報提供者である。入手が非常に難しい全領域にわたる情報を提供でき、その信憑性が高かったからだ。他にもあらゆる情報提供者が存在し、彼の伝えたことを確定させ補完した。しかしマルワンは全容を掴《つか》んでいた。彼は、過去にどんな事態が同様に起こったか、そしてそれがどう進展したかを述べることができた。この観点から見て、彼は唯一無二だった」と語っている。

マルワンの貢献を知る他の人々は、ザミールの印象を裏付けた。アモス・ギルボア軍司令官は、一九八〇年代に軍事諜報調査局を統括した人物だが、マルワンの提供した資料を注意深く精査し、イスラエル史上、マルワンのようにエジプトを丸裸にしたスパイは一人もいなかったと結論した。アーロン・レヴラン軍司令官は、ヨム・キプール戦争の前に軍事諜報調査局の副司令官だったが、マルワンがイスラエルに提供した資料は「スパイ機関が命懸けで欲しがり、何世代にもわたってただ一度だけ目にすることができるほどの上質な情報である」という結論を下した。レヴランは、マルワンを「一世代に一度だけ諜報世界の戸口に現れる値千金の情報提供者」と呼んだ。

マルワンを称賛したのは諜報世界の高官たちだけではない。戦争の数年後、モシェ・ダヤンは次のように言っていた。

固定観念《コンセプツィア》は、軍事諜報局の狂気の科学者や局長、あるいは国防相が発明したわけではない。それは我々の入手し得る最高の情報、揺らぐことのないスパイ情報を根拠に結実したものである。……私は絶対の確信をもって言える。世界中のあらゆる諜報機関、国防相、参謀総長がこの情報を受け取り、そしてこの情報がどのように入手されたのかを知ったなら、同じ結論に達するだろう、と。

マルワンが提供した資料に接したあらゆる人のうち、彼のイスラエルに対する協力に疑問を抱いた人物が二人だけいたことが分かっている。一人は、軍事諜報調査局の第六部局（エジプト担当）の長で、一九七二年初夏にメイール・メイールの後任となったヨナ・バンドマンである。彼の見解によると、マルワンに伴う深刻な問題の一つは、サダトが戦争を始めようとしていると警告し続けたが、その時に戦争は起きなかったという事実である。バンドマンの解釈では、マルワンはオオカミ少年であり、従ってヨム・キプール戦争まで彼の警告を無視したことは正当だったというものだ。さらにマルワンは、バンドマンがドゥビーに尋ねるよう指示した疑問、サダトの行動パターンの深層を突き止めるという問題にうまく答えられなかった。バンドマンがもらい続けた答えは、エジプトの戦争計画に関連する技術的なものだった。バンドマンは、マルワンを二重スパイと呼ぶことは決してなかったが、「マルワンが送ってきた情報は信頼性に欠け、支配層にいた彼の立場で知り得る情報で、イスラエルには伝えなかった特定の情報が存在したはずだ」と信じていた。

マルワンに対して深刻な疑問を抱いていたもう一人の人物は、戦争中に軍事諜報局長だったエリ・ゼイラ准将だった。ゼイラの見解はバンドマンよりはるかに厳しく、マルワンは、戦争前にイスラエルの注意をそらそうとする中心的役割を果たした二重スパイだったと主張した。この主張を裏付けるために、ゼイラはマルワンの持ち込んだ資料と彼の口頭による情報を区別する。

彼の「情報」のいくつかは、世界中のあらゆる諜報機関の夢であった検証済みのデータが含まれており、読みごたえがあった。……提供された「情報」は、ほとんどの場合、文書や最高レベル会議の議事録のコピーだった。これに対して、予想される戦争の時期に関する警告は、通常、一部は書面で一部は口頭での報告だったが、それらすべては証拠書類を欠いていた。一九七三年十月までに、それらのすべてが不正確であることが明らかになった。[傍点は原文で強調された箇所]

ゼイラは自らの著書の中で決して明言していないが、サダトがイスラエルを戦争に引きずり込もうと苦労してやり遂げたインチキなゲームの中で、マルワンが主役を演じていたことを示す一連の根拠を提示している。ゼイラの見解では、マルワンは一九七二年の末と一九七三年の四月に、イスラエルの警戒レベルを下げさせるために戦争に関する偽の警告を出し、さらに一九七三年十月に至る数カ月間、意図的に警告を発しなかった。マルワンが最終的に警告を出した時、イスラエル国防軍を動員するにはあまりにも遅すぎるタイミングであり、警告の内容も曖昧だった。これについては、自著を宣伝するテレビのインタビューで、ゼイラは断言することを避けている。彼には決定的な証拠がないと自ら言っているにもかかわらず、「サダトの命令で彼らは共謀していたと考えられる」と述べ、アシュラフ・マルワンはイスラエルを騙《だま》したのだとゼイラは主張している。

ゼイラの広範囲にわたる主張を検討するに当たり、二つの点を指摘しなければならない。第一の点は、ゼイラやバンドマンを除き、マルワンを知っていて、何年にもわたって彼が提供した資料を見てきたすべての人が、マルワン二重スパイ説を完全に否定してきたことである。例えば、ゼイラ直属の部下で軍事諜報調査局の司令官アリエ・シャレヴ准将は、一連の調査を実施し、アシュラフ・マルワンはたとえユダヤ人国家に完全に魂を売り渡していなかったとしても、二重スパイではなかったと明確に結論づけた。アーロン・レヴランは自称エリ・ゼイラ崇拝者だったが、今もマルワンが本物のスパイだったと信じており、この問題についてゼイラと論争している。他に、軍事諜報調査局の第六部局（エジプト担当）の政治担当の長アルベルト・スダイや、同部局の軍事担当ヤコブ・ローゼンフェルド、彼の前任者でマルワンの大量の情報を目にしたズシア・カニアゼルなど、軍事諜報局出身の多くの人は、資料を目にしたモサドの高官たちと同様、マルワンが真のスパイだったと確信している。

第二の点は、マルワン二重スパイ説が、イスラエルと世界中にどれほど広く流布しているのかに関係している。この説が都市伝説のようになっているのは、今までマルワンについて出版されたほとんどの本が、エリ・ゼイラの談話に大きく影響されているためである。ゼイラは、この問題に関して話すことを厭わない、内情に通じた唯一のイスラエル人だった。二〇〇七年のマルワンの死まで、真実を知る者は皆、彼の命を危険に晒《さら》さないようこの問題ついて語らなかったからだ。その結果、公の場で語られてきた大部分は、ゼイラに直接影響された人々によるものか、あるいはエジプトの高官かマルワンの仲間やナセルの家族、そしてマルワンがエジプトの忠実な市民ではないと語ることで失うものが多過ぎる人によって語られたことのみだった。

現代のスパイ史上、最も魅力的なスパイの一人に関するあらゆる分析は、マルワンの操縦に使われた方法の議論なしには完全とは言えない。長年にわたり、マルワンに支払われた金額についての異常な説がまかり通って来た。今日のドルに換算して、一回のミーティングで二十万ドル、あるいは約百万ドルが支払われたというのがその説である。モサドがマルワンを十分満足させる額を支払ってきたのは確かだが、実際の金額はずっと少ない。

マルワンは、時には公式な代表団の一員として、時にはビジネスや休暇で、ヨーロッパに渡航する時はいつでもドゥビーと会っていた。どの場合でも、数日間にわたる一度以上のミーティングを行なっていた。最初の数回のミーティング時には報酬について議論されなかったが、その後一回のミーティングで一万ドルを受け取り始めた。しかしそれはマルワンが金を求めたときだけだった。後になって彼は二倍の金額を求めた。当然のことながら、モサドのうちの何人かは、一人のスパイに支払われる前例のない金額に危機感を募らせた。しかしマルワンが接触を断つと脅すと、モサドは彼の要求を呑んだ。稀に彼はそれ以上の金額を受け取った。支払いは、使用済みの少額紙幣をサムソナイトの小さなスーツケースに入れ、それをドゥビーがマルワンに直接手渡した。ミーティングの後、マルワンはケースを開かずにそのまま持ち帰った。

だが、報酬がたとえ伝説よりも少額だとしても、その額はモサドのヨーロッパ支局の財政に巨大な赤字を引き起こすほどのものだった。その額を賄《まかな》うためには、財務省の明確な許可が必要だった。ある時点で、ゴルダ・メイール首相はピンハス・サピル財務相に、サダトに直接アクセスすることができる最高水準の情報提供者をモサドが確保したことを示唆したが、メイールはそれ以上具体的なことには触れなかった。赤字は膨らみ続け、次の段階でサピル財務相は、モサドのヨーロッパ支局の長官シュムエル・ゴーレンに説明を求めるため、部下の一人を派遣した。ゴーレンは、サピルの望んでいた説明さえ与えず、数本のフランス・ワインと数え切れないほどのグルメディナーを用意した。

モサドにとってもう一つ厄介だったのは、操縦者の問題だった。そもそもの初めから、そのような情報提供者は、一流のベテラン諜報局員に指揮されるべきだとの意見があった。しかしザミールは、わずか三年前にモサドに加入したドゥビーを支持し続けた。その決断は正しかった。ドゥビーは見事に問題を最小限に抑え、効果を最大限にするやり方でマルワンとの関係を築いた。ドゥビーの付き合い方のコツは、彼の忠誠心がモサドではなくエンジェルに向けられているという印象を、常にマルワンに与えるという姿勢だった。マルワンが信頼を置いた「アレックス」は、他の諜報局員とはいささか異なっていた。ドゥビーは支払いの水準や、誰が彼の身元を知っているのか、あるいは誰がミーティングに加わるのか、誰がマルワンの操縦者であるべきかといった問題さえ、上司との折り合いがつかない場合にはマルワンの立場に立ち、彼の利益を効果的に優先することができた。

マルワンの操縦は簡単な仕事ではなかった。初めからマルワンは身の安全を守るために必要な、基本的な手順を踏まなかった。別の電話番号が与えられたにもかかわらず、彼は最初の数カ月間、ミーティングを設定するためにロンドンのイスラエル大使館に電話をかけ続けた。そのやり方を止めさせるために、ドゥビーは現場から離れた「情報受渡地点」として、仲介人を配置した。マルワンは、ドゥビーに伝言があるときはいつでも、大使館ではなくその番号に電話するよう言われていた。仲介人は、めったに家を留守にすることのないロンドン在住の五十代女性だった。マルワンが電話をすると、彼女はすぐドゥビーに連絡した。ちょうどこの頃、初期の留守番電話が登場し、マルワンが夜のどんな時間でも連絡が取れるよう、ドゥビーはアパートにこれを取り付けた。

だがマルワンは必要のない危険を冒し続けた。少なくとも一度、マルワンはエジプト大使館の運転手が運転する大使館の車で、ミーティングに乗り付けた。別の時、ドゥビーとメイールはロンドンのメイフェア地区にあるマルワンのアパートでミーティングを行なった。彼が居間で話をしている間ずっと、地元の売春婦が寝室でマルワンを待っていた。彼女は話をすべて聞くことができた。マルワンは無頓着だった。

またマルワンは、自分が持ち込んだ書類についても危険を冒した。書類の多くは原本で、コピーではなかった。ドゥビーが、書類を持ち出すことに不安はないのかと尋ねた時、彼はただ微笑んで言った。「エジプトの連中は私を調べない」。ある時には、書類をすべてドゥビーに与えた。機密書類の場合には、ドゥビーが手持ちのカメラで写真を撮り、現物を返したこともあった。あまりに重要な機密を持ち込むときだけは、要点を書き留め口述でドゥビーに伝えた。

マルワンがモサドのために働き始めて数カ月後、マルワンの無茶は一層ひどくなった。ドゥビーは一度、拳銃の握りが背広からはみ出していることに気づいた。そのことについてドゥビーが尋ねると、マルワンは重みのあるスミス&ウェッソンを取り出し、それをドゥビーにプレゼントしようとした。ドゥビーは仰天した。ドゥビーはマルワンに、拳銃の携帯はカイロでは認められているかもしれないが、ロンドンでは完全に禁止されており、マフィアの親分でさえ銃器の携帯は控えていると説明した。マルワンは動じなかった。自分は外交旅券を持っているので、地元当局も触れることができないと言った。マルワンは拳銃をもう一度プレゼントしようとした。銃床の内側に撃鉄が隠された美しい拳銃で、そのため生地に引っかかるのを心配することなく、ズボンや背広の内側から撃つことができた。ドゥビーの心は動いたが、申し出を断った。次のミーティングでマルワンは別の拳銃を持ってきた。この時は明らかに前もって用意した贈り物としての拳銃だった。ドゥビーに選択の余地はなかった。彼は拳銃を手にし、マルワンにお礼を言った。

マルワンが明らかに危険を回避したのは、無線通信の分野だった。マルワンは最も重要なエジプトの機密に簡単にアクセスすることのできるため、モサドは、エジプトが戦争を仕掛けようとしている場合、リアルタイムで警告を発することのできる「警告用スパイ」としてマルワンを扱おうとした。モサドはロンドンに専門家を派遣し、マルワンに無線機に関する短期集中講座を行ない、無線機をプレゼントした。また無線機を隠す方法を教え、周波数の一覧表も渡した。しかしマルワンは喜ばなかった。モサドの人間は彼を「不器用」と評した。操縦者との次のミーティングでマルワンは、無線機は危険が大きいだけなのでナイル川に投げ捨てたと告げた。モサドのために働いたすべての年月を通して、イスラエル史上最も偉大なスパイは、一度として無線通信で情報を流さなかった。

比較的うまく関係が進展しているにもかかわらず、操縦者に関する問題が再び浮上した。経験の少ない操縦者に共通する過剰な連帯意識の問題で、ドゥビーはマルワンの側に「寝返った」と非難された。その他にも、万が一マルワンが予期せぬ病気に罹ったり、休暇や仕事の出張といった予定を告げたくても、ドゥビーの都合がつかない場合はどうなるのかという問題があった。実際、諜報機関は通常一人の操縦者が長期にわたって協力者と緊密に接触し過ぎることを避けるため、次々に操縦者を替えるか二人目の操縦者を加えたりする。しかしマルワンは、ドゥビーを替えることや他の誰かを連れてくることを断固として拒み、問題が生じる度にスパイを止めると脅しをかけた。ザミールは窮地に立たされ、いささか常軌を逸した方法を取るしかなかった。それは、彼が自らマルワンの操縦に加わることだった。これに関してはマルワン自身も反対できなかった。

マルワンとドゥビーの排他的な関係を改善するだけではなく、ザミールはマルワンのモチベーションを高めたいと考えた。そもそもの発端から、マルワンには心理的欲求があった。具体的には、彼がナセルとその一族から受けた侮辱的言動への埋め合わせであり、これこそが、モサドのために働こうと決心した重要な動機だった。そこで、世界で最も名高い諜報機関を率いる伝説的なイスラエル軍の元将軍と定期的に会うならば、マルワンの自我を高揚させ、イスラエルのために尽くす動機付けとなるだろう。実際、ドゥビーがこの話を持ち出した途端、マルワンはスパイを続ける幸せを感じた。

イスラエルのスパイ組織の長と、イスラエル最大のスパイとの初めてのミーティングはうまくいった。マルワンはザミールを「将軍」と呼んだ。マルワンにとって、ザミールとのミーティングという事実そのものが彼の地位を向上させ、イスラエルがマルワンを重要視していることの表れだった。ザミールは、こうした秘密の会合を運営していく上での課題以上に、マルワンとのミーティングを楽しんでいた。それは、軍時代に一度も経験したことのないものだった。マルワンは、カリスマ的で興味深く、素晴らしいユーモア感覚の持ち主で話し上手だった。二人が急速に親しくなったことはいささか不思議に思えるが、機会があればいつでもドゥビーと一緒に会った。場合によっては、運営上の用件によって彼らは同じホテルに泊まり、毎日のように会うこともあった。

ザミールはマルワンがもたらす情報の細部については口を挟まなかった。その代わり、二人は世界情勢全般にわたって話した。ザミールが時々質問するだけで、マルワンに話をさせた。ザミールにとって、マルワンの話の一語一語にモサドの長官が耳を傾けているという印象を与える以上に大事なことはあまりなかった。エジプトの戦争戦略の話になると、マルワンの見通しはずっと大事になった。最初のミーティング以来、マルワンはサダトとの見解の相違を述べた。サダトはシナイ半島を奪い返すための政治プロセスを生み出すことができるよう、できる限り早く戦争を始めたいと望んでいた。サダトの将軍たちは、マルワンが「ナセル計画」と名付けたものに固執し、軍事的な手段だけでシナイ半島全体を占領することを目指していた。将軍たちは、ソ連からの追加の兵器システムを受け取ることなしに計画を実現するのは不可能だと知っており、すぐに戦争を始めるつもりはなかった。同時に、サダトは自分の戦略的見通しを支持し、限定した地域の占領を目標に戦争を開始することのできる将軍を探していた。

モサドは他の面でもマルワンを支援した。マルワンのエジプト社会での華々しい出世と不注意な行動は注目を集めたが、その多くが否定的な反応を引き起こした。モサドは彼から非難をそらす助けになろうとしたが、うまくいく可能性は小さかった。時々ちょっとした援助が大いに役に立った。例えば、マルワンが夫婦生活で問題を抱えた時、ザミールはテルアビブでダイアモンドの指輪を買うよう部下に命じ、その指輪をマルワンに渡し、マルワンはそれを妻に贈った。ナセルの娘と夫との間に新たな愛情を芽生えさせるために、イスラエルの税金が投入された。

だが、ドゥビーとマルワンのミーティングにザミールが関与したにもかかわらず、ドゥビーよりもっと経験豊かな諜報局員に替えたほうが良いと考えるモサドの当局者がいた。ザミールはドゥビーが素晴らしい仕事をしていると確信していたが、最終的にその圧力に屈することになった。一九七一年のあるミーティングに先立ち、ザミールはドゥビーの交代に応じた。ザミールが操縦者交代の理由をマルワンに説明するまで、軍事諜報調査局でエジプトを担当していた経験豊かな人物が部屋の外で待機していた。だが、ザミールがその話題を口にし始めると、マルワンは直ちに強い口調で拒否した。ザミールは、新たな操縦者にミーティングに加わるよう強要し、新しい操縦者は自分自身と自分のアラブ世界での経験について語り始めた。マルワンは新しい操縦者に目もくれなかった。新しい操縦者が立ち去った後、マルワンは「あのイラク野郎」をミーティングに連れてきたことについて、ザミールとドゥビーを非難した。ザミールは、あの男はユダヤ人で、経験を積んだイスラエルの諜報局員だと説明した。マルワンは説明も聞かずに話し始めた。「アラブ世界には階層がある。エジプト人がトップ。それからシリア人、ヨルダン人、サウジアラビア人という順番だ」マルワンは瞬きして話し続けた。「イラク人は底辺だ。エジプト人は連中を踏みつけながら歩いている」彼は歩く仕草をして話を終えた。

ザミールはこれ以上説得する必要はなかった。ドゥビーを交代させるという問題は、ザミールがモサドの長官である限り、再び俎上《そじょう》に載ることはなかった。

マルワンの華やかな成功は、モサドにとって前例のない次のような職業的なジレンマをもたらした。ザミールは、イスラエル政府の全般的な諜報評価に対する責任は、モサドではなくイスラエル軍事諜報局にあることを認識していた。そのため、マルワンが提供するすべての情報は軍事諜報調査局に集約されていた。そこで分析され、処理され、イスラエルに届いた他のあらゆる情報に統合され、イスラエルの軍事および外交の意思決定者がそれらを利用した。ただマルワンの資料に関しては、身元が割れると身に危険が及ぶことから、断片化されたものだけが軍事諜報局に届けられることになっていた。しかし、マルワンの資料が他のあらゆるデータと統合されてしまうと、彼の資料の独自性が失われてしまい、イスラエルの指導層がエジプトで何が起きているかを把握できず、重大な何かを見過ごしてしまうという深刻な事態に陥る可能性がある。

すでに記したとおり、これらの問題を解決するために、マルワンの報告は、全部をそのままの形で首相、国防相、参謀総長、および軍事諜報局長に限って直接送られた。そして五番目の人物は、イスラエル・ガリリ無任所相だった。彼はゴルダ・メイール首相の腹心で、密かにこの輪の中に入れられていた。ザミールが自分で報告書を配布し、彼が不在の時は信頼できる首席補佐官が代わりに配布した。軍事諜報局の総合評価に統合するため、担当官がその情報を受け取り、ソ連・エジプト関係、エジプト陸軍、エジプト空軍などに分けて軍事諜報調査局の様々な部署に送り、コードネームを変更して単一の情報源から大量の情報が送信されていることを隠した。

「ホーテル・レポート」と呼ばれたこの報告を最も愛読したのが、モシェ・ダヤンであることは間違いない。ダヤンはしばしば自分の執務室にザミールを呼び出して説明させ、さらなる情報を求めた。しかし、ゴルダ・メイールはそれ以上だった。ガリリと熱心にレポートを検討し、ラマット・アビブの自宅で開催する毎週定例の諮問会議でザミールと討論した。これらの仲間内でさえ、特に電話の会話でマルワンに言及する際には、常に即興のコードネームが使われた。例えばダヤンは、しばしば「最後に受け取った情報」と言った。政府の最高幹部会議の議事録によると、開戦当初はそこまで注意を払えなくなってしまったようで、バルレヴとメイールは、「ツヴィカ（ザミールの愛称）の友人」と表現していた。サダトの動機と計画を理解する必要性が頂点に達していた時期で、議論と決定に関与する最高会議の出席者の中にはマルワンの存在を知らない人もいた。

マルワンからの報告をホーテル・レポートとしてそのままの形で四人の主要な意思決定者に配ることは、それについて交わされる議論や解釈の際、偏った見方に陥る危険性もあった。この事実は、とりわけ軍事諜報局長アーロン・ヤリヴにとって悩みの種だった。ヤリヴの専門的立場からすると、諜報というものを理解するには、軍事諜報調査局の分析官の手元に絶えず流れ込んでくる様々な情報や証拠をまず大局的な視点で要約し、結び付け、優先順位を決めることが必要だった。一人の情報提供者からの資料をそのまま意思決定者に提供すると、エジプトで実際に起きていることに関して不正確な予想図を描くことになるかも知れない。ヤリヴはザミールにこの問題について話し、モサドが現在の形で情報を流し続けるのではなく、モサド長官の直属の上司である首相にだけ情報を渡すことを提案した。ザミールはヤリヴの意見を尊重し、次の報告はダヤンや他の閣僚たちには送らなかった。しかし、メイール首相はモサドの報告を受け取った後、ダヤンを呼んで、「ツヴィカが送ってきたもの」についてどう考えるかを尋ねた。数分後、憤慨したダヤンはザミールを呼びつけ、自分が今回の情報を受け取らなかった理由を問い詰めた。ザミールは、前述のような説明をしようとしたが、ダヤンは聞く耳を持たなかった。

ダヤンは、軍事諜報局のヘブライ語での通称「アマン」（Agaf Modi'in の頭字語）をもじって簡潔に言った。「アマン、シュママン。私にも送れ」。これにより、マルワンの生の諜報資料の配布をさらに限定しようとする試みは、専門的な見地に反して、即座に終わりを告げた。

第6章　サダトの特使

極めて特殊で重要な任務であるリビア・サウジアラビア関係の外交に関し、個人的な連絡係としてマルワンが指名されたのは、国務全般を扱うアンワル・サダトの決定だった。サダトは軍隊、諜報機関といった従来のあらゆる支配手段を重んじなかったが、政策を練り上げる際にそうした部門に頼ることがあった。サダトはまとまりのない政策書や、矛盾する政策をしつこく推進ようとする省庁間の妥協を図る長い会議が我慢できなかった。サダトの最も重要な決定は、通常一人でいるときに行なわれた。助言者や報告書から自分を切り離し、一人で座り、答えを見つけた。その結果、サダトは規則正しく段階を踏んだ常道を歩く代わりに、大胆でリスクの高い行動を好んだ。

これがサダトのやり方だった。一九七一年二月、イスラエルにスエズ運河から部分的に撤退することを提案した時がそうだった。同年五月、政敵と妥協して手を結ぶのではなく逮捕することを選んだ時もそうだった。一九七三年十月、明らかに優勢な敵に対して戦争を仕掛けた時や、一九七七年十一月にエルサレムに行き、始まろうとしていた和平交渉についてイスラエルやアメリカと明確な相互理解に達することなくイスラエルの国会《クネセット》で演説した時もそうだった。これらの決定はどれも、彼の政治経歴に終止符を打つかも知れなかった。しかし、サダトは優れた政治的洞察力に恵まれていたばかりではなく、少なくとも一九八一年に同胞から暗殺されるまでは、幸運にも恵まれていた。

サダトは官僚を嫌う傾向があったため、彼の能力を生かすためにはことのほか忠実なアシスタントを抜擢する必要があった。この意味で、アシュラフ・マルワンはサダトにぴったりだった。マルワンは支配層に属しておらず、誰にも忠誠心を抱いていなかった。サダトは、国家元首である自分がマルワンを昇格させるのだから、彼は自分に忠実であり続けるだろうと信じていた。マルワンは、限りない野心、巧妙さ、人脈を作る手腕、魅力、そして何よりもナセル一族の一員であるという輝かしい価値をサダトにもたらした。

マルワンにとっては、自らの野心や若さ、エジプト支配層における権力基盤の欠如を、金への渇望と共に進行するドラマの中へと投げ込むことになった。一九七一年に出世してから一九八一年に政治的に失墜してエジプトから出国するまでの十年間、彼は数々の上級職を務め、多くの敵を作り、スキャンダルに巻き込まれ、様々な汚職に対する公的非難に直面したが、サダト一族と最も親密な人物として巨万の富を築いた。批評家によるとその富は、一九八一年の時点で四億エジプトポンドに達していたという《当時のレートが一エジプトポンド＝二六〇円とすると、一〇〇〇億円を超える資産》。

マルワンが、エジプトの大統領をはじめサウジの王族やリビアの革命家たちと実り豊かな絆を築くことができたのには、二人の人物が関係している。カマル・アドハムとアブデルサラム・ジャルードである。

カマル・アドハムは一九二九年に生まれた。アルバニア人の父親とトルコ人の母親の息子で、サウジ王族の一支族の末裔だった。彼が一歳の時、一家はサウジアラビアに引っ越した。異母姉妹イファットはファイサル王子の愛妻になった。一九六一年、ファイサルはすでに体制内で高い地位にあり、サウジアラビア・クウェート間の中立地帯にある産油権に関して、アラビア石油と称する日本の合弁会社との交渉役にアドハムを指名した。ファイサルの信頼を得たアドハムは、産出する全石油の販売額からの二%を見返りに要求した。当時のサウジの石油相アブドゥラ・アルタリキは、アドハムは数十億ドルを手にすることになると正しく見積もり、ファイサルに反対を表明した。その結果、ファイサルはアルタリキを解任した。アドハムはたちまち億万長者になり、中東のビジネス界で「ミスター二%」として知られるようになった。

一九六四年にサウジのサウード王が死に、ファイサルが王位を継承した。アドハムは新しい王の相談役に任命された。他の仕事の合間にアドハムは王国の中央諜報機関であるサウジアラビア総合情報庁を創設し、長年にわたって指導した。諜報機関の設立は、ナセル主義者《ナセルをアラブ全体の指導者と見なし、エジプトをアラブの盟主とする思想の信奉者》がアラビア半島に侵入しようとする問題に対して効果的な解決策を見つけるためだった。一九六二年から始まったイエメン内戦で、エジプトはサウジと反対の立場だったため、この問題は悪化していた。諜報機関の付属的な任務は、世界中で、特にアメリカでサウジアラビアの知名度を上げることだった。この目的は主に賄賂を用いて達成された。

ナセル主義者による騒動を食い止めるにはナセルの内輪の人々と積極的な関係を築く、というのがサウジ式のやり方だった。アドハムにとってそれは、当時のエジプト人民議会の議長アンワル・サダトの妻ジハン・サダトと友人になることだった。ジャーナリストのボブ・ウッドワードによると、一九七〇年頃にサダトは、ジハンがアドハムと様々なビジネスを運営することによってサウジから定期的に俸給をもらっていたが、賄賂の額に比べればずっと少なかった。アドハムとCIAの密接な関係により、アメリカはこの関係を明確に認識していた。

ナセルの死後、アドハムとジハン・サダトとの結びつきは特に重要になった。サウジとエジプトの関係は、六日戦争やエジプトのイエメンからの撤退後に根本的に改善されていた。サウジは、スエズ運河、シナイ油田、観光からの収入が途絶えたことに対する補償として、巨額な経済援助をエジプトに与え始めていた。アンワル・サダトが権力の座に就いてから、両者の関係はより一層強化された。ファイサルはカマル・アドハムを新しいエジプト大統領への個人的連絡係に選んだ。アドハムは、両国間の新しい相互理解をサダトに打診する目的で密かにカイロを訪れた。アドハムは、エジプトでソ連の存在感が増していることについて懸念を表明し、これによってアメリカがイスラエルに対して過剰に支援せざるを得なくなっていることを強調した。サダトは、戦争の危機がある限り、エジプトの地にソ連の部隊は必要だと答えた。しかしサダトは、アメリカがシナイ半島問題に解決策を見出だすためにイスラエルに圧力を掛けるならば、それがたとえ部分的な合意であっても、喜んでソ連を送り返すと答えた。この発言はワシントンに届き、ソ連への反対者を率いるアメリカ議会の上院議員ヘンリー・〝スクープ〟・ジャクソンによって、報道機関にリークされた。サダトの発言はクレムリンを狼狽させ、ソ連とサダトの関係は悪化した。サダトとアドハムとの意見交換は、六日戦争以来外交が断たれていたアメリカとエジプトが対話するきっかけとなった。アドハムは両国間の伝言を取り次いだ。その中には、もしエジプトがソ連との戦略的連携を解消し、ソ連軍の顧問を帰国させれば、アメリカはシナイ半島返還の助力を惜しまないという国家安全保障問題担当大統領補佐官ヘンリー・キッシンジャーからの保証も含まれていた。

アドハムとサダトの強い結びつきは、エジプト・アメリカ間のやや暗い局面にも良い結果をもたらした。ナセルの信任を得ていたモハメッド・ハサネイン・ヘイカルによれば、サダトが権力を握った後、諜報機関は「小鳥博士《ドクトル・アスフル》」という極秘作戦を行なっていることを新大統領に報告した。エジプトでも知る者が十人に満たないというこの作戦は、一九六七年あるいは一九六八年の早期から実行されていた。それは、カイロのスペイン大使館内に設けられていたアメリカ利益代表部に盗聴器を仕掛けるというものだった。作戦はナセル自身によって進められ、定期的に監視報告を受けていた。権力を握って間もなく、サダトはこの盗聴器についてアドハムに告げた。ヘイカルはサダトの口から直接このことを聞いた。ヘイカルは、新大統領が、CIAと親密な関係にあるアドハムにこの極秘作戦について告げたことにショックを受けた。サダトの動機が何であれ、ヘイカルに告げたことによる結果はすぐに出た。作戦は中止され、盗聴器の電源は切られた。

アシュラフ・マルワンとカマル・アドハムは、サダトがマルワンをサウジアラビアとの連絡係に選んだ前から親しかった。二人は、シェイク・アブドゥラ・アル＝サバと彼の夫人スアド、そしてジハン・サダトなど、共通の友人を通じて知り合った。ある情報筋によると、一九七一年五月にサミ・シャラフの代わりにマルワンを採用するようサダトに圧力をかけたのは、アドハムだったという。サダトはすぐに、マルワンの役割を厳しく制限する必要があることに気づいた。しかし実際には、サウジ全般、特にファイサル王との関係をマルワンに任せることで、サダトはアドハムとマルワンの関係を両国が対話する際の中心的な伝達手段とし、外交官や大使館といった従来の手段を避けた。これが両国の指導者に与えた利点が何であれ、マルワンとアドハムはそれを自分の個人的な利得に変える方法を素早く学んだ。

この時代、サウジの政治・ビジネス文化において、利益相反の概念はまだ導入されていなかった。それどころか、自分の立場を利用して地位を築くことは一般的に容認され、称賛されていた。この規範はマルワンの個性によく合致した。カマル・アドハムは、有名な二％で彼の商才を明らかにしたが、石油、航空機（主にボーイング社との取引）および武器などの他の取引を通じて、マルワンがサダト政権で権力を握った直後に始めた裏取引の理想的なビジネス・パートナーとなった。

二人の最初の共同事業は不動産だった。マルワンは妻モナの名義で、ギザのピラミッド近くのカルダッサ地域の二三エーカーの土地を十五万エジプトポンド（六万ドル）で購入した。後に彼は大統領顧問としての地位を利用して土地の価格を吊り上げ、それを売却して大きな利益を得た。数カ月後、マルワンはその金を使い、再びモナの名義で、別のもっと広い土地を買った。そしてその土地を転売して再び大きな利益を得た。この時の買い手はカマル・アドハムだった。

マルワンの競争相手がこの土地取引を知ったなら、その事実を公開するのは確実だった。ジャラル・アル＝ディン・アル＝ハマムシというジャーナリストが、マルワンの様々な汚職行為を告発した。いかに身分が高かろうと公僕の家族がこんな大金をどうやって手に入れたのか、こんなに短期間でどうして土地の価格が高騰したのか、とハマムシは訴えた。世間の激しい抗議に押され、サダトは司法長官に最初の土地取引に関する調査を開始させる以外に選択肢がなかった。マルワンは、妻がナセルの娘だということでアラブ諸国から贈り物として受け取った自動車を売って金を得、妻自身が土地を売買したと説明した。ナセルの家族に対して民衆が変わらぬ忠誠心を抱いていたのもあり、この弁明は受け入れられ、事件は終息した。二つ目の土地取引に関しては、調査を求める声は上がらなかった。

数年後、マルワンは金の出所について嘘をついたことを認めたが、立場を利用したことについては否定した。「金は私が友人から借り、私たちが一緒に土地を買った。二年間で土地の価値が五倍になり、私たちは幸運だった」と彼は説明した。彼がどうやって金を稼ぐようになったかを問われた別の時には、アブダビでの土地取引からだと言った。成功したのは、彼自身の役得によるものではなく、全くの偶然だと主張した。

最初の土地を購入するための資金をマルワンに貸したという「友人」は、カマル・アドハムだったか、それともサダト体制における政治的影響力を手に入れたいためだったのか、偽りのない友情からだったのかはさておき、二つ目の土地取引の際に高値でその土地を買ったことを含め、アドハムはマルワンを豊かにするためにできる限りのことを行なった。ただし、もう一つの可能性がある。最初の土地購入の資金はアドハムから借りたのではなく、モサドから借りた可能性である。その場合、アドハムはその後の運用によってマルワンをより儲けさせたに過ぎない。

マルワンのアドハムとの緊密な関係は、財政的な機会のみならず、新たな社交界への鍵をも提供した。中でも最も重要なのは、アラブ世界の高等教育で最高のエリートが学ぶ世俗的な大学、アレクサンドリアのビクトリア大学の卒業生たちによる社交界だった。一九〇二年の創立以来、ビクトリア大学は権力や指導層に繋がる卒業生を輩出していた。他の諸国のエリート校と同様、学生たちは卒業後も長い間、数十年にもわたって友情を維持していた。アドハムも卒業生で、その仲間はヨルダンのフセイン国王、ヨルダンの首相ザイド・アル＝リファイ、それにサウジ国王の主治医の息子アドナンとエッサム・カショギ兄弟など、世界的な大物ばかりだった。アドハムはマルワンを友人たちに紹介し、マルワンはビジネスのためのコネクション（アドナン・カショギ）や政治的な昇進のためのコネクション（エジプトの情報相マンスール・ハッサン、大統領府で最も権力のある人物の一人）などから十分な便宜を得た。時には、ビクトリア大学の卒業生たちが、大統領との事業を進めるためにマルワンとのコネクションを利用した。例えば一九七八年九月、フセイン国王はロンドンでマルワンと会い、サダトへの極秘メッセージを伝えるよう求めた。それは、イスラエルの首相メナヘム・ベギンとアメリカの大統領ジミー・カーターと共にキャンプ・デーヴィッドで行なわれようとしている和平会談に自分も加わりたいという主旨だった。マルワンに勧められ、フセインがサダトに直接電話して要請したが、サダトは国王の申し出を断った。

そして二人目はリビア人である。リビア問題は、一九六九年九月に軍事クーデターを成し遂げた若い指導者ムアンマル・カダフィ大佐の気性の激しさ、メシア主義的な世界観、向こう見ずな行動の故にとりわけ複雑だった。ナセル主義者を公言するカダフィは、自国を社会的・経済的に進歩させる軌道に載せたいと願った。彼はまた、イスラム主義、反帝国主義、汎アラブ主義を公言していた。この観点からカダフィは、リビアとエジプトの統一を実現しようとしていた。これはサダトにとっては尽きない頭痛の種だった。しかしサダトは、リビアとの良好な関係を重要な目標と見なしていた。それは、リビアの新政府が石油メジャーと再交渉して使用料の条件が改善され経済力をつけていたことと、イスラエルの空軍基地を攻撃することのできる十分な航続距離を持った戦闘機を購入するのにリビアが大事な仲介役だったからである。

マルワンのサウジでの交際相手は、億万長者、スパイ組織の長、国王の腹心といった人々だったが、リビアでの人脈は風変わりだった。その一人が、カダフィの腹心で一九七二年からリビアの首相となったアブデルサラム・ジャルード少将である。ジャルードは、一九四〇年代初頭に少数で貧しいアル＝マハルバ族に生まれ（彼の生年は一九四〇、一九四一、一九四三、一九四四年と諸説ある）、出身階層の低さという点はカダフィと共通していた。だが彼は、他の同世代の人々とは異なり、高等教育を希求し博士という経歴さえ視野に入れていた。一九五九年のデモで逮捕された後、刑務所の中で初めてカダフィと出会った。そこで彼は軍隊の道に進むことを決め、士官学校に入学した。軍人時代、ジャルードはその当時流行っていた革命文学に没頭した。その多くはエジプト革命やキューバ革命がモチーフになっていた。カダフィが純粋で禁欲的な部族の倫理の中で育ったのに対して、ジャルードはより開放的な部族で育った。ジャルードは、革命的でアラブ民族主義的な傾向と寛容さが組み合わさった環境の中で、カダフィよりもはるかに「良い生活」を享受した。

カダフィの下でリビアの指導層を形成した彩り豊かな若いグループの中でも、ジャルードは際立っていた。ジャルードの性格の中で最も特徴的なのは、海外の代表者に対しての異常なまでの不敬な態度だった。例えば、リビアの国王が追放された翌朝、アメリカ、ソ連、イギリス、フランスの大使館は、前夜の事件に関する情報を集めて自分たちが新体制について何ができるかを探るため、密使を派遣した。軍用ジープが迎えに来るまで、彼らは各大使館の外で待っていた。最終的に、四人はジープの後部座席に押し込まれた。よれよれの服を着て助手席に座っていた男は、「モハンマド軍曹」と名乗っていた。四人はテレビ・ラジオ局の本社で降ろされ、そこでモハンマド軍曹は他の司令官たちと並んで状況について手短に話した。この「軍曹」こそが、前夜トリポリの主要な政府機関をすべて引き継いだ軍司令官、ジャルードであった。

アブデルサラム・ジャルードは、新政府がすべての輸出に対して課す税率について、外国の石油会社の代表と交渉する際の中心人物でもあった。税率は十年近く変わっていなかったが、ジャルードは驚くべき増額を要求した。交渉の間、ジャルードは夜遅い会合に石油会社の代表を呼び出し、書面にした要求と提案を手渡し、ホテルに送り返した。その直後ジャルードはホテルに電話を掛け、即答を要求した。もし要求が呑めなければ、会社は国有化されると脅すこともあった。自動小銃を片手に会議室を歩き回り、西側勢力がリビアに武器を売るべき理由について毒づいたこともあった。最終的に、石油会社はリビアの要求に応じた。

自分の名誉にかけて、ジャルードは世界の大国を決して特別視しなかった。祖国を搾取する嫌悪すべき国々に対しても、身近な友人や同盟国であると思われる国々に対しても、同じように接した。一九七三年三月、彼はエジプト・リビア間の軍事協力について話し合うため、エジプトにやって来た。参加者の中にはエジプトの戦争相アフマド・イスマイル・アリ将軍、そしてアシュラフ・マルワンもいた。会談の最中、若いジャルードと軍歴を積んだ五十代後半のイスマイル・アリとの間で、ある地対地ミサイルの射程距離をめぐって論争が勃発した。イスマイルは、射程距離は四二kmだと主張し、ジャルードは四・二kmに過ぎないと言った。論争を解決するために、ミサイルの特性を記した信頼できる参考文献が持ち出された。ジャルードが正しかった。彼は自制することができず、小数点のような小さい何かが大きな意味を持つ可能性があるとイスマイルに語った。さらに、政治指導者がより良い決断を下せるよう、現場の人間が詳細な点まで正確に報告すべきことを主張した。四年前は下士官に過ぎなかった目の前の人物が口にした、暗に非難を含んだ発言に戦争相は激怒し、「お前がまだガキの頃、俺は三度の戦争を戦った」と言い返した。ジャルードは、三度の戦争にはすべて敗れており、敗戦の原因は軍の将校が指導層に提出した誤った報告にある、と応じた。それから彼は、威張った足取りで部屋を出て行き、会談は決裂の危機に面した。

マルワンは彼をなだめようと後を追ったが、ジャルードはサダトの執務室に直行し、自分の名誉が守られるよう要求した。サダトに自身の主張を説明している時、戦争相が乗り込んできてジャルードを指さして怒鳴った。「この教育を受けていないガキが、将校たちの前で俺に恥をかかせた！」ジャルードが反論しようとすると、イスマイルが威嚇した。「もしこのガキが黙らなければ、俺のブーツでぶん殴るぞ！」それから戦争相は部屋を出て行き、ドアをバタンと閉めた。彼は家に帰り、三日間仕事に戻ることを拒否した。ジャルードも怒り狂ってリビアに帰国し、会談は決裂した。会談を軌道に戻すために外交手腕を求められたマルワンは、ジャルードを追ってトリポリに行き、カダフィからサダトへの回答を携えて帰国した。カダフィはイスマイルの解雇を要求していた。サダトはその件には耳を貸さず、イスラエルとの戦争準備を着々と進めていた。結局、イスマイルは戦争相の地位に留まったが、戦争相を避けて仕事をする新しい外交手段を作るというジャルードの要求が受け入れられた。それでもジャルードは満足しなかった。彼はイスマイルに対して訴訟を起こすよう弁護士に相談し、ヨム・キプール戦争後もそれを撤回しなかった。イスマイルは二度とリビアを訪れることなく、一九七四年の暮れに死んだ。

マルワンよりずっと年上のカマル・アドハムとは違い、ジャルードはマルワンと同世代だった。この事実の上に、マルワンの家族との結びつきと激情的な男を操る能力とが相まって、二人の関係は形式的なものから友情へと急速に変化した。ジャルードは、カダフィの下でイスラム禁欲主義の砦となっているトリポリをしばしば抜け出し、良い生活が待っている場所に向かった。それはカイロのことで、ジャルードと他のリビアの官僚たちは、マルワンと一緒に夜の街で酒を飲んで過ごした。マルワンとジャルードは、ローマやロンドンで会うこともあった。二人がロンドンに滞在中、マルワンはあろうことかモサドの操縦者を呼び出し、高い地位にあるリビアの友人のために複数の売春婦を手配するよう要求した。ドゥビーはこうしたロンドンの夜の生活に疎《うと》かったので、モサドのロンドン支局に戻って助けを求めた。結局、モサドはジャルードの要求を満たすために、評判の良いエスコート・サービスを見つけた。ジャルードの放蕩のための費用は、イスラエルの納税者によって賄《まかな》われた。

マルワンを敵対視する者たちは、こうした遊蕩を公表するためにできる限りのことを行なった。一度、カイロ近郊の高所得者向けの個人住宅でパーティーを行なっている最中に、ある男がマルワン、ジャルード、それにリビア革命派の友人たちをアパートの中に閉じ込めたことがあった。彼らが外に出ようと叫び始めた時、誰かが警官に苦情を申し立て、警官が現場に到着した。サダトは事件についての報告を受けたが、黙殺した。たとえマルワンがカイロで悪事を働いても、エジプトは彼の働きなしではやっていけなかった。

マルワンとジャルードの友情は、エジプトとリビアの関係の要となり、当時の最も重要な共同戦略であるフランスからのミラージュ戦闘機の購入という果実を実らせた。百十機のミラージュ5を含めた取引額は二億ドルを超えた。この取引はリビアが表に立って行なわれていたと推測されるが、マルワンは、取引を実現させるためにトリポリだけではなくフランスにもしばしば渡航した。サダト自身、一九七三年十月の戦争に至る試練の日々において、アシュラフ・マルワンが自らフランス政府や航空機製造業者マルセル・ダッソーと交渉し、多くの障害を乗り越えて実現に至らしめた、と何度も語っている。例によって、マルワンは純粋に祖国のために尽力したというわけではない。エジプトの情報筋の中には、彼が高額の手数料を受け取ったと報告しているものもある。アルシャアブ紙によると、マルワンの取り分は一千万ドルだったという。マルワンが利益を得たか否かはともかくとして、イスラエルがいち早く取引について知っておくべきあらゆることを掴《つか》んでいたのは間違いない。

サウジとの安定した関係と並び、激情的なリビア人を手なずけたマルワンの才能は、サダトにはなくてはならない存在となった。彼はまた、サダトから持続的な政治的支援を手に入れるため、サダトの取り巻きの人々と関係を構築し、多くの便宜を得た。その筆頭がサダトの夫人ジハンだった。アシュラフ・マルワンは、疑惑に満ちた取引を好んだために自国に厳しい敵を作る傾向があり、大統領からの支持が一層重要になった。

当初から、大統領府の多くの人々がマルワンの急速な出世に怒りを募らせていた。一九七一年五月の「革命の矯正」で彼がサダトを支持し、その結果多くのナセルの親友たちが投獄されたことで、上流階級のエジプト人たち、とりわけナセルの未亡人タヒア、娘ホダとその夫、ナセルの息子たちなどナセル一族の目には彼が裏切り者として映っていた。マルワンはしばしば、自分に向けられた敵意を自らの強みに変えた。サダトを支持するため、彼と妻モナがいかに重い代価を払ってきたかをサダトに訴え、それを使って自分の立場を強化し、汚職を隠蔽した。

しかし、もう一つの敵対要因はマルワンへの嫉妬だった。彼はハンサムかつ雄弁で、今までの経歴や認められた業績もなしにエジプトの上流階級にまで上り詰めた成り上がり者だった。平然と彼をかばう大統領との蜜月関係、さらにナセルの時代よりはるかに国政に関与している大統領夫人との親密さは、マルワンに向けられた悪意を増幅し、彼の不正行為に関する噂を燃え上がらせた。マルワン自身はかつて自分に対する敵意を次のように説明した。「エジプト人の七〇%が私を嫌っている。そのうちの一〇%はガマル・アブデル・ナセルとの縁故が原因で、六〇%は私の年齢のせいだ。法律によれば、三十五歳未満の者が閣僚に任命されることはない。……さらに私がまだ二十代の時、全閣僚を監視する権限を持っていた。考えられないことだ」。たとえマルワンが自分の地位を誇張して語り、悪意に対する責任を控え目に語っていたとしても、彼の言葉は紛れもなく真実だった。

しかし結局のところ、彼に対する容赦のない攻撃に何にも増して手を貸していたのは、マルワン自身の行動だった。彼は確かに腐敗していたからだ。その一例は、一九七一年に大統領府用にメルセデスベンツを調達した時のことである。エジプト総合諜報局（ムハバラート）の調査官が、輸入業者の契約と記録の詳細に関して調査を行なったところ、アシュラフ・マルワンに宛てた合計百万ドルの小切手の控えを発見した。諜報局の長官アフマド・イスマイル・アリ将軍は、調査結果についてサダトに注意を促したが、大統領は事件の幕引きを命じた。事件に関わった諜報局員たちは、前例のない欲求不満に陥り、その中の一人があるジャーナリストに資料を渡した。彼は事件を再捜査するようサダトに警告を発したので、サダトも最終的に合意し、マルワンと彼の父親が尋問された。マルワンは大統領府の別の職員に罪をなすりつけようとしたが、無駄だった。しかし、マルワンを有罪とする明確な証拠が得られなかったため、捜査は打ち切られた。

マルワンが父親と一緒に尋問されたという事実は驚くに値しなかった。マルワンの父は、長い軍歴を経て実業界に入ったが、巨額の手数料を請求する故に「ミスター五〇％」として有名になった。マルワンとカマル・アドハムの不動産取引を暴露したジャーナリスト、ジャラル・アル＝ディン・アル＝ハマムシもマルワンの父親を調査した。エジプトの通産相ザカリア・タウフィクは父親が賄賂を受け取った嫌疑を確認し、ついでに、彼に引退するよう強い圧力をかけた。さらなる調査により、マルワンと父親にかなりの疑惑があることが明らかになった。様々な情報筋によると、マルワンは自分の立場を最大限に活用し、父親のために賄賂を斡旋した。この場合もまた、かなりの証拠があるにもかかわらず、彼に対する訴訟は上からの命令で棄却された。

マルワンのスキャンダルは金の絡む取引に限定されなかった。そのうちの大きな一つは、大統領府に勤務していた共和国防衛隊の隊員アフマド・アル＝マシリ将校との敵対関係に関連していた。この場合もまた詳細は不明だが、あらゆる関係者があらゆる矛盾した説を提供している。しかしそれらの説のすべては、若くて才能に溢れ、前途有望で、野心的で寛大なアル＝マシリが、大統領府でマルワン最大の敵だったということで一致しているように見える。マルワンは、自分の地位をマシリに奪われるのを恐れていた。アル＝マシリがサダトの信頼を得れば得るほど、彼の権力は拡大した。マルワンのように、アル＝マシリはサダト大統領の家族、とりわけ二十代前半の長女ルブナを取り込む術策を心得ていた。それが純粋な興味からなのか冷酷な野望からなのかはともかく、アル＝マシリはルブナに求婚した。結婚によって大統領一族に加わることの意味を知り尽くしていたマルワンは、このプロポーズが自分の地位を直接脅《おびや》かすものと見なし、必死で結婚を破談させようとした。サダトの複雑怪奇な管理方法のお陰で、マルワンは目標を達成することになる。

マルワンは、二人の強力な人物との連携を図った。その一人ジハン・サダトは、いくら将来が有望なアル＝マシリでも、娘が公務員と結婚することに心を動かさなかった。もう一人はサダトの私設秘書であり、友人で腹心のファウジ・アブデル・ハフェズだった。この件に関する報告の一つによると、ジハンは実際にマルワンを謀略に引き込んだという。二人は、アル＝マシリをルブナからできるだけ遠ざけようとした。ジハンはアル＝マシリに、娘はあなたを愛しておらず、あなたは娘への求愛を止めるべきだという内容の手紙を送った。これだけでは十分ではないと恐れたジハン、マルワン、ハフェズは、二人が出会う機会を最小限にするため、アル＝マシリを大統領府から転任させるべきだとサダトに圧力をかけた。サダトは彼を外交使節団としてイエメンに派遣することに同意した。アル＝マシリが無事に任務を遂行して帰途につくと、ルブナとの結婚の恐れが再燃した。三人は、彼をもっと長い期間派遣するようサダトに圧力をかけた。また、ルブナとの結婚はあり得ないと伝える訪問者を次から次に送り込み、アル＝マシリにも直接的な圧力をかけた。そして、アル＝マシリに対するサダトの印象を低下させるよう仕向ける努力も怠らなかった。例えば、サダトは、彼の行動がとても褒められたものではないという諜報機関からの報告を受け取った。これも効果的だった。

最終的にサダトは、傷心の部下を外務省に転任させる以外に選択肢がないと判断した。ロマンチックな交際は終わりを告げた。その後間もなくルブナは他の男性と結婚した。エジプトの貴族で裕福な実業家だった。母ジハンは満足した。

しかしマルワンの勝利は、満足のいく終章を迎えるには程遠かった。一九七〇年代半ば、マルワンについての不平の山がサダトのデスクに積み上げられ、サダトは遂に彼を調査することにした。調査を指揮するために、彼は他でもないアフマド・アル＝マシリを指名した。アル＝マシリはロンドンに行き、秘密調査を実施した。彼はマルワンの金銭上の不正行為を摘発する証拠を暴き出し、それらを携えて帰国した。中には、一九七二年にマルワンがロンドンの大企業の株を一株二ポンドで二百万株購入していたことを示す文書があった。この時マルワンは四百万ポンドもの金をどこで得たのか説明する術がなく、証拠が挙げられてしまった以上、サダトも黙殺できなくなった。アル＝マシリの調査は、マルワンがサダトの取り巻きから追放され、最終的にはエジプトを完全に離れ去ることになる過程の始まりだった。

しかし、それはまだ先のことである。一九七〇年代初頭、マルワンは三つの異なる実績を積むことに忙しく、その三つすべてにおいて彼は著しく優れていた。大統領府で彼の実績は知られており、サウジとリビア関係を中心にサダトの特使であり腹心だった。彼は多くの国際的な任務を遂行し、カイロでアラブの指導者たちと会い、大統領からの伝言を携えてアラブ諸国の首都に飛んだ。一九七三年の六月と七月、アラブの報道機関は彼のリヤドへの公式訪問について報じた。リヤドではファイサル国王に面会した。翌月、クウェートの首長シェイク・サバ・アル＝サリム・アル＝サバとの会見が報道され、首長にサダトのメッセージを持参した。他の会見は秘密裏に行なわれた。後に明らかになった会見の中で最も有名なのは、一九七三年にサウジアラビアで行なわれたもので、マルワンはサダトとファイサル国王との秘密の首脳会談に同行した。そこでサダトは近い将来、戦争を始める意向をサウジ国王に伝えた。マルワンはまた、戦争前の数日間、アラブ諸国からの武器調達に関与した。これには、リビア経由のミラージュの購入を確実にするだけではなく、イギリス製のシーキング・ヘリコプターや、サウジアラビア経由でミラージュを三十二機購入する別の取引を管理することも含まれていた。この取引は最終的に破談となったが、エジプトの戦争相、陸軍参謀総長、空軍の司令官に相談することなく、マルワンとファイサルの間で交渉が行なわれた。

二つ目の実績と呼べるものは、自らの作った人脈を活用し、自分の将来を確実にしたことだろう。マルワンの汚職について誇張された噂が渦巻いている中でも、彼は確実に富を築いていった。前述のとおり、一九七二年にロンドン取引所で四百万ポンドの株を購入したことが分かっているが、これはモサドがマルワンに支払った合計額をはるかに超えている。アル＝サバに無心して借金を埋め合わせてもらい、尻尾を巻いてカイロに戻ってからわずか三年弱で、アシュラフ・マルワンは、びた一文借りることなくロンドンや他のどの街でも優雅な暮らしを享受するのに十分なほど裕福になっていたことは間違いない。金持ちになるという彼の夢は実現した。

三つ目は、スパイとしての実績だった。ここでの大きな疑問は彼の動機に関することだった。一九七〇年に彼がイスラエルに寝返った二つの最大の理由――金の必要性とナセルへの恨み――は、もはや問題ではなかった。彼は今や豊かになり、有名人となり、計り知れない権力と地位を得た。それでもなぜマルワンは祖国の秘密を売り続けたのか。

私たちが知る限り、モサドがマルワンに無理強いしたことは一度もなかった。戦争の前にマルワンは、イスラエルへの手助けを止めると申し出たことは一度もなかった。その理由の一つは恐らく惰性だった。モサドへの協力は今や危険性が低く、かつて期待していた以上の金になった。この仕事はまた、彼の危険と刺激に対する激しい欲求を満足させ、彼の心に住むギャンブラーとしての欲求を満たした。また、スパイの仕事はスリルを味わわせてくれるだけではなく、周りの誰とも違って自分個人が歴史を動かす力を持っているという感覚を味わわせ、アラブ・イスラエル紛争でより強く賢明な側にいるという感覚をも味わわせてくれた。

これら一連の動機は、同じ時期にマルワンがＣＩＡ、ＭＩ６《イギリス秘密情報部》、イタリアの諜報機関など、他の国の諜報機関のためにも働き始めたという噂にもぴったり当てはまる。ヨム・キプール戦争前にそうした結びつきがあったとしても、それはそこまで深いものではなかった。これらの国の諜報機関が掴んでいた当時のエジプトに関する情報は、マルワンがイスラエルに提供した情報よりはるかに劣るものだった、というのが事実である。例えばＣＩＡは、最上の情報筋から得たという、ヨルダンのフセイン国王などの機密情報を含む詳細な情報をイスラエルに提供した。戦争前に、マルワンが本当に何か重要な情報をＣＩＡに提供していたなら、アメリカはその情報をイスラエルに渡していただろう。しかし、恐らく入手していなかったのでイスラエルに送ることはなかった。機関の情報提供者を使ってマルワンとＣＩＡの関係を調査したハワード・ブルムは、マルワンは実際にアメリカのために働いたが、それはずっと後の話で、大部分が一九八〇年代だったと結論した。同じことがイギリスやイタリアにも言えるだろう。ある未確認のイタリアの情報筋は、マルワンが「ロンドンでモサドの諜報局員に会う数時間前に、戦争の警告を自分たちに提供した」と主張した。しかしながら、これはあり得ないだろう。後で見ていくように、マルワンはその日、ロンドンでとても忙しくしていたからである。

そのため、これは単なる噂であって、マルワンがヨム・キプール戦争の前にイスラエル以外のどこかの国の諜報機関のために働いていたと信じる根拠はない。しかしまた、マルワンが自分の裏切りを完全な秘密として隠し続けたことを受け入れるのもまた難しい。例えば、イギリスの諜報機関はドゥビーがモサドの人間だということを知っていたから、マルワンのことも恐らく知っていただろう。有能な諜報機関であれば、こうした正しい結論を引き出していたはずだ。実際にＭＩ５《イギリス軍情報部第5課》の一人が当時モサドの人間と会い、マルワンの名前を挙げ、「もちろん、あなたは彼をよく知っている」と付け加えた。だが、マルワンが実際に他の国のために働いていたという証拠が全くない以上、事実ではないと考えるべきである。そしてもし仮に、彼が他の国のために働いていたとしても、イスラエルを最も重要なクライアントと見なし、最高の情報を提供したのは確かである。戦争が勃発するまでの数カ月間、彼が提供した情報が決定的となり、イスラエルの安全保障に多大な貢献を果たしたことは繰り返し明らかにされてきた。

第7章　エジプトの戦争準備

一九七二年七月、ソ連から抑止兵器を手に入れることに繰り返し失敗した後、サダトは突然、一九七〇年以来エジプトに駐留していた赤軍部隊が帰国すると発表した。ソ連は、エジプトを援助してイスラエルの優勢な空軍力に拮抗できるよう、最新鋭の地対空ミサイルの担当者とソ連製の戦闘機・航空機と共に赤軍を派遣していた。しかしクレムリンは、エジプトの安全保障に関する究極の決定については、エジプトの自主裁量を認めないできた。ソ連の部隊がエジプトの空を守っている限り、エジプトの戦争に関してソ連が拒否権を行使したからである。その事実をサダトは知り尽くしていた。その上、外交交渉によるシナイ半島返還の見通しが薄らぐにつれて、エジプトの戦争をする選択肢に課せられたソ連の足枷はますます痛みを増した。

恐らくサダトの窮状に最大の利用価値を見出だしてきた人物は、ヘンリー・キッシンジャーである。キッシンジャーは、主にカマル・アドハムが監督するサウジ経由でエジプトと間接的に接触した際、現実的な戦争の選択肢があるとは考えておらず、ソ連がエジプトの地にいる限り、アメリカ政府はイスラエルに圧力を加えないと明言した。キッシンジャーにとって、関心のある唯一の戦争は冷戦であり、エジプトがアメリカ側に寝返るための餌としてシナイ半島の返還をちらつかせた。

そして実際に、エジプトには戦争という選択肢は存在しなかった。ソ連が供給を拒んだスカッドミサイルや、ソ連が保有していない長距離戦闘爆撃機なしに、エジプトは前線においても国内においてもイスラエルの空からの攻撃には裸同然だった。さらにソ連の対空師団は助けになったかも知れないが、ソ連は自国の部隊がイスラエル国防軍と交戦状態に入る危険を冒すことに拒否権を発動するであろうから、エジプト軍自らが攻撃を始めることは不可能だった。そこでサダトは、エジプトにミサイルの砲列と航空機を残したまま、赤軍を一括して送り返した。ソ連・エジプト関係の危機にもかかわらず、クレムリンはエジプト防衛に参戦する義務から逃れ、アメリカとエジプトの再接近を懸念するようになり、武器の販売政策を緩和した。一九七二年の暮れ、Ｔ－62戦車、ＳＡ－６砲列といった新しい武器の体系と、運河を渡るための近代装備がエジプトに流入し始めた。

エジプトが反ソ連の立場を取ることにより、アメリカがイスラエルに圧力をかけてくれるのではないかというサダトの期待は裏切られた。続く数カ月、アメリカ側からの動きは全くなかった。サダトは、アメリカが、イスラエルとの和平合意と引き換えにシナイ半島をエジプトに返還する意思がないことを悟った。

一九七二年十月二十四日、サダトはギザの自宅に空軍の最高幹部を招集して特別会議を開いた。サダトは、外交的に前進していることをアメリカに信じさせるのは無駄な努力だったと見て、「自国が自由に利用できるあらゆる手段を使って」戦争を始める決意をしたことを軍の高官たちに伝えた。その意味するところは明らかだった。もしそれまで、エジプトの戦争についての考え方（ひいてはイスラエル諜報関係者の固定観念《コンセプツィア》）が、抑止兵器を入手せずに戦争を始めることはできないという立場だったとしても、その障壁はなくなってしまった。エジプトは抑止兵器という手段なしに、戦争に踏み切る道を見出だすだろう。サダトは時間的要因がいかに重要になったかを強調し、二カ月後の一九七三年の初めまでに、できる限り早く攻撃の準備を進めるよう軍に命じた。

会議の参加者たちの多くは、強い反対の声を上げた。何人かは、イスラエルの空襲に対する国内態勢の脆弱性を主張した。とりわけスエズ運河を渡る任務を帯びた司令官たちは、イスラエルの優れた武器を防御することの難しさと、エジプトの渡河を阻止するためにイスラエルが巨大な土手を運河沿いに張り巡らせたことを訴えた。参謀総長サアド・エル＝シャズリと部下の作戦担当長モハメッド・アブデル・ガニ・エル＝ガマシは、サダトに、他のアラブ諸国に戦争の手助けを要請するよう促した。戦争相のモハメッド・アフメド・サデク将軍は、戦争の目的はシナイ半島全体の占領とすべきで、エジプト軍の戦力はそれを実現するには程遠いと語った。

サダトは動じなかった。彼には、戦争以外の選択肢は視野になく、攻撃はここ数カ月のうちに遂行されなければならず、目標はシナイ半島全体の占領ではなく、現状に揺さぶりをかけてエジプトの全領土を取り戻すことであり、外交努力の引き金を引くことにあると繰り返した。二日後、サダトはこれ以上ない明快な結論を下した。彼は戦争相、副戦争相、海軍司令官を解任し、戦争を躊躇しない人物に置き換えた。

続く数カ月の間、エジプト軍の指導者たちは、サダトの指示を作戦計画に変えた。戦争の目的は、以下の三つに要約され、シナイ半島の占領を続けること自体が国に安全をもたらすというイスラエルの信念に挑戦するものだった。

ⓐ予備役動員の拡大を必要とする長期戦を通じて、イスラエル経済を低落させる。
ⓑイスラエルを外交的に孤立させる。
ⓒ一九六七年にイスラエルが獲得した領土、とりわけシナイ半島を放棄するようイスラエルに圧力をかけることをアメリカに念を押し、地域における力の均衡を変化させる。

エジプトの戦争に対する新しい考え方は、新しい領土の目標も意味していた。一九七一年五月の「革命の矯正」のわずか数カ月後の夏、軍部を引き継ぐようシャズリを任命した時、戦争の目標は「花崗岩Ⅱ」として知られる計画を使ってシナイ半島全体を征服することだった。シャズリは、四一作戦というより限定的な作戦を計画した。その計画は、スエズ運河の四十㎞から六十四㎞にかけてシナイ半島西部の山脈を分断するミトラ、ギディ両峠までを占領しようとするものだった。しかしこれらの計画は、依然としてイスラエルの空軍を叩くための抑止兵器を必要としていた。一九七三年の勃発までに、サダトの新しい戦争準備指令により、エジプト陸軍の目標は、長距離ミサイルや航続距離の長い戦闘機なしでも達成できる目標に限定されることになった。

これらの新しい作戦は、命令どおり、一九七三年一月に準備された。「高いミナレット作戦」《ミナレットとはイスラム寺院の尖塔のこと》と呼ばれたこの新しい作戦は、イスラエル空軍の攻撃に対するエジプト軍の脆弱性の問題を解決することと、地域を攪乱し、外交面で前進を促すというサダトの要求を満たすことを目標としていた。作戦の焦点はスエズ運河を渡ることであり、五つの歩兵師団が五つの地点で運河を渡るというものだった。これは、マルワンが一九七一年にイスラエルに伝えたものとほぼ同じ内容の作戦だった。しかし、以前の計画は最初の局面で運河を渡り、機甲師団をミトラ、ギディ両峠に前進させるのを意図していたのに対して、高いミナレット作戦は運河を渡り、運河東部の土手を占拠することが戦争の最終目標だった。この作戦により、エジプト軍部隊は防空網である運河の東九・六kmを超えて東へ移動することを避けることができた。

高いミナレット作戦は、イスラエルに対してばかりではなく、国内でも最高機密だった。エジプト軍の現実的な占領地域がどのくらいに限定されるのか、シリア軍に知られないようどうしても秘密にしておく必要があった。サダトにとっての軍事戦略の要は、イスラエル軍に二つの戦線で同時に戦わせ、軍の兵力と関心を二方面に分断することだった。しかしそのためには、シリア軍がゴラン高原の北から攻撃する必要があった。そしてゴラン高原を征服すれば、シリア軍がヨルダン川を渡ってイスラエル北部に侵入することができる。シリアが攻撃してきた場合、イスラエルは当面、北部の猛攻撃を撃退するための対応に迫られることになる。一方、スエズ運河はイスラエルの国境から非常に離れているため、エジプトがスエズ運河の東岸を占領し保持できる可能性が限りなく大きくなる。だが、シリアのハフェズ・アル＝アサド大統領の合意を取りつけるには、エジプトが、運河地帯の防空網の下に部隊を留めておくだけではなく、シナイ半島全域に侵攻するためにすべてを投入して作戦展開することを、シリアに信じてもらう必要がある。もしアサドが高いミナレット作戦に気づいてしまったら、計画全体が廃棄されることになる。

一九七三年四月、エジプトは改良された二つ目の軍事作戦「花崗岩Ⅱ」を練り上げた。この作戦はシリアと共有され、戦争について両国が討議したすべての内容を作戦の基礎にした。まず歩兵部隊がスエズ運河を渡り、それから機甲師団がスエズ運河を渡って峠に向かうことになっていた。

花崗岩Ⅱにはまた、運河を渡るための次のいくつかの重大な改善点が含まれていた。堤防の問題に対処するため、放水銃を使って東岸に上陸する水陸両用車の優位性を確保する。エジプト軍の消耗を最小化し、確保する東の土手の領域を最大化するため、エジプト軍は先を急ぐのではなく、イスラエル国防軍の要塞を取り囲んで分断する。さらに、イスラエル軍予備役兵の前線到着を遅らせるため、シナイ半島の重要地点にヘリコプターから奇襲部隊を降下させ、前線に繋がる道路を切断する。戦闘の初日、エジプト軍は五つの歩兵師団を派遣し、東岸に五つの上陸拠点を構築する。二日目に上陸拠点を拡大し、三日目には上陸拠点を繫ぎ合わせ、運河沿いに細長い占領地域を確保し、シナイ半島深く十二㎞まで延長する。これが完遂されたら、第四・第二一機甲師団が渡河し、ミトラ、ギディ両峠に向かって攻撃を東方に進める。

これが改良版・花崗岩II作戦で、シリアと共有する公式作戦だった。しかし、シャズリが実際に実行する予定だったのは、高いミナレット作戦だった。これは改良版・花崗岩IIとほぼ同じだが、機甲師団を渡河させてシナイ半島深くまで攻撃する最終段階は含まれていなかった。この作戦は内密にされていたので、師団の司令官にさえ知らされていなかった。

エジプト軍は攻撃に備えて演習を始めていた。過去の演習では、主にシナイ半島での戦闘のために戦車師団に重点が置かれていたが、今は渡河そのものに重点が置かれた。とりわけ最初の局面では、運河を渡る三万二千人の兵士を輸送する攻撃用船舶を準備し、次いで重機を運ぶために橋を架ける。さらにエジプト軍は、イスラエル側の護岸用堤防を爆破する演習を行なった。戦車に関しては、その多くがシナイに侵入するという架空の作戦を実践するのではなく、最初の局面で援護するために歩兵師団に付属させられた。

一九七三年の春までに、エジプトは戦闘準備を終えていた。エジプトが抑止兵器を持つことなく、イスラエルを攻撃するための実行可能な作戦計画を立てたのは、一九六七年以来初めてだった。後はエジプトが戦闘開始の日を決めるだけだった。

アシュラフ・マルワンは、エジプトが抑止兵器を持つことなく戦争を開始することはないとするイスラエルの固定観念《コンセプツィア》を発展させるのに非常に大きな役割を果たしたが、同時にエジプトの変心についての主要な情報源でもあった。エジプトの変心は、イスラエルの戦争方針がもはや当を得たものではなくなったことをイスラエルに確信させるはずだった。ところが、イスラエル軍事諜報局の幹部の多くは固定観念《コンセプツィア》に非常に深く囚《とら》われたままで、マルワンの新しい情報を虚偽あるいは無関係として却下してしまった。幹部たちの柔軟性の欠如は、一九七三年十月六日の朝まで続いた。これが、イスラエルの事態を深刻なほどに悪化させてしまった唯一最大の原因だった。

マルワンは、一九七二年十月二十四日、戦争の一年前に開催された運命的な会議に参加していなかった。その会議でサダトは新しい展望を発表した。しかし、マルワンの部下の一人が会議に参加し、メモを取っていた。その一週間後、マルワンはロンドンでザミールとドゥビーに会い、すぐに戦争をする気だというサダトの決定を明確に証明する書類を二人に手渡した。そこには、エジプトの作戦行動の自由を最大限にするための最初のステップとして、一九七二年七月のソ連排除がはっきりと述べられていた。その書類は、かつて攻撃のために必要だと信じていた武器の到着を、サダトがもはや待っていないことを明確に述べてはいなかった。しかし、十月二十四日の会議に関する書類の中に見当たらなくとも、マルワンの口頭での報告とその意味するところによって内容が補われた。マルワンは、サダトの外交的選択肢が袋小路に陥り、再び活路を見出す唯一の方法は軍事的手段であるという結論に達しこと、そして戦争相が攻撃準備の命令を拒んだために解雇されたことを伝えた。マルワンはまた、エジプト軍の攻撃を進める上で最も効果的な方法を可能にし、シリアとの広範な合意を推進するあらゆる努力に疑いを挟んだ他の将軍たちも解任されたことを説明した。マルワンは日程表も提供した。エジプトの国内線戦を防御するための準備は、一九七二年十一月末までに完遂されることになっていた。十二月を通じて陸軍は、低水準の「静的」戦争への準備を完了するだろう。一九七二年末までに運河を渡ることはないだろう。最後にマルワンは、シリアが参戦することをイスラエルに告げた。すでにこの段階でイスラエル軍事諜報局は、固定観念《コンセプツィア》が虚構と化していると結論を下すのに必要なあらゆる情報を手に入れていた。

三週間後、マルワンは再び二人と会った。この時明らかになったのは、サダトの攻撃決定とエジプトの現実的な戦争準備との間にどれほど大きなギャップが存在するかということだけだった。ソ連はスカッドミサイルと長距離戦闘爆撃機の供給を拒否し続けていた。ソ連がエジプトに提供したスホイSu－17戦闘機は、イスラエルのファントムに立ち向かうことはできなかった。だがマルワンが指摘し続けたとおり、サダトは説得を受け入れなかった。サダトは攻撃を命令するだろう。そして陸軍は命令を拒まないだろう。

マルワンは、負けるであろう戦争に挑むサダトの決意をどのように考えているのか。「サダトは外交の第一線で何かを動かそうとして、非常に大きな代価を払おうとしている」とマルワンは答えた。

エジプト軍は攻撃を始めるための必要条件について変心しており、固定観念《コンセプツィア》は時代遅れになっていた。よって、マルワンが、一年後の奇襲攻撃の効果を最大化するために、イスラエルが古い考え方に囚われるよう策略を弄したなどという主張は、全く根拠のないものである。サダトの変心あるいは戦争の準備について、マルワンがイスラエルの唯一の情報源ではなかった。

この理解はモサドに限定されるものではなかった。一九七二年十一月二十六日、サダトの新しい戦略に反対した多くの軍幹部が更迭された一カ月後、ロンドンでマルワンと二度目のミーティングを行なったわずか数日後に、モシェ・ダヤンは政府に次のように報告した。「我々は、敵対行為を再開しようとしているエジプトの新たな傾向について、真剣に取り組まなければならない。……可能であれば、年末までに」。報告によると、ダヤンは「エジプトはシリアと共に行動を起こし、ヨルダンと共に『東部戦線』の創出を目論んでいる」と語っていた。

この警告により、メイール首相は「私設顧問団」すなわち政府の最高意思決定機関を招集した。一九七二年十二月一日、モシェ・ダヤン、イガル・アロン、イスラエル・ガリリ、ハイム・バルレヴの後任で国防軍参謀総長となったダヴィッド・エルアザル、新しい軍事諜報局長エリ・ゼイラ、それにモサドのツヴィ・ザミールが招集された。唯一の議題はエジプトの即時開戦の意図だった。十月二十四日の会議について軍事諜報局が受け取った情報を根拠に、ゼイラは「サダトは十二月末までに準備を終えるよう命令を下していたが、攻撃の日は示さなかった」と断言した。彼は、攻撃の可能性は「高くはない」と見られ、エジプトがスエズ運河を現実に渡河しようとする公算は「ゼロに近い」と評価していた。ゼイラの誤りの中心には、わずか数カ月前のサダトによるソ連部隊の排除に関する誤解があった。ソ連部隊の排除を戦争準備と見る代わりに、彼はそれをエジプトの防衛能力の著しい後退として捉えていた。それ故に、開戦の可能性は低いと見積もった。

モサド長官のザミールの評価はより慎重で、「エンジェル」からの最新の情報をより深刻に受け止めていた。「我々の把握するところに照らし、我が軍は戦火を交えることになるかも知れないと想定する必要がある」とザミールは出席者に述べた。「私が戦火というとき、それは必ずしも運河に沿って敵対関係を再開するということではなく、あちこちで小競り合いが生じるという意味である」。国防軍参謀総長は、近いうちに戦争が起きることには懐疑的だったが、もっともな警告を表明して次のように付け加えた。「我々が戦争準備をしなくてもいいということではない。……戦火に遭遇しないとは言えず、安眠できるとは言えない」

実際にマルワンの警告を非常に深刻に受け止めた会議出席者の唯一の人物は、モシェ・ダヤンだった。「我々は、一九七三年の初めに、エジプトが運河を攻撃しようとしていると想定する必要がある」と彼は断言し、「エジプトとシリアは共謀している」と付け加えた。そして、アメリカ経由、できればソ連経由で、イスラエルはエジプトにメッセージを送るべきだと主張した。エジプトの攻撃が限定的であったとしても、イスラエルは「再び消耗戦争をする気はない。エジプトが戦いを始めれば痛烈なしっぺ返しをする」と警告するべきだとした。また、ヨルダンが戦争に加わる可能性があれば、フセイン国王にも同じようなメッセージを送るべきことを示唆した。

エジプトが運河を攻撃する機会は「ゼロに近い」というゼイラの評価にもかかわらず、ゴルダ・メイールとモシェ・ダヤンはアメリカに警告することに決めた。同じ日、イスラエルのワシントン公使イツハク・ラビンは、イスラエルは十二月末までにエジプトが攻撃する計画を立てているという通知を受け取ったとするメッセージをキッシンジャーに送った。モサドからも同じメッセージがＣＩＡに送られた。しかし、エジプトがシナイ半島を奪取するための全面戦争を計画しているのか、それとも奇襲部隊の侵入か、東岸を奪い返そうとせずに運河地帯を砲撃するといったさらに限定的な攻撃になるか、はっきりしていなかった。アメリカも、エジプトが戦争を始めることについて実際に変心したことを確認する情報を受け取ったと答えた。しかしＣＩＡは、サダトが軍事的劣勢を熟知しているため、新たな戦争が起きる公算は高くないというゼイラの評価を共有していた。

会議でダヤン、エルアザル、ザミールは同じ見通しを共有していた。彼らは、エジプトの変心についての新しい警告を考慮する一方で、エジプトの軍事的劣勢は変わっておらず、サダトがそれを知っているということ、そして多くのエジプト高官がまさにその理由から戦争に反対していることを深刻に受け止めていた。つまり、戦争はありそうもないがその可能性は捨てきれないため、イスラエルは準備をしなければならなかった。ダヤンは、会議で最も攻撃的な立場をとっていたが、エジプト軍の攻撃は数週間のうちにはありそうもないが、「春までには確実に起きることになる」と数日後に念を押した。

エジプト軍が運河を渡る公算はゼロに近いと信じていた軍事諜報局長と、公算は低いが無視するに値するほど低くはないとする国防軍参謀総長の立場の間にある溝は、二人の基本対応の相違を反映していた。ゼイラが軍事諜報局長になった時、彼はすでに固定観念《コンセプツィア》に深く囚われていた。固定観念《コンセプツィア》はマルワンの資料に基礎を置いていた。エルアザルもマルワンが提供した原資料に目を通していたが、もっと微妙なところまで目を配っていた。彼は一九七二年一月一日、国防軍参謀総長の地位にバルレヴと交替して就いたその日から、続く二年以内に戦争勃発の可能性が高いと見ていた。そのため彼は、新しい情報を根拠に自分の評価を変えることに、ゼイラよりはるかに柔軟であり得た。

この意見の相違は興味深い結果を生んだ。一九七二年の夏、サダトが戦争を決意する以前に、イスラエル軍事諜報局は、エジプトが一九七三年四月より前に、戦争に必要な武器が整っているということにはならないだろうと評価していた。同時に軍事諜報局は、外交面での前進を示すことへの圧力から、サダトが武器を調達することなく軍事的処置を取る必要があると考える可能性を考慮に入れていた。そして信頼できる情報筋から情報が入り始め、サダトにとって時間の圧力がより重要になったことが示唆されるようになった後、奇妙なことに、短期間のうちに戦争が勃発するという軍事諜報局の評価は、高くなるのではなく低くなり始めた。一九七三年一月二十日、ゴルダ・メイールの私設顧問会議から約六週間後、軍事諜報調査局は半年毎の情報評価を出した。調査報告は「戦争の可能性は過去のどの時期よりも遠のいた」と断言していた。この大部分は、マルワンが違うことを言っていたにもかかわらず、一九七二年七月のソ連防空師団の退去がエジプトを著しく弱体化させたという信念に基づいていた。実際に、マルワンが一九七二年十月のサダトの戦争決意に関してイスラエルに与えたすべての事実が、軍事諜報局の評価に全く影響を与えなかったという事実は無視し難い。

他方で、エルアザルは、エンジェルの直近の警告により多く心を動かされていた。彼は消耗戦争が終わり、すべての戦線が比較的平静を取り戻した時期から約一年半、参謀総長の地位に就いていた。その結果、彼は国防軍の予算削減の圧力にさらされていた。ソ連からイスラエルに流入し始めていた数万のユダヤ人帰還者の吸収と、アメリカの社会運動にちなんで「ブラック・パンサー」と名付けられたスファラディ系《主に中東出身のユダヤ人》のデモに端を発した社会的平等を目指すため、政府は国家財政の転換を図る新しい目標を推進しようとしていた。静かな国境、そしてもう戦争は起こりそうにないという一般的な感覚が、イスラエルの優れた軍隊がどんな攻撃もたちまち追い払うことができるという信念と結びつき、イスラエルの指導者は財務省優先に政策を転換させようとしていた。軍事費削減はすでに一九七〇年に始まり、深刻な脅威になっていた。

しかしエルアザルは、エジプトの攻撃が彼の在任中に十分起こり得ると見なし、軍事費の削減はイスラエルの未来に致命的な脅威になると主張していた。最悪な削減の例は、兵役義務期間を三カ月減らす計画だった。これにより、現役の徴兵部隊の人数が急激に減少してしまう。現役部隊は予備役の態勢が整うまでにアラブの攻撃を支えるための決定的な存在だった。エルアザルはマルワンの警告を使って、この計画を阻止するべく必死に戦った。実際、マルワンの警告は、翌年十月に戦争が起こった時に、国防軍の準備が手薄になっている状況を阻止した。

一九七三年の初めに、イスラエルはエジプトについてさらに多くの報告を受け取った。一連の報告には、十月二十四日の会議の詳細が付け加えられていた。そこには、ほとんどの出席者が、エジプト軍は戦争の準備が整っていないと思っていること、さらにサデク戦争相や他の幹部を「敗北主義的態度」という理由でサダトが解任し、不協和が生じたことが報告されていた。この報告はまた、戦車を後ろに従えた歩兵師団を使って運河を渡る作戦（改良版・花崗岩II作戦）を準備することと、渡河に備えるためのエジプト軍の新たな軍事演習について、新しい戦争相イスマイルの命令を正確に告げていた。

報告の第二群は、アシュラフ・マルワン由来のものだった。一月十七日、マルワンは、新しい武器の到着を待つことなく攻撃を準備することをサダトが陸軍に命じたと報告した。それらの報告によると、エジプトは一般的な方法で渡河を計画しておらず、奇襲部隊や空軍によるシナイ半島への空襲、そしてイスラエル国内への空爆を含む無期限の静かな敵対行為を始めようとしていることを示唆していた。マルワン自身の言うところによると、これらの攻撃はエジプトが主導して一九七三年五月に始まり、シリアと共同して成し遂げられるとのことだった。

これらの報告も、サダトがイスラエルを攻撃することについて決意を変えたという見解を強化するはずだった。だが再び、軍事諜報調査局はこうした情報を無視した。一月十七日のマルワンの報告への対応として書かれた概説で、軍事諜報調査局第六部局（エジプト担当）の司令官ヨナ・バンドマン中佐は、「サダトがこの数カ月の間に戦争に踏み切ることを証明するものではない。いずれにしても、この決定はどの作戦計画も反映していない」と記している。バンドマンの見解によると、マルワンの報告は、外交努力を促進するために危機意識を作り出すエジプトの空想に過ぎなかった。軍事演習も、イスラエルに圧力をかけるよう政権が計画したものだと誤って解釈された。イスラエルの時代遅れの固定観念《コンセプツィア》と矛盾するすべての報告に対するバンドマンの反射的拒否は、他の面でも表れた。彼の前任者メイール・メイールとは異なり、バンドマンは在職期間中一度もマルワンと会わなかった。そして、ロンドンやイスラエルでドゥビーと会う機会があった時でも、彼は決して会わなかった。

エジプトの戦争準備は、一九七三年初めの数カ月で迅速に進められた。作戦計画を練り上げ、演習を実行することに加えて、エジプトは以前と同じようにソ連からの武器を受け入れ始めていた。ソ連からの武器はＳＡ－３とＳＡ－６の地対空砲列、ＳＡ－７ステラ個人用対空ミサイル、スホイＳｕ－17戦闘機、Ｔ－62戦車、ＡＴ－３サガー携行式対戦車ミサイル、付属の大砲、それに渡河用備品を含んでいた。同時にエジプトは、目を見張るほどではないにしろ、攻撃能力がイスラエルの国内深くに至る改良された西側の航空機を手に入れ始めていた。これらの中にはエジプト軍の士気を高めることのなかったイラクから手に入れた古い航空機、イギリス製のホーカー・ハンターが含まれていた。エジプト軍はまた、リビアがフランスから買い取った新しいミラージュを手に入れ始めていた。三月と四月の間、エジプト軍は、イスラエルの空軍基地を攻撃するのに十分な航続距離を持ったミラージュⅢＥを十八機買い付けていた。イスラエル空軍の優位性に対抗するにはそれではまだ不十分だったが、こうした航空機とエジプトの戦争目標の縮小を組み合わせることで、空からの攻撃に対するエジプト地上軍の脆弱性は、以前に比べて改善されていた。

戦争準備は整いつつあった。サダトは閣僚と社会主義連合党の指導層との一連の会議を開き、そこで外交的手詰まりに焦点を当てて、「停戦を揺るがす」目的で戦争に進む以外に選択肢はないことを明らかにした。春が近づくにつれ、エジプト軍は消耗戦争の終結以来、初めてイスラエル国防軍を相手にする準備が整ったと信じた。

一九七三年四月の初め、エジプト軍作戦長官モハメッド・アブデル・ガニ・エル＝ガマシ将軍は、攻撃可能な最適条件の日を何日か提示した。それは、運河の流れが最も緩やかな日で、潮の干満や月の明るさが理想的、さらにイスラエル国防軍が迅速かつ効果的な反撃を組織するには最も困難な日付だった。提示された日の中で最も早いのは五月半ばだった。四月五日、サダトは閣僚と会合し、戦争を始める彼の決定の背後にある論理を説明した。閣僚は満場一致で賛成した。数日後、準備が公開された。ラジオ・カイロは戦争のスローガンを放送し始めた。政府は地下の作戦指令室であるセンター10で会議を開始し、イスラエル国防軍が運河の西岸を占領することになった場合、「民衆のレジスタンス」に参加するボランティアを呼びかけた。

しかし、シリアがこの計画に介入してくると、たちまちあらゆる準備が頓挫した。四月二十三日、ハフェズ・アル＝アサド大統領は、地中海沿岸の町ブルジュ・アルアラブでサダトと二日間の秘密の会談を行なうため、エジプトにやって来た。エジプトは改良された作戦計画、花崗岩IIを提示した。その中にはミトラ、ギディ両峠を占領するための機甲師団による攻撃が含まれていた。スエズ運河を渡るのは、シナイ半島全域を征服するための第一段階として提示されていた。この計画に対し、シリアはゴラン高原を征服するための自軍の計画を提示した。しかし、両国が攻撃で協力することに同意したとしても、アサドは引き金を引くことに乗り気ではなかった。エジプトもシリアも戦争準備を完了していないとアサドは信じていた。中心的な課題は、空爆から地上軍を守るシリアの地対空砲の不足だ、とアサドは言った。二人の大統領は夏の終わりまで、全作戦を延期することに合意した。数日後、アサドはモスクワに飛び、そこで巨大な武器取引に署名した。数週間後には、新しい武器がダマスカスに流入し始めた。

これらの展開をイスラエルの諜報組織は見過ごしていなかった。三月早々にエジプトの戦争準備強化についての報告が入り始めた。諜報関係者全員が、戦争を開始するのは五月であり、エジプトとシリアは連携するという一月にマルワンが言っていたことを確認した。戦争の計画が固まり、開戦の日が議論されて以来、情報の流れはさらに頻繁になった。

アシュラフ・マルワンだけが情報提供者ではなかったが、彼は最も重要な情報源だった。四月十一日、マルワンは、五月半ばに攻撃を開始するというエジプトの意図に関する詳細な報告をドゥビーに提供した。まずイスラエルの防衛前線を弱体化するため、砲兵隊による三十八分間の弾幕砲撃で戦争の火蓋を切る。同時に、百七十八機の戦闘機がシナイ半島にあるイスラエルの軍事基地と民間の基地（主に油田地帯）を攻撃し、別のミラージュ四十機がイスラエル国内の目標を攻撃する。これら緒戦の攻撃の後、運河沿いに駐留している五つの歩兵師団が五カ所の異なる地点で渡河を開始する。エジプト軍は夜の闇を隠れ蓑に運河に橋を架け、歩兵の大半が東岸に渡り切るまでイスラエル空軍が効果的に反撃することを困難にする。歩兵師団は、イスラエル機甲部隊に対して自軍の展開を援護するため、数百台のサガー対戦車ミサイルを保有する。同時にエジプト海軍は、紅海とインド洋が出会うバブ・エルマンデブ海峡に機雷を設置して二隻の駆逐艦を展開させ、イスラエルに運ばれる物資の輸送を封鎖する。攻撃の前に、エジプトはスエズ湾の西にあるモルガン油田からの汲み上げを徐々に減らし、最終的には完全に停止させる。これにより、イスラエルが油田を攻撃して炎上させる恐れを払拭することができる。

六カ月後の一九七三年十月六日、エジプトは実際に攻撃を行なった。三十八分の弾幕砲撃の後、五つの歩兵師団が橋を架けるために暗闇に紛れて予定された地点で運河を渡り、軍勢を送り込んだ。歩兵はサガー対戦車ミサイルを運び、イスラエルの戦車を破壊しようとしたが、戦車は所定の場所に存在せず、彼らは面食らうことになる。最初の攻撃に使われたエジプトの戦闘機はおよそ二百機を数えたが、Tu－16爆撃機からテルアビブに向けて二基のケルトミサイルを発射した一回の例外を除き、イスラエル国内を攻撃することはなかった。この計画の変更は、当初予定していた四十機ではなく二十五機のミラージュしか運用できなかったためだと考えられる。そこでエジプト軍はシナイ半島に攻撃目標を変更した。

言い換えれば、四月十一日にマルワンがイスラエルに与えたほとんどすべての詳細は、十月六日にエジプト軍によって実行されたということである。

他の情報源から追加された情報により、五月半ばに攻撃するというマルワンの推定が裏付けられた。

特にいくつかの情報源がエジプト軍の考え方を説明し、攻撃開始は五月十九日と推測された。しかし、五月の初め（つまり、サダトとアサドが攻撃延期を決めた一週間後）、マルワンが、攻撃は五月末あるいは六月初めに延期されたと報告し、情報源としての並外れた質の高さを示した。三週間後、マルワンはドゥビーに攻撃の日はさらに一カ月延期になると報告した。六月十八日から二十五日にアメリカで予定されているニクソン・ブレジネフ首脳会談を前にして、危機感を煽る行動を阻止するため、ソ連がシリアに圧力をかけていた。マルワンは、首脳会談が外交面での進展をもたらし、戦争の必要がなくなるという希望がエジプトにあったと付け加えていた。ここでもまた、他の情報源によってマルワンの情報が裏付けられた。

マルワンはまた、シリアの戦争計画に関してイスラエルの主要な情報源の一人だった。その計画の中心は、暗闇に紛れてゴラン高原に約九・六km入りこむ三つの歩兵師団による攻撃だった。その翌日の明け方、シリアの第三機甲師団が、六日戦争で失った全領域を占領するために一九六七年の国境まで西に向けて前進することになっていた。しかし後になって、シリアが夕暮れの攻撃より夜明けの攻撃を選び、エジプトとの激しい論争の末、攻撃開始時刻を午後二時に決定したことが明らかになった。また、十月までに別の機甲師団を追加し、二つの師団で攻撃できるようになっていた。これらの修正を除けば、シリアの十月の攻撃計画は、マルワンが四月に伝えていた内容とほぼ同じであった。

エジプトとシリアの作戦について引き続き伝えられた情報により、サダトは確かに五月十九日に攻撃を計画していたが、アサドとの会談の後に日程を変更したという報告が確かなものとなった。エジプト軍は三月に運河地帯に勢力を結集し始め、四月初めには、偵察飛行による写真により、前線に配置された砲兵の数がこれまでよりも多くなっていることが確認された。四月末には軍事諜報局が、運河前線の南部方面を維持するエジプトの第三軍が、五月二十日から二十四日まで大規模な演習を準備していると報告した。それと同時か少し前に、海軍の掩護の下に共同軍事演習が行なわれた。もちろん、エジプト軍の演習はしばしば実戦の模倣に過ぎなかったが、軍事諜報局は、そうした演習の間にエジプトが警戒のレベルを上げ、前線に向けて勢力を移動し、将校の休暇を取り消し、その他の安全策を講じると推定した。これは、実戦に際しても採用される手順だろう。五月の初め、軍事諜報局は、エジプト軍があらゆる支部の予備役を招集したことを報告した。同じ頃、マルワンは、第六および第二三機械化師団を含む大規模な部隊が運河に向けて移動したことを報告した。しかしその後、開戦の兆候は弱まり始めた。五月の第二週には、カイロを発って運河に向かう準備をしていた師団が留まったままであることが分かった。そして運河沿いには、マルワンが提供した戦争計画に基づいてイスラエルが予測した部隊が配置される兆候はなかった。同じような変化がシリアの前線でも見られた。シリア軍は春の始まりと共に定期的に前線を強化していたが、数々の戦争準備の報告にもかかわらず、この春は抑制され、配備の規模を縮小さえした。

こうしたすべてのことから、四月と五月の間に、イスラエル軍事諜報局は、アラブ側に何が起こったのか、またなぜそうなったのかを完全に理解するためのあらゆるデータを入手していたことが分かる。こうした情勢にもかかわらず、軍事諜報調査局はシリアとエジプトが戦争を準備しつつある兆候を精査もせずに退け、情勢判断をますます悪化させた。五月二日に提供された特別な情報による査察では、戦争の可能性を見極めると思われたが、むしろ複数の警告を無視し、エジプトがまず長距離戦闘爆撃機とスカッドミサイルを手に入れなければ攻撃することはあり得ないという信条にしがみついたままだった。報告は、エジプトの対応の変化を示唆する十八機のミラージュの到着に言及していたが、「十八機のミラージュによって、イスラエルとの紛争で制空権を握ることができるという間違った印象をエジプトの指導層が抱くことは疑わしい」と付け加えていた。軍事諜報局の分析家たち、とりわけ第六部局（エジプト担当）のバンドマン大佐は、マルワンが最初にモサドに提供した情報から固定観念《コンセプツィア》に固執し、その後マルワン自身によって提供されたものを含む膨大な反証を認めようとしなかった。エジプトの最上の情報源から来る警告を処理するように強いられたとき、これらの高官たちは固定観念《コンセプツィア》を信じ続けることができるような説明を選んだ。エジプトで行なわれている軍事演習は、「一般的な紛争に向かっているという政権の宣言に信頼性を与えることを目的としたプロパガンダ」と説明した。警告は、「そのうちのいくつかはエジプトの攻撃行動を予測し、実行の日付を示すことさえある報告の波」と説明され、エジプトが企てた「一般的な紛争に向けて準備しているとの雰囲気作り」から醸し出されたものとして退けられた。数年後、バンドマンは「モサドの情報源を一度も信用したことはなく、モサドが単にエジプトの演習準備を戦争準備と誤解しているだけと信じていた」と説明している。

しかし、これらの情報すべてがどれほどイスラエルの最高意思決定者の印象に残ったかは、はっきりしていない。マルワンの警告の一つが現実になった四月十八日、ゴルダ・メイールはモサド長官ザミールの要求に応じて自宅で私設顧問会議を招集したが、ザミールはモサドが蓄積した証拠について不安を抱いていた。会議の目的は、戦争が勃発する可能性を見極めること、そしてそれに対してどう準備するかということだった。このため、正式にはモサドには情報全般を判断する役割がなかったにもかかわらず、ザミールも会議に加わった。

参加者全員がホーテル・レポートに関心があった。軍事諜報局長ゼイラを除き、全員がエジプトは恐らく数カ月のうちに戦争に踏み切るだろうと判断した。「私はエジプトが戦争を始めると信じている」と国防相ダヤンが思わせぶりに発言した。ダヤンはもはや固定観念《コンセプツィア》にしがみついてはいなかった。軍の準備が整う前に攻撃を強いられるかも知れないサダトの政治的ジレンマをより重視すべきことは明白だった。イスラエル国防軍参謀総長エルアザルは、「エジプト国内には戦争を支持する理論が存在する。……エジプトは、戦争が自分たちを束縛から解き放ってくれるという新しい概念を発展させることができる」と述べた。ザミールは、エジプト人自身の心理に攻撃の条件が整いつつあることを強調した。ザミールは、ミラージュの到着が最大の前進であり、マルワンからの報告によると、エジプト人はさらに多くのミラージュが到着する途上にあると信じており、ある時点で、エジプト軍はイスラエル空軍の基地を攻撃できる危険な集団になるだろうと述べた。ザミールも、エジプトが攻撃用にどんな武器を必要としているか迷っていると考えている時点でまだ固定観念《コンセプツィア》に囚われていたが、軍事諜報局よりはるかに柔軟な考え方だった。ザミールは、エジプトの改良された地対空ミサイル、新しい架橋用装備、新しい電子兵器、それにサダトの立場をはるかに現実的なものにする国内防衛装備について語り、開戦に向かっているという彼の信念を静かに付け加えた。

ザミールの考え方はエリ・ゼイラの判断と著しく対称的だった。ゼイラは、サダトが現在の条件下で戦争を進める可能性を認めなかった。ゼイラは現実的な戦争準備だけを重視し、警告を見誤った。ゼイラは「一九七二年十一月～十二月の会議によって具体化された戦争準備の兆候は、わずかに存在する」ことを認めたが、すぐにそれを取り消し、「あらゆる情勢を論理的に分析すれば、エジプトは戦争に踏み切らないことを示している」と述べた。さらにゼイラは、軍事諜報局が追加の指標を探し続けていることを明らかにした。彼は、「本当のところ、サダトが戦争計画を実行することよりも、行動する意思がないというより多くの指標を把握しているが、これを立証するには時期尚早である」と結論した。これらの言葉がエジプトの戦争準備の真っ只中で述べられていたという事実を考えると、運河の前線でエジプトの戦闘態勢が強化されているとの報告が軍事諜報局に次々と流れ込んだ時も、サダトは一カ月以内に戦争を始めようとしているとイスラエルの最高の情報源が警告した時も、ゼイラのこうした発言は強引なこじつけであったことが理解できる。

これに続く討議において、メイール首相と政策顧問ガリリは、エジプトとシリアの連携攻撃が数カ月以内に現実に起こり得るという見方に傾き、その見解で合意が形成された。翌日エルアザルは、二つの戦線での奇襲攻撃に対して準備するよう国防軍に命じた。一カ月後、ダヤンは国防軍の将校たちと二度の会議を開き、それ以降、国防軍は夏の終わりにエジプト軍とシリア軍（ヨルダン軍は除く）

は戦争を始めるかも知れないという仮定の下で動き始めた。ダヤンは「夏に向けて準備せよ」と軍隊的な強引さで言葉を発した。「戦争は一カ月後に始まる」。これが、ブルー・ホワイト警報《青と白はイスラエルの国旗にもなっているイメージカラー》として知られることになった命令の始まりで、軍隊を急速に増強しわずかな期間で戦争準備を進めた。

　ブルー・ホワイト警報は効果的だった。この警報には、広範な予備役の招集は含まれていなかったが、北部戦線から南部戦線まで全部で五百十五台の戦車を配備することが含まれていた。これは、予備役を除外した現役軍のすべてに対する戦闘序列だった。それ以外に、ブルー・ホワイト警報の約三千五百万ドルの追加予算の大部分は、一つの機甲師団と他の師団の司令部、現存する戦車部隊、砲兵隊、偵察隊の強化、前線により近接した地への緊急物資補給機能の移転、スエズ運河の緊急渡河を可能にする架橋システムの開発など、多くの改革を含む新しい軍事部隊の創設に投資された。ヨム・キプール戦争で国防軍を指揮したイスラエル・タル少将は、「ブルー・ホワイト警報のお陰で、戦争に突入した軍は、一九七三年十月に立てられた正規の活動計画よりはるかに強力になった。この時の国防軍の計画は、一九七四年と一九七五年に樹立された計画よりずっと強力だった」と記している。

　一九七三年四月～五月および十月の国防軍の最終的な準備に関して、ブルー・ホワイト警報が及ぼした効果は、タルが述べているほどはっきりしていない。と言うのも、国防軍の準備は理論上改善されたものの、春に戦争は起きなかったためである。そして八月十二日に警報は公式に解除され、イスラエルの指導者たちと国防軍は一種の自己満足に落ち着いた。エジプト軍の攻撃はあり得ないとずっと言い続けたエリ・ゼイラ、ヨナ・バンドマン、アリエ・シャレヴなど、軍事諜報局の高官たちの地位は上がった。夏過ぎに戦争が勃発するとした国防軍参謀総長と国防相の判断は混迷した。これはダヤンにとっては深刻な打撃だった。彼は、夏過ぎに戦争となるという考えから一変して、和平合意がなくともこの先十年は戦争が起こらないという考えに変わった。この「オオカミ少年」効果は、十月になるまで諜報社会全体に見られた。これによって、国防軍の物理的な準備を改善するという利点を帳消しにしてしまった可能性がある。

しかし、もっとはっきりしていることは、これらすべての事態に対するアシュラフ・マルワンの貢献だった。マルワンは、エジプトが実際に計画していた五月の攻撃に関する警告の主な情報源であり、またその中止をイスラエルに告げた最初の人物だった。さらにマルワンは、改良版・花崗岩Ⅱ作戦と高いミナレット作戦の詳細、そしてシリアの攻撃計画をイスラエルに提供した。彼は、自らの目で一部始終を見てきたリビアからの新しいミラージュ戦闘機の配備に関する最新情報を、イスラエルに伝え続けた。これらすべてに加えて、マルワンはまたエジプトの攻撃態勢の進展をイスラエルが知る必要があることを告げた。運河の前線に沿った誰の目にも明らかな配備、軍の様々な部署での警戒態勢など、エジプトの戦争準備に関する部分的な情報はイスラエルに知らされていた。マルワンは、バブ・エルマンデブ海峡に配備された船舶の状況、モルガン油田の閉鎖についてなど、戦争がいつ始まるかを示す一連の明確な新しい指標をイスラエル軍事諜報局に提供した。もし、これらの指標にもう少し注意を払っていれば、イスラエルは攻撃開始の時期を正確に知ることになっただろう。

マルワンは、春に戦争が起こらないことがはっきりした後も、決定的な情報を提供し続けた。五月二十日、マルワンは、約三百二十kmの射程を持つ新しいエジプト軍の地対地ミサイルに関して、イスラエルに注意を促した。これは、長い間求め続けていたスカッドミサイルをエジプトに提供するという、ソ連の意欲を示す最初の兆候だった。二週間後にマルワンは、すでに述べたとおり、エジプトの指導層が、長距離戦闘爆撃機の入手を戦争開始の必要条件と見なさなくなったことを報告した。

エリ・ゼイラは、戦後三十五年にして「エジプトの戦争目的が変わったことを知ることができなかった主な理由は、情報収集の失敗だった。情報収集者はそれに関する情報を提供しなかった。私はエジプトの変化についての報告を、どの情報源からも一つも思い出せない。それを示唆するものさえも、一つも思い出せない」と述べた。

これは信用できない。エリ・ゼイラは、詳細な戦争計画を含むマルワンが提供したすべての情報を詳細に記したホーテル・レポートを個人的に受け取っていたので、情報収集者がマルワンの情報のすべてに目を通した上で報告していたことを知っていたはずである。

イスラエルが失敗した本当の原因はむしろ、イスラエルのプロの情報判定者の一部の人間、とりわけゼイラ自身がその間違いを明確に指摘したあらゆる情報を手にしていたにもかかわらず、固定観念《コンセプツィア》に執着し過ぎていたことにあった。彼らは、あまりにも深く固定観念《コンセプツィア》に囚われていたので、十月六日の朝までそれに固執し続けた。

その日、国の予備軍の中心となっていた数十万の人々は、断食して地元のシナゴーグで祈っていた。諜報関係者たちは慌ててその対応に迫られることになる。

第8章　最終準備とローマでの間奏曲

五月十七日にイスラエル国防軍が出したブルー・ホワイト警報は、迫り来る戦争の脅威が絶頂に達した時に効果を発揮した。しかし、攻撃の日が少なくとも二カ月間延期されたというマルワンの報告により、イスラエルの意思決定者の間で、決して起こり得ない戦争に向けて早まって準備を始めてしまったのかも知れないという感覚が生まれた。この懸念を最も明確に表明した人物は、国防相モシェ・ダヤンだった。五月二十一日、ダヤンは、エジプトとシリアの主導によってこの夏の後半に始まるかも知れない戦争に備えるようイスラエル国防軍に命令した。しかし二カ月後、タイム誌のインタビューでダヤンは「これからの十年間、現在の国境線に沿って国境は凍結され、大きな戦争はあり得ない」と断言した。

国防相の思考の転換は、実際にエジプトやシリアで起きている事態に符合していた。サダトは語調を和らげており、エジプト全体に好戦的な雰囲気は少なくなっていたが、それでもエジプトは新しい武器を調達して軍備を強化し続け、軍事演習を行なっていた。一九七三年三月に武器の大量取引が調印され、夏にはミグ21の飛行中隊、旅団相当のＳＡ６地対空ミサイル、装甲兵員輸送車（ＡＰＣ）、サガー携行式対戦車ミサイル、およびバルレヴ・ラインの堤防を爆破できる一八〇㎜砲を含む大砲が調達された。この中には七月にソ連から到着したスカッド・ミサイルがあり、八月から開戦時まで続いた夏の演習でお披露目された。さらにマルワンがイスラエルに伝えたとおり、エジプト空軍はリビア経由でフランスからミラージュを受け取った。これらは、Ｔｕ－16爆撃機に搭載されるケルトミサイルと共に、イスラエルの心臓部への攻撃を可能にした。

その一方で、エジプトは運河を渡るための準備を急いでいた。戦争が延期されたことにより、エジプトは百四十四隻の攻撃用舟艇で構成される五つの特別部隊の準備を完了し、三千二百人のエジプト人部隊を東岸に輸送し、橋が完成するまで海岸堡を確保できるようなった。五つの歩兵師団は水辺まで舟艇を押し出して乗り込み、オールや船外モーターを使って渡河し、イスラエル側にすばやく配置する演習を行なった。戦車、装甲兵員輸送車および水陸両用攻撃車両の乗組員が、この訓練を繰り返し行なった。運河に駐留していた対空部隊は、空からの攻撃に対して地上勢力を援護する訓練を行なっていた。

イスラエルの北部戦線では、エジプト軍の演習が始まる前から攻撃的な姿勢を取っていたシリア軍が、同様に戦争準備を進めていた。シリア軍は、春の始まりと共に、ゴラン高原から国内戦線まで部隊を後退させて訓練していたが、夏の終わりに再び部隊をゴラン高原の前線まで移動させていた。イスラエルはヘルモン山から監視して偵察部隊を出動させ、シリアのコミュニケを傍受して、部隊の動き、砲兵中隊の配備、空軍の警戒態勢、およびゴラン高原のイスラエルの守備隊を撃破するための三つの歩兵師団の戦車の動きを追跡した。軍事諜報局の専門家は、シリアの動きを理解するのに苦労した。通常、シリア軍は夏が終わって冬が近づくと、前線に配置していた部隊を後退させるからである。冬になると部隊を維持するのが困難になり、大規模な軍事攻撃は行なえなかった。しかし今、シリア軍が攻撃を控えるはずのこの時期に、前線の主力部隊を増強し始めた。

一方で、シリアはソ連の最新武器、とりわけSA－6対空砲を大量に輸送し始めていた。これは、イスラエルの懸念を引き起こした。シリア軍は対空砲を密集して配備し、場合によっては（とりわけ前線において）エジプトがスエズ運河に配備した軍備よりもはるかに密集していた。ゴラン高原全体を傘で覆うように、国境に沿って砲列が配備された。この布陣は、シリアのダマスカスや他の戦略目標を効果的に防御することを犠牲にしていた。この異常な配備をイスラエルの諜報機関が見過ごすことはなかったが、軍事諜報調査局とイスラエル空軍の情報部は、シリアがエジプトの参戦なしに攻撃する可能性を拒否し、この配備は本質的に防衛目的であるとした。

時間の経過と共に、エジプトとシリアは攻撃の前に、最終的な調整をする必要性が高まった。最も重大な未解決の問題は、実際に攻撃を行なう日取りだった。シリア軍が順調に増強していた八月二十二日と二十三日、両国軍首脳は秘密裡に会合して攻撃計画を完成させた。当初の作戦計画者は、最適な攻撃条件となるいくつかの日を絞り込んでいた。両軍首脳はアレキサンドリアにあるエジプトの海軍司令部で会談し、候補日を九月七～十一日および十月五～十日の二つに絞り込んだ。双方は両国の指導者に報告を送り、九月十二日にアサドがカイロを訪問した際、現在「バドル作戦」と呼ばれているこの攻撃の日程を十月六日にすることで合意した。十日後、両者は公式に攻撃の日程を両国の軍首脳にそれぞれ報告した。

この時までにシリア軍は、勢力の大半をゴラン高原に配備していた。エジプト軍も戦闘計画を実行し始めた。指導者たちは、正確な攻撃開始時刻に関して未だ合意に至っていなかったが、この時刻は攻撃開始の約七十二時間前まで決定されなかった。

イスラエルは、エジプトとシリアの秘密の合意について全く知らなかった。しかしアシュラフ・マルワンのお陰で、軍事諜報局の情報分析官たちは、エジプトで起きていることについて少なくとも一部を把握しており、エジプトが差し迫った攻撃を準備していることを掴《つか》んでいた。その夏の前半、エジプトが六月か七月に攻撃することを示唆する情報源が多数あったが、どの情報も正確ではなかった。しかしそのうちのいくつかは、計画されている軍事演習の終わりに戦争が開始されると断言していた。演習は十月に終了することになっていた。六月十二日に伝えられたある情報によると、八月か九月に戦争が始まるとのことだった。

同じ六月十二日、アシュラフ・マルワンはそれまでの経緯を伝え、最も正確な攻撃の日付を提示した。サダト大統領は、エジプトが九月末か十月初めに開戦するつもりであることを、連携しているシリアにすでに伝えていた。もちろん、サダトとアサドが十月六日を攻撃の日として採用した三カ月前にマルワンの報告がもたらされたという事実は、その信憑性についていくつかの疑問を惹起する。しかしエジプトは当初から、開戦の日程の幅を五月、九月初め、九月末から十月初めまでとしてきたので、エジプトの多くの高官は三つの日程のうちの最後の一つが最も可能性が高いと信じていた。マルワンは明らかに、自分の耳で直接聞いた情報を伝えていた。

八月のマルワンの外交活動は忙しかった。サダトは、戦争に対する国際的な支援を最大化したいと考えており、この任務に関しては外相よりマルワンを頼りにしていた。サダトが開催した最も重要な会合は、サウジアラビアのファイサル国王との会談だった。この会談は、サウジがアラブ世界の主役と考えられていたことや、エジプトに巨額の財政支援をしていたためだけではなく、サウジの石油による富とエジプト軍が融合すれば、外交交渉の行方を大きく左右する力を生み出すことができると考えられていたからである。しかし、これには戦争に対するサウジの支援が必要だった。サダト・ファイサル首脳会談の数日後、サウジが主導権を握って戦略面をまとめ始めたために、第一次オイルショックをもたらした。

当然のことながら、両指導者の会談の内容は最高機密だった。サウジの石油相でファイサルの腹心の一人であるアフメド・ザキ・ヤマニでさえ、何が話し合われたか一切知らなかった。気難しく用心深いファイサルがヤマニに告げたことは、当分の間、外国には出かけないということだけだった。二人の指導者の他に会談に出席していたのはアシュラフ・マルワンだけで、彼はサダトのアラビア半島渡航のすべてに同行した。

マルワンによれば、サダトは、誰もが話題にしているがまだ起こっていない大規模な戦争が「すぐにでも」始まることを、ファイサルに説明した。数年後、この会談についてマルワンは、サダトが具体的な日に言及することを避けたと強調した。「サウジがアメリカに伝えてしまったり、イスラエルが知ることを恐れたからではなかった。そう、ただ戦争が始まるということ以上に何も言う必要がなかったからだ」

マルワンは九月初めにイスラエルの操縦者たちと会い、この首脳会談について、そして八月末にアレキサンドリアで行なわれたエジプトとシリアの軍高官の会談について、知っていることをすべて伝えた。サダトは戦争について語り続けたが、攻撃の日付は恐らく一九七三年の後半になるだろうとのことだった。この時のサダトは、今までとは違って、切り札を胸にしまい続けていたとマルワンは強調した。

それにもかかわらず、一九七三年九月初めのマルワンとモサドのミーティングでは、別の議題に焦点が当てられていた。イスラエル史上最悪のテロ攻撃の防止策についてだった。

一九七三年二月二十一日、イスラエル国防軍の空挺部隊がレバノンのトリポリにあるパレスチナ人のテロ基地を襲撃した翌日、リビアのベンガジ発カイロ行き４１４便ボーイング７２７旅客機がシナイ半島の空域に侵入した。イスラエル空軍はスクランブル発進をかけ、午後二時過ぎに接触した。戦闘機のパイロットは侵入したリビア旅客機に対して、後についてくるよう汎用信号を送った。イスラエルは、シナイ半島の砂漠の真ん中にあるレフィディム空軍基地にリビア機を着陸させようとしていた。

最初、リビア機のパイロットは命令に従っているように見えた。しかし空軍基地に近づくと、リビア機は突然西に針路を変え、スエズ運河方面に引き返そうとした。戦闘機のパイロットは、この異常な行動と、飛行機の窓すべてが日よけで閉じられていて機内が見えないことを報告した。リビア機は、エジプトの地対空ミサイルの傘に覆われたスエズ運河西部に向かっていた。その地域は民間機の航行が禁止されていたにもかかわらず、地対空ミサイルは発射されなかった。シナイ半島全体は、イスラエルが一九六七年に占領して以来、民間機の飛行禁止区域になっていた。実は、テルアビブあるいはディモナの核施設などのイスラエルの標的に向けて航空機を爆破させるというテロリストからの明確な警告があったため、イスラエル空軍司令官モティ・ホッド少将がリビア機撃墜の許可を要求したことは驚くべきことではない。イスラエル軍参謀総長は、レバノン奇襲作戦のために徹夜していたが、はっきり目覚めて要求を即座に承認した。数分後、煙を立てたリビア機の残骸が砂漠に散らばった。搭乗者百十二人のうち百五人が死亡した。死者の一人は、リビアの前外相サラ・ブセイルだった。

後になって、リビア機の通信システムに障害が発生していたことが明らかになった。航路から外れたリビア機のパイロットは、当初、戦闘機はエジプト軍のものだと勘違いし、降りるべき飛行場はカイロ国際空港だと思った。パイロットが自分の間違いに気づいた時、パニックに陥り、何とか切り抜けようとした。テロの警告が懸念されていたのもあり、時間のプレッシャーにさらされたイスラエル戦闘機のパイロットは、悲劇的な過ちを犯した。

イスラエルは世界中から非難を浴びた。致命的な過ちがもたらしたのは、後々まで禍根を残す結果だった。その一つは、ヨム・キプール戦争に先立ってマルワンが発した適切な警告に、悪影響を及ぼしたことである。

リビアのカダフィ大佐とその国民は、無防備なリビア民間機をイスラエルが不当に攻撃したのを知り、黙ってはいなかった。カダフィはまずサダトに電話し、報復すると話した。カダフィは、リビアの爆撃機でイスラエルの港町ハイファを攻撃するつもりだと告げた。サダトは、イスラエルへの奇襲攻撃が台無しになってしまうことを懸念し、理由を告げることはできなかったが、自制を求めた。しかしカダフィは簡単に制止できるような男ではなかった。カダフィは欲求不満に陥り、リビア国民は血に飢えていた。国民の抗議の声は犠牲者の葬儀を行なっている際に頂点に達し、ベンガジのエジプト領事館に群がっていた群衆は、リビア機を保護できなかったこととイスラエルの犯罪に対して弱腰なサダトの対応に、怒り狂っていた。

カダフィは、エジプトの協力なしで行動することに決めた。四月十七日、リビアに停泊していたエジプト海軍の潜水艦の艦長に対して、カダフィがナセルと結んだ軍事協定に従ってリビア海軍の一部として活動するよう要求した。カダフィは艦長に地中海を東に航行し、イギリスの有名な豪華客船クイーン・エリザベス号を魚雷攻撃するよう命じた。クイーン・エリザベス号はイスラエル独立二十五周年の式典に出席する賓客を載せて、アシュドド港に向かっていた。艦長が命令を書面にするよう求めると、カダフィはそれを提出した。潜水艦は丸一日潜航した後に浮上した。艦長はエジプト海軍の司令官に無線で連絡し、自分の任務について報告した。報告はすぐにサダトに届き、サダトは艦長に即座にアレキサンドリア港に戻るよう命じた。クイーン・エリザベス号がイスラエルを出港して航行し始めた直後、サダトはカダフィに、潜水艦の司令官がクイーン・エリザベス号の探索に失敗したと告げた。

カダフィはその言い訳に騙《だま》されなかった。リビア機が撃墜されたことは、報復できなかったことと重なり、カダフィの心に深刻な無力感と欲求不満を生み出した。カダフィは人格の危機といってもいいほどの深刻な抑鬱に陥った。首都トリポリを離れ、砂漠のテントの中で孤独に耽《ふけ》った。そして革命評議会のメンバーに辞意を表明した。彼は自分を完全に仲間から切り離した。しかし評議会はカダフィの辞任を認めず、その後彼はエジプトに渡航してサダトと会った。訪問中および訪問後、リビアはエジプトに両国を統一するよう圧力を強めた。リビアの群衆は、トリポリや他の都市からエジプトとの国境に向かって行進した。行進を止めるようエジプトは嘆願したが、効果がなかった。最終的に、エジプト軍は路上にバリケードを築いて新たに地雷を埋め込み、国境を越えようとする約四万人のリビア人を物理的に阻止する事態となった。

これに対して、カダフィはエジプトを非難し、サダト政権の腐敗と官僚主義を排除するための大衆革命を呼び掛けた。サダトは、イスラエルとの戦争準備に没頭するため、カダフィの要求に屈した。一九七三年八月二十九日、長い交渉の果てに両国は、九月一日（リビア革命の記念日）に統一の交渉を開始する文書に署名すると発表した。差し当たって、これは両国間の波風を鎮めるのに十分だった。しかし、カダフィの報復に対する欲求を満たすには効果がなかった。

中東政治という風変わりな世界において、サダトの最大の恐れは、イスラエルに対するリビアの苛烈な報復攻撃が新たなアラブ・イスラエル戦争の引き金を引き、エジプトが独自に練り上げてきた奇襲計画が台無しになってしまうことだった。サダトはカダフィに接触し、リビアがあらゆる計画を立てる際も、それを実行に移す際も、エジプトと十分調整するべきことを繰り返し強調した。カダフィは渋々同意した。

サダトが、この問題を処理するために指名した人物は、リビア事案のための使者アシュラフ・マルワンだった。

ムアンマル・カダフィの道徳的な世界観では、「目には目を」の報復に最も合致するのは、空からイスラエルの旅客機を攻撃することだった。リビアとエジプトが報復攻撃を密かに企て始めた七月頃、最初の問題は、いつどのように実行するかということだった。計画者は即座に、ローマの主要空港であるフィウミチーノ国際空港を設定した。元イタリア植民地の市民として、リビア人はローマをよく知っていた。フィウミチーノ国際空港は安全対策を疎《おろそ》かにしていることで知られ、イタリアはアラブのテログループを許容していることで悪名高かった。マルワンの命令で治安当局の二人の高官がローマに行き、空港の配置、飛行経路、それに離着陸する飛行機を攻撃するのに最適な場所を調べた。二人の高官は空港の見取り図と地図を持ち帰った。そして、エジプトがソ連から手に入れたばかりのSA−7ストレラ携帯式対空ミサイルを使って、離陸直後のエルアル航空ボーイング747旅客機を撃墜する計画が立てられた。エジプトがローマに二基のミサイルを届ける責任を負うことで合意した。ローマでは「黒い九月《ブラック・セプテンバー》」に属するパレスチナ人がミサイルを受け取ることになった。前年夏のミュンヘンオリンピックで、十一人のイスラエル選手を殺したテロ組織である。

作戦の最初の部分は問題なく進行した。八月二十九日、黒い九月の指導者アミン・アル＝ヒンディは、攻撃の準備をするため他の四人のメンバーと一緒にローマに到着した。数日後、マルワンの命令で、エジプト軍の誰も関与することなく二基のミサイルと発射台が軍の貯蔵庫からサダトの執務室に運ばれた。それらは、マルワンの妻モナの名義で外交行嚢《こうのう》に入れられた。モナには別件でロンドンに渡航する計画があったが、マルワンの依頼で、ローマで落ち合うことに同意した。モナは、この計画や荷物の中身について全く知らなかった。

予想どおり、イタリア当局は中身を確認しなかった。ナセルの娘名義だったため、荷物は飛行機から降ろされると待機していたピックアップトラックに直接運ばれ、ローマのエジプト芸術アカデミーまで搬送された。

マルワンは翌日、ローマに到着した。彼は行嚢を自家用車にしまい、商店街のヴェネト通り一四九にあるラファエル・サラト靴店まで車を走らせた。アル＝ヒンディは店で待っていた。彼は、事前に受け取っていた写真からマルワンを認識した。彼はマルワンに近づき、何度か暗号を口にした。

しかし、そこから少し面倒なことになった。マルワンは、彼らがマルワンの車からミサイルを取り出して自分たちの車に移し、空港近くのオスティアという町にアル＝ヒンディが借りたアパートまで運ばなければならない、とアル＝ヒンディに告げた。問題は、彼らが車を持っていないことだった。車が必要になるとは言われていなかった。

知恵のあるテロリストたちは、計画を止めることはなかった。彼らは通りにあったカーペット店を見つけると、いくつかの敷物を買い、それでミサイルと発射台を包んだ。そして包みを肩に担いで、最寄りの地下鉄駅まで運んだ。彼らはオスティアまで公共交通機関を使ってミサイルを運んだのである。アル＝ヒンディはアパートに留まり、他の連中は売春宿でもある隠れ家のアトラスホテルに向かった。

この件に関して問題はなかった。モサドはマルワンのお陰で、初期の段階からこの計画を完全に把握していた。マルワンにとって今回の件は、他の仕事と違ってエジプトの利益に反することではなかった。それどころか、サダトは一カ月後に奇襲攻撃を始めようとしており、テロリストの筋書きが成功することを望んでいなかった。エルアル航空の旅客機を撃墜することは、大規模な地域紛争を引き起こすことになる。旅客機の残骸に混じってSA－7ミサイルの破片が発見されるなら、エジプトの関与を仄《ほの》めかすことになるだろう。緊張は著しく高まり、エジプトは奇襲攻撃のチャンスを失うことになる。つまりそのような筋書きは、イスラエルに対するサダトの攻撃計画をすべて台無しにしてしまうことになる。

マルワンはサダトの考えを知っていた。サダトはマルワンの驚くべき多彩な才能、技量、人脈に敬意を表していた。サダトは、マルワンがイタリアと内通することで、この計画を確実に頓挫させることができるのを知っていたことだろう。しかしサダトは、マルワンがイスラエル人と接触していることを一度も疑ったことはなかった。

作戦に先立ち、ツヴィ・ザミールはローマに来た。テロの筋書きについて地元当局に最新の情報を提供し、イタリアが阻止できなかった場合の作戦を指揮するためだった。モサドの長官は、昨夏ドイツ警察がイスラエルのオリンピック選手を救出できなかったことから、心の傷を引きずっていた。ザミールは、ミュンヘン国際空港の制御塔で無力に立ち尽くしていた。深く動揺してイスラエルに戻った後、ザミールは、イスラエルが海外にいる自国民を保護するには、地元当局に頼るだけでは駄目なことを認識した。

実際、この時イスラエルは地元の治安機関だけに頼っていなかった。テロ作戦が実行される二週間以上前にそれを探知し、熟練した上級作戦指揮官マイク・ハラリが率いるモサドのチームがローマに到着していた。チームはフィウミチーノ国際空港周辺地域を徹底的に探索し、ミサイルが発射できそうな隠れ家を探した。さらに、マルワンがヴェネト通りでパレスチナのテロリストたちにミサイルを渡した時、チームがマルワンを尾行していて、その後ミサイルを運ぶテロリストたちを尾行して隠れ家を突き止めた。ハラリはアパートに踏み込もうとしたが、すでにローマに着いていたザミールは、代わりにイタリアの諜報機関に内報することに決めた。ザミールは彼らと良い関係を築いていた。ザミールの唯一の要求は、当時イスラエル空軍が入手していなかったストレラを一基、イタリアがイスラエルに提供することだった。

ザミールの視点から、マルワンがイタリア当局と協力していなかった最大の証拠は、ザミールが「大規模なテロ攻撃を阻止するためにローマにいる」とイタリアの諜報機関に連絡した際、相手が初めて聞いたという驚いた反応をしたことである。この時、イタリアの地元当局は見事に任務を果たした。彼らは迅速にチームを作り、九月六日の早朝に大勢の警官がオスティアのアパートに踏み込み、アル＝ヒンディを逮捕した。他の男たちは、下町のアトラスホテルで捕らえられた。アル＝ヒンディは後に、踏み込んで来た彼らをモサドだと思い、その人数の多さに驚いたと証言している。実は、ハラリの率いるモサドチームは、地元当局が問題に直面した場合に備えて介入する準備をしていたが、その必要はなかった。

五人のテロリストは逮捕された。ミサイルは没収され、攻撃の標的とされた７１７旅客機の四百人の乗客は、何も知らされないまま目的地に向かった。ザミールと部下たちはイスラエルに帰国した。黒い九月のテロリストたちは後に裁判にかけられたが、イタリアは報復を恐れて五人のテロリストを釈放し、彼らは出国を許された。

マルワンがアル＝ヒンディとその仲間の逮捕を知った時、真っ直ぐ空港に向かった。ザミールは、誰が情報源だったかをイタリア当局に伝えなかった。公式には、イタリアがどのようにして計画されたテロを見つけ出したのかは、分からないままだった。しかし、一つの新聞が次のような見出しで記事を掲載した。「イタリアの情報筋：イスラエルの諜報機関からの通報で、ミサイルを肩に担いだテロリストを逮捕」

一件落着の後、モサドはまたしてもイスラエルの安全に対する貢献を証明するために、マルワンに巨額のボーナスをはずんだ。

しかし、負の側面もあった。ローマでのテロ攻撃の計画と挫折に関与したマルワンは、カイロの意思決定の中心から遠ざけられ、一カ月後の戦争について明確かつ的確な警告を与える彼の能力にマイナスの影響を及ぼすことになった。サダトとの距離がどうであろうと、マルワンはエジプト政府の戦争準備が最終局面に入っていることをはっきりと認識していた。それなのに、彼がモサドの操縦者にエジプトは年末までに攻撃するつもりだと告げた九月の初め、そして攻撃の二日前である十月四日、マルワンはイスラエルに何の情報も提供しなかった。

なぜなのか。マルワンの沈黙を説明するには三つの理由が考えられる。一つは、この決定的な数週間、マルワンがほとんど政府の外にいたことである。マルワンは、翌日攻撃が開始されるだろうということを十月五日に知った時、慌てふためいた。彼が最後に情報を伝えた九月に、以前に比べるとサダトが情報を公開しなくなったとイスラエルに伝えていた。サダトは攻撃時期の秘匿に関して、リビアやサウジを介入させなかったので、両国との関係処理に当たっていたマルワンには知る由がなかった。ローマでテロリストの攻撃が失敗に終わった後、サダトはマルワンに特別に注意を払うようになった。マルワンは明らかに外国の諜報機関と密接な関係を築いていると見られ、サダトはいかなる漏洩も望まなかった。

二つ目の理由は、自国の詳細な戦争計画を敵に渡していたイスラエル史上最大のスパイでさえ、攻撃の日付に関するこの特別な秘密については躊躇《ためら》いが生じたかも知れないということである。これは彼の性格を知る限り、あり得ないように思える。それでも、マルワンを知る多くの諜報局員は、この可能性も排除できないと主張する。

三つ目は、マルワンが、これ以上の警告は必要ない、つまり正しい結論を下すために必要なすべての情報はイスラエルに伝えた、と信じていた可能性である。マルワンは、モルガン油田の操業停止といった戦争の最終準備として現れた兆候について、モサドに伝えていた。つまり、十月五日に明白な開戦の警告を最終的に伝えた時、マルワンは、イスラエルがすでに認識していることを伝えていると思った、というものである。

これらの説明は矛盾しておらず、すべて真実であるかも知れない。そしてこれらは、開戦に至る最後の数週間、広範なスパイ活動や戦争に向けたあらゆる準備も空しく、イスラエルの態勢が整っていなかったという事実を理解する一助となる。十月四日と五日のマルワンの警告がなくとも、エジプトとシリアが戦争を開始しようとしている決定的な指標を、九月中にイスラエルは十分蓄積していた。通常の状況下では、軍事諜報局が十月二日までに警鐘を鳴らすべきだった。イスラエル国防軍が予備役を招集し、戦闘配備を十分に整えるための十分な時間を与えるべきだった。しかし歴史的なその瞬間に、イスラエル軍事諜報局は、特殊な情報の枠組みである固定観念《コンセプツィア》に宗教的と言えるほど深く囚《とら》われていた将校グループの指揮下にあった。その結果、エジプトとシリアが戦争に向かっているという唯一の合理的な解釈しかできない大量の決定的なデータを見落とした。

すべての指標のうち、恐らく最大の懸念となるのは北部戦線でのシリア軍の増強だった。偵察機はシリア軍が完全な臨戦態勢に入っていることを示しており、国境に沿って配備された砲兵隊は倍増され、それを支援する三つの歩兵師団がその背後にいた。イスラエル国防軍の北部司令官は困惑した。九月二十四日、イスラエル国防軍の幹部会議で、イツハク・ホフィ少将はシリア軍の奇襲攻撃に対する懸念を表明した。ダヤンは、近いうちにシリアが本格的に攻撃してくるとは思っていなかったが、ゴラン高原にあるイスラエル人入植地の攻撃といったより限定的な攻撃はあるだろうと認識していた。それでも多くの犠牲者が出る可能性があった。ダヤンが最も懸念していたのは、全面的な戦争ではなく限定的な攻撃だった。

九月二十五日に開催された秘密の首脳会談で、フセイン国王がゴルダ・メイール首相に与えた警告さえ、イスラエルの評価を変えることはほとんどなかった。ヨルダンは、ハーシム家の王国のために密かに働いていたシリアの将校から秘密情報を受け取っていた。フセイン国王はメイールに、シリア軍は戦闘態勢にあり、エジプト軍と一緒に攻撃する可能性が高いと伝えた。同時に、モサドの長官とアーロン・レヴラン大佐は、エジプトと共に全面攻撃を仕掛けようとしているシリア軍の配置と作戦計画についての詳細を、ヨルダンから受け取った。いずれも開戦の日付までは伝えられなかった。メイール首相はフセイン国王との会談で深刻な不安を抱き、軍事諜報局に対応を求めた。軍事諜報局長ゼイラは、メイールが手にした情報は信頼性に欠けると答えた。フセイン国王の情報には、厳戒態勢、賜暇《しか》の取り消し、予備役の招集、民間車両の借り上げなど、シリア軍の配備について新しい情報が含まれていたが、依然としてゼイラは、シリアがエジプト抜きに戦争を開始することはあり得ないし、エジプトに開戦の意思はないと主張した。

それにもかかわらず、イスラエル国防軍参謀総長は、ゴラン高原で部分的な軍備増強を命じた。第七機甲旅団および二つの戦車大隊が、九月二十六日、ロシュ・ハシャナ《ユダヤ新年》の前夜にゴラン高原の急斜面を登った。

その後イスラエルは、エジプト空軍が最高度の警戒レベルに達したこと、さらに機甲部隊がカイロからスエズ運河に移動しているという情報を受け取った。九月二十六日、別の情報筋が、エジプト軍はすぐにでも攻撃して運河を渡ろうとしているとの警告を発した。軍事諜報局は、エジプト軍はイスラエルの先制攻撃を恐れて軍を移動させていると主張し、この情報を無視した。同じ時期にＣＩＡは、シリア軍がゴラン高原の再占領を目標に攻撃計画を練っているという報告を送ってきた。この警告には明確な攻撃計画が示されていた。軍事諜報調査局の高官たちは、ＣＩＡの情報が主としてヨルダンのフセイン国王から来ていることを知っていたが、警告と攻撃計画の要点をまとめた報告書を配布した。そこには、シリア軍の配備は事実上の攻撃態勢ではないという彼らの持論も付け加えられていた。この持論は、シリア軍のスホイ戦闘機が前線の空軍基地に再配備された、あるいは戦争中ゴラン高原の前線の南部方面に配置されていた第四七機甲旅団がホムスを離れてイスラエル国境へと移動し始めた、といった八四八部隊が独自に得た情報が報告された時も、変わることはなかった。十月初めにシリア軍は準備を完了し、ソ連の軍事政策に従って、それ以上の行動を起こすことなくいつでも攻撃できる態勢に入った。

十月一日、エジプトはタハリール四一と呼ばれる軍事演習を始めた。演習の前夜、イスラエルはさらに別の警告を受けた。タハリール四一はスエズ運河を実際に攻撃することを目的にしており、その目標は、シナイ半島に侵入してミトラ、ギディ両峠を確保することである、という内容だった。他の兆候によって、この警告は裏付けられた。しかし軍事諜報局により、攻撃は翌日に行なわれると解釈され、その日が無事に過ぎると諜報局員たちは誤報として処理した。彼らのエジプト軍の攻撃についての楽観的な考え方はまた、シリア戦線での戦争の兆候を無視する理由になった。彼らは、エジプト抜きに戦争は起きないと主張した。しかし、単なる演習ではない実際の戦争の兆候が蓄積していた。エジプト軍の無線通信の量は、以前の演習では一日に数千回だったが、今でははるかに少なくなっていた。渡河や架橋のための備品は、過去のどの時よりもはるかに多かった。膨大な軍需物資輸送車の一団がスエズ湾に向かう道に点在していたが、それを合理的に説明することはできなかった。そして運河では、迅速な入水を可能にする数多くのスロープが建設されていた。このスロープは、以前のタハリール演習では一度も見かけなかったものだった。

これらすべてに直面し、軍事諜報調査局長は、十月三日にゴルダ・メイール首相の執務室で行なわれた緊急会議で、「エジプトは、依然として戦争を始めることができないと信じている。従って……エジプトとシリアが連携して戦争を始めるという考えは、私にとって妥当とは思えない」と主張した。マルワンがほぼ一年間イスラエルに提供し続けた情報の山は、局長の思考回路に組み込まれないままだった。

軍事諜報局が態度を修正し始めたのは、十月四日の木曜日になってからだった。その日の午後（攻撃のわずか四十八時間前）、八四八部隊は、最初にシリア次にエジプトですべてのソ連人員を緊急避難させる明確な兆候を受け取り始めた。ソ連顧問団とその家族を帰国させる航空隊を八四八部隊が監視している間、イスラエル国防軍監視部隊は、ロシア人が交わしている緊迫した会話を傍受した。シリアにいたソ連の専門家の家族たちは、二十分以内に荷物をまとめ、ソ連に帰るための集合地点に向かうよう命じられていた。緊急避難についての詳細は、夜を徹して翌朝まで報告された。同じ頃、真昼のスエズ運河の上空から撮影された最新の写真が入って来た。「エジプト軍は、我々が今まで見たことのないような緊急配備態勢を取っている」と報告された。

偵察写真を最終解析するにはさらに時間がかかり、金曜日の朝に意思決定者にのみ届けられた。軍事諜報局の執務室の緊張は急激に高まった。ソ連の緊急避難は高官たちを驚かせたが、他のあらゆる指標と組み合わせると、全体像を割り出すのは安易ではなかった。軍事諜報局の最高司令官たちは、軍事諜報調査局第三部局（列強担当）、第五部局（シリア担当）、第六部局（エジプト担当）の代表と協力して、流れ込んでくる情報の奔流を統合しようと、自分のデスクにかじりついて徹夜した。八四八部隊の司令官ヨエル・ベン・ポラット准将は、軍事諜報局長に電話し、戦争が始まっていることを宣言した。ポラットはすでに、自分の部隊に最警戒態勢を取らせていた。エリ・ゼイラは、戦争は起こりそうにないという自らの信念に自信が持てなくなっていた。彼でさえ、これほど切迫した戦争の兆候を無視することはできなかった。

金曜日の早朝二時半、モサド長官宅の電話が鳴り、ザミール本人が出た。彼の首席補佐官フレディ・エイニからの緊急メッセージだった。エンジェルから連絡があり、戦争が始まるとのことだった。

第9章　安息日《シャバット》明けの署名

アシュラフ・マルワンは戦争勃発の四日前にエジプトを離れた。彼はリビアに行き、そこでカダフィに間もなく開戦することを伝えた。その後、フランスへ行った。十月四日の木曜日、彼はエジプトの使節団と共にパリにいて、電話でもミーティングでも、イスラエルの操縦者に自由に情報を提供するのは困難だった。しかし、このような状況はマルワンにとって異常な事態ではなく、彼はいつもそうした困難に打ち勝つ方法を見つけてきた。木曜日の午後遅く、彼は自分とモサドの操縦者を仲介しているロンドンの女性のアパートに電話をかけた。マルワンは「アレックス」と話す必要があると彼女に告げ、後に再び彼女に電話した。女性はドゥビーに警告を出すと、ドゥビーは急いで女性のアパートに駆けつけて待機した。間もなく再び電話が鳴った。「エンジェル」からだった。

ドゥビーは、背後で男たちがアラビア語で会話しているのを聞き取った。彼は一人ではなく、自由に話すことができないようだった。マルワンは緊張していた。長く話すことはできないと言って、話し始めた。ドゥビーは状況を把握した。それからエンジェルは要点を話した。「化学物質について多くのこと」を話したい。そこで「将軍」と大至急会う必要がある。翌日にはロンドンにいるので、そこで会えるとのことだった。

ドゥビーは、明確なメッセージを受け取ったと悟った。マルワンが事前に攻撃を警告できるよう設定された手順の一つに、脅威の具体的な性質を明確にするための暗号を選んでいた。マルワンは化学を学んでいたので、警告には普通の会話に交えて元素名を用いることに決めていた。戦争に関する総称は「化学物質」だったが、より具体的な用語が決められていた。即時攻撃の脅威の場合は「カリウム」、それほど緊急でない警告には「ヨウ素」、スエズ運河を渡らずにシナイ半島へ空襲を行なう場合は「ナトリウム」を使うことになっていた。

一部の解説者は、ドゥビーがここで重大な間違いを犯したと評している。彼はモサド長官をロンドンに連れて行く基準として、単なる「化学物質」ではなく特定の元素名をマルワンに求めることができたはずである。しかし彼はそれをしなかった。ドゥビーはイスラエルで緊迫した状況が刻々と進展していることを知らなかった。彼が知っていたのはマスコミの報道だけで、戦争の可能性について公式の報告はなかった。ドゥビーには選択肢があまりなかったのもある。マルワンには時間がなく、近くに人がいることを理解した。さらに、マルワンがもっと正確な情報を持っていれば、違う暗号を使ったはずだ。そうしなかったということは、それほど具体的な警告ではないとの判断だった。いずれにしても、マルワンが翌日ツヴィ・ザミールに会った時、より具体的なことを言うだろうと最終的にドゥビーは結論した。

ともかく、ドゥビーは手順どおりに事を運んだ。マルワンとの電話を切ると、すぐにモサドのロンドン支局長に連絡し、それから報告書を起草した。報告を送る直接の理由は、エンジェルから受け取ったばかりの警告を伝えることだったが、冒頭の文章は他の問題を扱っていた。ドゥビーは、ただマルワンが「化学物質」について至急モサドの指揮官と会いたがっていると書き、ロンドンでのミーティング時間を伝えた。

報告はテルアビブのモサド本部に送られ、イスラエル時間の真夜中近くに届いた。勤務中の局員がすぐにザミールの事務室にコピーを送り、次いで軍事諜報局にもコピーを送った。ザミールの事務室で勤務中の女性は報告を受け取ると、自宅にいた首席補佐官フレディ・エイニに電話した。エイニは、自らの目で報告を読むため本部まで車を飛ばした。アグラナット委員会（ヨム・キプール戦争に至るまでの出来事を後に調査したイスラエルの国家審問委員会）での証言によると、エイニはその報告を厳粛に受け止めていたという。「それは開戦の警告だった。このようなことは今までになかった」。エイニはさらに、マルワンがモサド長官に会いたいと要求したことについて言及した。これは普通のことではなかった。エジプト人あるいは敵対者がマルワンを陥れることのないよう、ザミールがミーティングに加わるかどうかは常に気づかれないようにしていたからである。この特殊な状況を考慮し、エイニは自宅にいたザミールに、報告について警告する必要があると感じた。

十月五日の金曜日、イスラエル時間の午前二時半のことだった。

エイニとザミールの会話には少なくとも一つの誤解があった。エイニは、最高の情報筋からの警告を共有するためにザミールに電話した。他方ザミールは、この電話をより日常的なものだと受け止めていた。エイニは、「エンジェル」が「化学物質」について話し合うためにロンドンでザミールに会いたがっていると告げた。しかし、マルワンが即時攻撃を意味する暗号を使っていなかったので、ザミールは差し迫った戦争の具体的な警告とは思わなかった。ザミールは、四月にマルワンが差し迫った攻撃について暗号を使っていたことを思い出した。結果的にその警告は誤りだったので、マルワンはすぐに警告を撤回した。今回は当時に比べて、戦争についての他の指標ははるかに深刻になっている。そのため、「化学物質」という言葉には緊急性が低いことから、ザミールは、そこまで差し迫った問題ではないと受け止め、安心してしまった。

ザミールは、エイニの電話してきた目的が、翌日マルワンがロンドンで自分に会いたがっている旨を告げることだと思った。従って、行くかどうかを決めるのはザミール次第だった。しかしマルワンに会うには、急いで計画を変更して翌朝のフライトに間に合わせる必要がある。それは、エルアル航空がヨム・キプール前日にイギリスに向かう唯一のフライトだった。ザミールは、それを手配するかどうかをすぐエイニに告げなければならない。ここ数日間、モサドの長官は戦争に関する報告の奔流に悩まされ、さらに軍事諜報局がそれらの報告を軽視し続けていることを深く憂慮していた。分かった、とザミールは言い、ロンドンに行くことになった。ザミールは、フライトの手配とミーティングに必要なものを用意するようエイニに伝え、ロンドンのモサドのスタッフに安全の確保と地上での見張りをするよう指示した。これで二人は電話を切った。

数分後、再びザミールの電話が鳴った。今度は軍事諜報局長エリ・ゼイラからだった。深夜にゼイラがザミールに電話してくるのは初めてのことだった。これだけで状況が深刻であるに違いないとザミールは確信した。ゼイラはシリアでのソ連の緊急避難についての最新情報を伝え、何か新しいニュースを聞いていないかザミールに尋ねた。ザミールは、「化学物質」に関するマルワンのメッセージの緊急性をまだよく呑み込めておらず、フレディ・エイニとの会話には言及しなかったため、ゼイラはモサドには何のニュースも入っていないと理解した。

午前三時頃、エイニから再び電話があった。エイニは、朝のフライトの詳細について報告した。ザミールは、ゼイラから電話があったこととソ連が緊急避難したことを伝えた。エイニは、恐らくこれが、マルワンが突然会いたいと言ってきた最大の理由だろうと推察した。この時に初めてザミールは、ドゥビーの報告書を見たエイニが、マルワンのメッセージを開戦警告と理解していることに気づいた。ザミールはエイニに、すぐにゼイラに電話をかけ直してそれについて話すと言い、朝のうちに首相の軍事秘書官イスラエル・リオール准将に連絡を取って、エンジェルの警告とロンドンで彼と会う計画を伝えるよう指示した。

ザミールは再度ゼイラに電話した。ドゥビーの報告書がモサド本部に届いてから三時間が経過していた。アグラナット委員会の報告によると、ザミールはゼイラに「戦争が始まる。正確な日付はまだ分からない。……しかし戦争は差し迫っている」と伝えたという。ザミールの証言によると、ゼイラは同意し、「そのとおり、戦争だ」と言ったという。

しかし、ゼイラの記憶は違っていた。委員会での彼の証言によると、ザミールは二十四時間以内により多くの情報を収集することをゼイラに告げ、それに対してゼイラは、戦争に関する確かな情報をできる限りの最速手段で自分に伝えるようザミールに言ったという。電話では主に差し迫った攻撃について伝えたというザミールの主張に対して、ゼイラはドゥビーのメッセージを開戦警告と理解していなかったと主張した。「このことを私は今初めて聞いている」とゼイラは委員会で話した。彼は後に「これは明らかな開戦警告だと理解できる。しかし、このことを私は今初めて聞いている」という主張を繰り返した。

委員会は、ゼイラではなくモサド長官の証言を採択した。委員会のメンバーは、十月五日の金曜日の朝に首相との会議の議事録に記録されているゼイラ自身の言葉を、ゼイラに突きつけた。その議事録によると、戦争警告について早急に解説してくれるのをザミールが待っていたことについて、ゼイラが理解していたことは明らかだった。反論を受けてゼイラは態度を変えた。「ツヴィカ（ザミール）は戦争について何か言っていたかも知れない」と言い、「私はそれを、一般的な警告と理解していた。何か特定のものでも、差し迫ったものでも、明確なものでもない。私の感覚では、それはモサドの理解でもあった」と付け加えた。

十月五日の金曜日の朝、エイニはテルアビブ近郊のツァハラにある自宅から車でザミールを迎えに行き、ロッド空港に向かった。道中、その日の夜に予定されていたミーティングの直後、ザミールが電話してエイニに最新情報を伝えることを確認した。さらに、報告に際して使う暗号に関しても確認した。ザミールは、ドゥビーのメッセージを首相に伝えるべきだと強調した。エイニにその念押しは必要なかった。ルールは非常に明確で、常にそのルールに従って行動していたエイニは、その重要性を理解していた。

ザミールはロンドンに発ち、エイニはテルアビブの本部に向かった。事務室に到着した彼は、首相の軍事秘書官イスラエル・リオールに連絡を取ろうとした。しかしリオールは首相と打ち合わせ中で、手が離せないと伝えられた。エイニは、リオールから電話がほしいと伝言した。

ゴルダ・メイール首相は、テルアビブの国防軍本部にある首相執務室で午前十時から十一時まで行なわれた会議で情報を受け取った。会議の参加者には、国防相モシェ・ダヤン、国防軍参謀総長ダヴィッド・エルアザル、そしてゼイラがおり、彼らの側近も加わった。ゼイラは、アラブ軍の臨戦態勢とソ連の緊急避難についての最新情報を首相に伝えた。さらに、モサドの長官がロンドンに渡航したことに言及し、何かが起こりそうだというマルワンからのメッセージと、ザミールがそれを確かめに行ったことを伝えた。この時点で、国防相はすでに警告について知っていた。約一時間前のザミールとの一対一の会合で、ダヤンは、ザミールがエンジェルからの警告を昨夜受け取ったこと、エンジェルは何かが起ころうとしていることを警告し、すぐに会いに来るようにツヴィカ（ザミール）に求め、今夜十時にマルワンに会うことになっていることを知った。

この会議において、ゼイラが前夜の電話でザミールから聞いたことを伝えた際の事務的な態度は、この警告の現実的な緊急性を考えると評価されるものではなかった。もしエイニがリオールに、(翌朝にではなく)夜の間に(伝言を残すという形ではなく)直接話していたら、またドゥビーが数時間前に送ってきた報告書の内容をそのままの形でリオールに伝えていたら、首相は恐らく違った形で情報を受け取っていただろう。しかし実際は「伝言ゲーム」の結果となり、ゴルダ・メイール首相に届くまでにマルワンの警告は大幅に薄められてしまっていた。

ドゥビーが報告書に記した曖昧な言葉遣いは、疑いなくマルワンの戦争警告をめぐって多くの誤解を招くことになった。つまるところ、マルワンの警告について、ザミールが金曜日の午前二時三十分にエイニから初めて聞いた時から、ザミール自身が翌晩マルワンとロンドンでミーティングした後に報告した時まで、この決定的な一日の間に、それが戦争の警告として理解されていなかったということだ。最初から正確な情報を提供していたマルワンが、攻撃が二日後に開始されるということを知っていたとしたら、できる限り正確に、そしてできる限り迅速にドゥビーにそう伝えていたに違いない。マルワンが木曜日の夜の電話で曖昧なことを言っていたとしたら、それは恐らくドゥビーと話をした後に実際の攻撃日程を知ったのだろう。

マルワンがパリまで同行した使節団は、金曜日の朝カイロに戻った。そしてマルワンはロンドンに向かった。そこで彼は、チャーチルホテルの七階にあるスイートルームにチェックインした。オックスフォード通りからそれほど遠くない、比較的新しい赤レンガ造りの高級ホテルである。彼はその朝、ソファで横になって読書していた。

部屋をノックする音が聞こえた。マルワンのカイロ時代からの友人モハメッド・ヌセイルだった。四十六歳のヌセイルは、エジプトで最初のコンピュータエンジニアの一人だった。一九六七年にモハメッド・ハサネイン・ヘイカルの要請を受けてアルアハラム新聞のスタッフになり、新聞資料センターと出版社を創立し、五年も経たずにそれらをエジプトで最も優れた技術センターに育て上げた。一九七二年に彼はセンターを辞め、今は移行期間にあった。間もなく彼はコンピュータと電気通信の道を歩み始め、エジプトで最も裕福な一人となった。彼は、革命指導評議会のメンバーで、ナセルの下で副大統領を務めたアブデル・ラティフ・バグダディの娘と結婚していた。妻を通じてナセルの娘モナとも会っていた。モナは彼をマルワンに紹介していた。

ヌセイルは奇妙な話をした。その朝、彼がエジプトの国営会社であるエジプト航空のロンドン支局長から聞いた話によると、ロンドンおよびパリの定期便をすべてリビアのトリポリに路線変更するようカイロから明確な緊急命令を受け取ったという。命令に関する説明はなかった。マルワンもヌセイルも知らなかったが、ロンドンとパリに送られた命令は、エジプト航空相が下したものだった。航空相は誰にも相談することなく、自国の飛行機すべてを友好国に移すようエジプト航空の社長に告げた。航空相は開戦計画の日程を知ったばかりで、航空機を保護するために行動に移したのだった。しかし、命令の知らせがエジプト軍の指令センター（センター10）に届いた時、国防相と参謀総長は動転していた。エジプト航空の突然の運航計画変更はイスラエルに手の内を見せることになるのではないかと恐れ、命令を無視するようエジプト航空の社長に告げたので、十月五日の金曜日の朝には通常の運航計画に戻した。エジプト航空のロンドン支局長はヌセイルと顔なじみだったが、突然の命令とその取り消しについて何か理由を知っているなら教えてほしいとヌセイルに電話してきたのだった。ヌセイルは何も知らないと言ったが、誰が命令を出したか分かるかもしれないと思った。友人のアシュラフ・マルワンが今朝ロンドンに到着し、チャーチルホテルに泊まることになっている。サダトが多くの機密を個人的に託している大統領の腹心なら、何か知っているかも知れないと思ったのだった。

後にエジプトのテレビ局が行なったヌセイルへのインタビューによれば、マルワンはその話を耳にした途端ソファから飛び起きたという。「戦争になるぞ」と彼は宣言した。「戦争計画では、自国の航空機が損傷することを心配している。それで、計画の一環として航空機のルートを他国に変更することになっている」。マルワンは寝室に行き、数本の電話をかけ、戦争は明日から始まると言いながらすぐに戻って来た。マルワンはすぐエジプトに戻らなければならないと言い、二人の共通の友人であるカマル・アドハムに連絡し、カイロに帰れるようアドハムの自家用機を一機貸してほしい旨を伝えるようヌセイルに頼んだ。ヌセイルがアドハムに連絡したのは金曜日の正午だった。アドハムは、いつもロンドンに駐機させている飛行機が離陸したばかりで、助けることができないとのことだった。ヌセイルはマルワンのスイートルームを出て家に帰った。ヌセイルは後に、「マルワンは大統領府で働いているから戦争計画の詳細に通じていたが、戦争がいつ起こるかについては正確に知らなかった。……私の話を聞いた時に彼が見せた大変な驚きようがその証拠である。戦争がいつ始まるかを彼が知らなかったことは明らかだ」と述懐している。

マルワンが提供した戦争警告を熟知しているイスラエル人の多くは、彼が数日前にエジプトを発った時点で、戦争が十月六日に始まることを十分に認識していたと決めつけている。しかしヌセイルの説明からは、この仮説が間違っている可能性が浮かび上がる。実際、マルワンは十月五日の正午になって、戦争が十月六日に始まることを知った。しかもそれは偶然によってだった。

マルワンは、イスラエルが操縦した中で最も重要なスパイだったのか、あるいは洗練された二重スパイだったのか。この議論において決定的な問題となるのは、戦争警告が「遅れた」とされていることである。二重スパイ説は、マルワンは攻撃が十月六日に始まることを初めから知っていたとする。イスラエルとの信頼性を維持するために警告を出したが、情報が遅すぎて全く役に立たなくなるまで保留していたという。しかしこの説は二つの点で間違っている。まず、マルワンは確実と言っていいほど、攻撃の前日まで開戦時期については知らなかった点である。そして後に見ていくとおり、マルワンは、イスラエルが正規軍を配備し、予備役の招集を始め、先制攻撃を開始するのに十分な時間を与えた点である。にもかかわらずイスラエルがこれらの処置を取らなかったのは、イスラエル自身の混乱によるところが大きい。混乱の原因の一つは、軍事諜報局長エリ・ゼイラと彼の影響下にあった人々が、マルワンの警告を深刻に受け止めようとしなかったことにある。

イスラエルが情報戦で大々的に失敗したのにはいくつかの理由が挙げられるが、結果として十月六日の土曜日の午後、シリア軍とエジプト軍が準備のできていないイスラエル国防軍を攻撃することになった。しかし、イスラエルには思いがけない幸運があったのも事実である。もしエジプト航空相が国営航空の運航計画をリビア路線に変更する命令を出さず、モハメッド・ヌセイルがエジプト航空のロンドン支局長からその件について聞くこともなく、マルワンがロンドンにいることを知らずチャーチルホテルに行って確認することがなかったならば、戦争全体の結末は全く異なっていたかも知れない。これらすべての出来事が重なったからこそ、戦争が翌日に迫っていることをマルワンがザミールに伝えることができたのである。もし彼の警告が正確な日付のないままだったら、同日夜のザミールの報告で予備役を招集することもなかっただろうし、攻撃の始まる数時間前になされた追加の最終決定もなかっただろう。

攻撃の日付を秘匿し続けてきたエジプトは、包括的かつ非常に効果的に「知るべき必要性《ニード・トゥ・ノウ》」の原則《情報は知る必要のある人のみに伝え、知る必要のない人には伝えないという原則》を厳格に守った。例えば、ハッサン・アル＝ザヤト外相はニューヨークの国連に出向いており、軍事行動に関する中枢グループの圏外にいたため、戦争が十月六日に始まるのを全く知らなかった。さらにサダトは、最も近いサウジアラビアのファイサル国王から厄介者のムアンマル・カダフィに至るまで、他のアラブの指導者にも開戦の日付を秘密にしておくことに注意を払った。サウジアラビアやリビアの指導者が知る必要のない場合、エジプトの大統領府でそれらの国と関係する担当者も知る必要はなかった。マルワンには情報を内報してくれる優れた情報源がいたことは確かだが、そうした情報源でさえ遮断されるか距離を置かれたようだった。開戦の日が近づくにつれ、サダトの執務室にいたより多くの人々が知るようになったが、マルワンは十月三日までエジプトを離れており、その時点で開戦の日付を知っていた人は比較的少数だった。例えば十月三日になって初めて、前線にいる歩兵師団の司令官は三日後に攻撃が始まることを知らされた。

他の情報提供者の中には一九七二年の暮れ、あるいは一九七三年の春に戦争が始まるかも知れないとイスラエルに報告した者もいたが、特定の日付を提示した者でさえ、一九七三年の秋に同じ警告を発することはなかった。最も可能性の高い理由は、この時期にサダトがより厳重に秘密を管理していたことである。当時のエジプトにおいて、マルワンの情報は他のどの情報提供者のものよりも優れていたが、それでもマルワンがすべての秘密を知っているわけではなかった。さらに、マルワンは過去に誤りを犯してもいた。例えば、一九七三年一月半ばにマルワンは、五月に計画されていた攻撃に関して、エジプト軍はスエズ運河を横断するつもりはないと報告した。また一九七三年九月初めには、戦争は年末まで延期されると報告していた。

従って、十月五日の金曜日、エジプト航空が運航計画を変更したのを知ったことにより、マルワンが翌日に戦争が始まることを初めて知った可能性は極めて高い。イスラエルの諜報機関も航空会社に出されたこの異常な命令を入手していたが、金曜日に発表された諜報機関の報告にはそれについて言及されていなかった。その情報がエンジェルにも届いていたことはイスラエルにとって幸運だった。マルワンはそれが何を意味するか、誰に詳細を尋ねるべきかを知っていた。その結果、マルワンがその夜ザミールに会った時、彼は決定的な新しい情報を共有し、何カ月にもわたって戦争が起こり得ないとしてきたイスラエル諜報機関の不動の固定観念《コンセプツィア》を打ち砕くことになった。

十月五日の金曜日の午前五時四十五分、イスラエル軍事諜報局は、前日の偵察で撮影した航空写真を基に、スエズ運河沿いのエジプト軍の配備を提示した。最後の一文がすべてを語っていた。「このデータから、運河沿いのエジプト軍は、これまでに見たこともないような臨戦態勢にあることを明確に結論づけることができる」。国防相のダヤンは、報告が提出された直後にそれを目にし、「この数を見ただけで、脳卒中を起こしそうだ」と言った。この報告と、シリアとエジプトからの説明のつかないソ連の緊急避難の情報は、ヨム・キプールの夜に行なわれた会議の主要議題となった。

早朝、軍事諜報局長エリ・ゼイラは自分の部屋で会議を開いた。彼は南部戦線の配備（運河に架橋するための備品を含む）よりも、ソ連軍の緊急避難を懸念していたようである。この会議中に、軍事諜報局長の単独かつ直接的な責任下にあった「特別な情報収集手段」を起動させるべきだという意見が出た。この特別手段に関しては依然として秘密だが、ヨム・キプール戦争について書かれたハワード・ブルームの著書によると、「カイロ郊外の砂漠に深く埋設されている電話およびケーブル回線に接続された一連のバッテリー駆動装置」で、電話や電信の信号だけではなく、電話や電信の置かれた部屋で話される会話も傍受できるという。問題は、継続的に駆動させるにはバッテリーを時々交換する必要があることで、敵地深くで行なわれるこの危険な作戦に軍事諜報局は消極的だった。イスラエルの情報筋によると、これらの装置は一九七三年の二月十六～十七日、エジプト第三軍の司令部の近くでスエズ市の西にあるジャベル・アタカに、四機のアメリカ製ヘリコプターCH－53で乗り込んだ特殊部隊によって埋設されていた。十月五日の朝の会議で、ゼイラはまだ戦争の可能性は低いと信じており、装置を起動させるべきだという意見を退けた。

午前八時二十五分、イスラエル国防軍参謀総長ダヴィッド・エルアザルの部屋で短い会議が行なわれた。エジプト軍の配置とソ連の緊急避難についての新しい情報を踏まえ、エルアザルは正規軍を警戒レベル3に配置することを決定した。これは六日戦争以来最も高い警戒レベルだった。彼はまた、空軍を最高レベルの警戒態勢にし、第七機甲旅団の残った部隊をゴラン高原に移動させ、シナイ半島に別の戦車旅団を派遣した。予備役の招集には内閣の承認が必要だったが、これはまだできなかった。しかし、警戒レベル3は招集のための準備がすべて整っていることを意味した。この時点でゼイラはまだ、ザミールがマルワンから受け取った警告に言及しておらず、エルアザルが決定を下した際にこの警告を知っていたかどうかは定かではない。

午前九時、週一回の安全保障に関する状況説明が国防相ダヤンの部屋で行なわれた。ゼイラは情報の概観を説明したが、ここでもエジプト軍の運河に沿った配備が攻撃態勢にあることよりも、ソ連の緊急避難に焦点を当てた。ゼイラは、六日戦争開戦の数分間でエジプト空軍を壊滅したようなイスラエルの先制攻撃の可能性を恐れて、エジプト軍がこのような配備を取っていると解釈した。そしてザミールがロンドンへ緊急渡航したことを伝え、今夜ザミールから報告が来るのを待っていると言い、「その後、我々はより賢明に判断できるだろう」と話した。

この会議でダヤンは、「特別な情報収集手段」が何か有益な情報を傍受していないのか、ゼイラに尋ねた。ゼイラは、この装置を起動させていないことをダヤンに告げず、戦争警告に関する情報は入っていないとだけ答えた。ゼイラの誤解を招く発言は、差し迫った攻撃に対するダヤンの恐怖を静める結果となった。ダヤンは、特別装置が起動されていて警告に値するような情報が入っていないと理解したからである。だから、エジプトが攻撃寸前の状態ではないとダヤンが結論したのは至極妥当なことだった。参謀総長エルアザルに関しては、特別装置についてすべてを知っていたから、ゼイラの発言は三日前の火曜日にすでに聞いていたことの確認に過ぎなかった。その後、エルアザルは恐らく次の月曜日にも特別装置が起動されているかをゼイラに尋ねたが、ゼイラは確かに起動されていると偽って答えた。

ゼイラは特別装置を起動させるよう軍事諜報局の最高幹部たちから圧力をかけられていたが、差し迫った戦争の脅威が存在しないので、装置を起動させる正当性がないとの理由から拒んでいた。彼が嘘をついたことは、ダヤンやエルアザルが当面の脅威をひどく過小評価してしまった大きな一因となった。

ダヤンはエルアザルが下した様々な決定に賛意を表した。ダヤンはまた、ワシントン経由でモスクワ、カイロ、ダマスカスにメッセージを送ることを決定した。イスラエルに敵意はないが、アラブ側で取られている行動を熟知しており、アラブ側が攻撃した場合もイスラエルは戦闘準備が整っているという内容だった。

予備役招集の問題はこの会議でも次の会議でも持ち上がり、テルアビブにあるイスラエル国防軍本部の首相執務室で開かれた午前十時の会議でも取り上げられた。ここではエルアザルが先頭に立ち、戦争に備えて取られたすべての行動について最新情報をゴルダ・メイール首相に報告した。エルアザルは、エジプトやシリアが攻撃を仕掛けようとしている場合、軍事諜報局やモサドの情報収集能力によって明確な兆候を受け取るだろうから、まだ全員を招集する必要はないと語った。「我々は戦争に向けて準備をしている。その兆候が一刻も早く明らかになることを望む」と結論した。メイール首相は懸念の意を表明したが、エルアザルの立場を受け入れ、ダヤンがキッシンジャーを通じてソ連、エジプト、シリアにメッセージを送ることを承認した。

その日の五回目の会議にはより多くの人間が招集された。この予定外の会議は午前十一時三十分頃に始まり、政府の全閣僚が出席した。軍事諜報局長は、ザミールがロンドンへ渡航していることについては触れなかったが、包括的な情報調査の概観を述べた後、イスラエル軍参謀総長が話をした。エルアザルはゼイラの判断に同意し、エジプトとシリアの攻撃姿勢を指摘して現段階でこれを確実に防御する手立てがないことを述べ、軍の警戒レベルを3にして対策を講じ、シナイ半島とゴラン高原に援軍を送ることを要求した。「予備役の招集やその他の方策に関して、我々はさらなる指標を待っている」とエルアザルは付け加えた。

エルアザルの言葉から、彼の戦争に対する見解が前進したことは明らかだった。しかしもっと早い段階で軍に最警戒態勢を発令し、現存する脅威に十分対応できるようより多くの勢力を前線に配置することを決断していたら、この段階で予備役を招集できたはずである。ヨム・キプールの休日に招集する可能性が考慮され、通常は内閣の承認が必要だったが、首相と国防相に正式な権限が付与された。

その日の最後の会議は、閣僚会議の直後に開かれたイスラエル国防軍参謀の緊急会議だった。そこでゼイラは、国防軍の幹部たちに「エジプトとシリアによって引き起こされる戦争の可能性は、非常に低い」と語った。ゼイラが推定したより高い可能性は、ゴラン高原への限定的なシリア軍の攻撃、あるいはスエズ運河沿いへの限定的なエジプト軍のヘリコプター攻撃であって、ミトラ、ギディ両峠を目標地点とした運河の横断を含む、エジプト軍とシリア軍による広範囲にわたる共同攻撃の可能性は極めて低いとした。このゼイラの判断は、一時間半前に内閣に報告した内容と同じだったが、第一級の情報分析官が在籍する軍事諜報調査局の判断とは完全に矛盾していた。軍事諜報調査局は、エジプトが攻撃する場合、それは限定的なものではなく本格的に運河を攻撃するだろうと結論していた。現在のエジプトとシリアの両前線の配備は、軍事諜報調査局がある時期に所有していた両国の戦争計画に符合していたのである。

エルアザルはゼイラより深刻に懸念していた。彼はまだ戦争の可能性は高くないと考えていたが、「非常に低い」とまでは言えないと感じていた。エルアザルの比較的穏健な楽観主義は、「実際にシリアとエジプトが同時に攻撃するつもりなら、我々は警告を受けるだろう」という彼の信念に起因していた。彼の信念は、イスラエルの諜報機関に属する二つの情報源に基づいているようだった。一つは軍事諜報局長の管理下にある「特別な情報収集装置」で、もう一つはモサドの「エンジェル」だった。

しかしエルアザルは、特別装置が起動されていないことを知らなかった。さらに彼は、ザミールのロンドン渡航についてゼイラから聞いていたが、その緊急性までは聞かされていなかった。ゼイラは、前夜のザミールとの電話の内容をエルアザルに話していなかった。その結果イスラエル軍参謀総長は、自身の代理人による証言によれば、戦争がすぐ始まるという警告のためにザミールがエンジェルに会いに行ったことを金曜日に知ることはなかった。よって、予備役の招集を正当化するエルアザルの判断基準は、軍事諜報局の「特別な情報収集装置」に依拠していた。

その日の潮目を変える情報の断片は、「特別な」類いのものではないものの、監視装置によって拾われていた。金曜日の午後五時、諜報部隊八四八のメンバーは、モスクワ駐在のイラク大使がバグダッドのイラク外務省に送ったメッセージを傍受した。大使は、前日に始まったソ連の緊急避難の理由をソ連外務省に確認し、エジプトとシリアがイスラエルを攻撃しようとしているとソ連に警告したことを報告していた。

普通の状況であれば、こうした情報は軍事諜報調査局が入手した後三十分以内に報告されることになっていた。しかし、国防軍の警戒レベルが３であるにもかかわらず、軍事諜報調査局のほとんどの局員は、ヨム・キプールの休日を自宅かシナゴーグで過ごしていた。任務に就いていた局員は、ヨム・キプールに大規模な予備役の招集を引き起こすかも知れないメッセージを出すことを躊躇《ためら》った。局員は他の将校や司令官と協議を開始し、六時間後、さらなる情報を待つという理由で、ゼイラは予備役招集を保留する命令を下した。

「さらなる情報」とは、もちろんエンジェルとのミーティングからモサド長官が引き出す報告のことだった。ちょうどその時間、イスラエル時間で午後十一時、ロンドン時間で午後十時に、ザミールとドゥビーはエンジェルとのミーティング場所に向かっていた。ザミールは、イスラエルでの最新の動向を聞いていなかった。前日に提示された全エジプト軍の戦闘態勢を示す偵察写真を見ていなかった。その日テルアビブで行なわれた一連の会議についても知らなかった。一連の会議では、ユダヤ教の最も神聖な日に大規模な予備役を招集することに関して、イスラエル国防軍参謀総長が政府の承認を求めており、エジプトとシリアが攻撃しようとしていることを示す確固たる証拠を必要としていた。六時間前にそうした情報の断片が軍事諜報局に届いていたが、局長を前向きにすることはなかったということも、ザミールは知らなかった。また、機能していない特別装置について軍事諜報局長が誤った印象を与え、間違った情報で全体像を描いていたことにも気づかなかった。

ただザミールは、戦争の可能性について深刻に懸念されており、自分がイスラエルに戻って報告することを皆が待っていることを知っていた。しかし、マルワンがもたらした驚くべき知らせに対して十分な準備ができていなかった。

ドゥビーとザミールがミーティングの行なわれるアパートに到着したのは、ロンドン時間で午後十時前だった。数時間前から配置されていたモサドの捜査官たちは、最後に建物の周辺をざっと見渡した。二人は建物の中に入り、部屋で長い時間待たされた。マルワンが時間に遅れることは滅多になかった。

午後十一時半を過ぎた頃、ようやくドアをノックする音が聞こえた。ドゥビーがドアを開け、エンジェルを中に入れた。

握手して挨拶が交わされた。ドゥビーは大きな食卓のそばに座り、ノートを広げてペンを手にした。マルワンはコーヒーテーブルの肘掛けイスに座り、ザミールと向かい合った。

ローマでのエルアル旅客機への攻撃未遂事件以来、一カ月ぶりの再会だった。モサドが情報提供者の身の安全を第一に考えていることを、まずマルワンに知ってほしかった。そこでザミールは、イタリア警察がオスティアのアパートを襲撃した後、マルワンに何らかの疑いが掛けられなかったかどうか、そしてサダトはイタリア当局が事前にそのことを把握していたことについて関心を示したかどうかを最初に尋ねた。マルワンは、その件で自分に何の問題も起きなかったと言い、二人を安心させた。サダトは恐らくマルワンがイタリア当局に通報したと判断したのだろう。ともかくテロ攻撃はエジプトの関心事ではなかったので、この事件自体を大統領が問題視することはなさそうだった。マルワンがモサドに告げたことを疑っている人間は一人もいなかった。

だが、ザミールの質問を受け流したぶっきらぼうな態度から、マルワンが心中に切迫した何かを抱えていることは確かだった。

マルワンは緊張していた。「私は戦争について話すためにここに来ており、そのこと以外の話題はない。ケンジントンにあるエジプト領事館で一晩中過ごしていたので遅れてしまった。最新情報を得ようとカイロに電話していた。サダトは明日戦争を始めるつもりだ」と告げた。この衝撃的な報告に次いで話した時のマルワンの言葉遣いは、イスラエルがすでに開戦について知っていると彼が考えていたことを感じさせた。エジプトでは、イスラエルは開戦の二日前に情報を入手していたと広く信じられていたからである。しかしまた、マルワンがわずか数時間前に開戦について知り、攻撃開始まで二十四時間を切った今、ようやくここに来て情報を提供できたという事実を覆い隠そうとしていた可能性も否めない。エジプトにおいて、自分が入手できない情報はないとイスラエルに売り込んでいたからである。

ザミールは驚きを隠せなかった。ザミールは自身で入手していた最新の情報、とりわけソ連が緊急避難した情報は、エジプトとシリアが戦争に向かっていると解釈できたので、その懸念を抱えてミーティングに来ていた。しかし、攻撃が二十四時間以内に始まることは想定していなかった。彼はまたかつてのように、今回も誤報となることを懸念していた。そこで彼は即座に問い返した。「あなたの情報は何を根拠にしているのか?」

以前に間違った情報を提供したことのあるマルワンにとって、イスラエル人の信頼を得ることと、カイロの中枢に通じているというイメージが重要だった。彼はどこでその情報を得たのか、その夜に誰に電話をしていたのかははっきりしない。彼の情報は、実際に人に会って得たものではなく電話での会話に基づいていたので、彼の聞いたことがどうにでも解釈できるような内容だったと考えることもできる。彼は、戦争前の極めて重要な日々をサダトのもとで過ごしていなかったので、すでに極秘事項を知った人々のいる大統領府がどんな雰囲気だったのか、知ることができなかった。マルワンが受け取った情報の信憑性について疑いの余地はなさそうだが、一方で攻撃の日を何度も変えるというサダトの性癖も知り尽くしていたので、この二つの間でザミールの心は揺れた。ザミールがより強い語調で、本当に戦争が翌日に勃発するのか、マルワン自身の自主性のある見解を提示するよう強く求めれば求めるほど、マルワンは激昂し、少なくとも一度は声を荒げた。「どうやって分かるというのだ？」マルワンは叫んだ。「サダトは狂っている。戦争に向かうと言って、全員に前進するよう命令してから、突然後退することもあるのだ」。マルワンは、スパイとして最も重要な質問に率直に答えることができないことへの欲求不満を口にし、サダトに対する個人的な反感、そしてサダトを信用するに足りない人物として軽視していることを話した。

翌日に戦争が勃発することに比べれば、マルワンの内的葛藤を心配するには及ばなかった。ザミールは一九五九年にイスラエル国防軍の上級士官だったが、その年、予告なしに大規模の予備役が緊急招集されたことがあった。それによって国民に恐怖心が植え付けられ、さらにエジプトとシリアが同じく予備役を招集する事態となり、地域全体の緊張を高めたことがあった。「アヒルの夜」と呼ばれたこの事件は、国防軍の作戦部長メイール・ゾレア少将と軍事諜報局長イェホシェファット・ハルカビ少将の軍事経歴に終止符を打った。マルワンと会話している間、この出来事のイメージがザミールの脳裏をよぎった。「アヒルの夜」は、ヨム・キプールの最中に誤った緊急招集を発動することに比べれば、児戯に等しいことをザミールは知っていた。数万に及ぶ予備役の兵士をシナゴーグから連れ出し、起こりそうにもないアラブの猛攻に向けて前線に送り出すイスラエル国防軍に対して、世界はどう反応するだろうか。その代償は計り知れなかった。マルワンの警告がしっかりした根拠に基づいていることを確かめるため、今こそ情報提供者に可能な限り厳しい圧力をかける時であることを、ザミールは知っていた。

マルワンの不快な表情がザミールの懸念を抑制することは全くなかった。ザミールは、自分の見解を練り上げるには、マルワンの経験よりはるかに役立つ自らの経験に頼るべきことを悟った。ザミールはロンドンに発って以来、イスラエルで何が起きているかを知らなかった。しかし、すでに予備役が招集されていると考える理由はなかった。彼は、翌日戦争が始まるという明確な警告が、意思決定者に予備役の本格的な緊急招集以外の選択肢を与えないだろうと理解した。彼はモサドの長官であり、首相や閣僚ではないにもかかわらず、突然、彼の双肩に政府決定の全重圧がかかっていることを感じた。しかしザミール自身は、かつてイスラエル国防軍の南部方面司令長官として軍務についていた将校であり、予備役の招集なしにアラブの攻撃をかわそうとすることの意味を熟知していた。

ミーティングの終わりまでに、ザミールはすでに決心していた。彼は、エジプトとシリアが明日、全面攻撃を計画しているという明確な警告をイスラエルに送ることにした。

この決定は、ヨム・キプール戦争の成り行きを変えることになった。

しかし、ザミールはマルワンとのミーティングを打ち切らなかった。次は戦争の計画について、マルワンを厳しく追求した。マルワンはいかなる書類も持ち込んでいなかったが、直近の戦闘計画の鍵となる詳細の大部分は彼の記憶の中に焼き付けられており、カイロに連絡することによって再確認された。戦争計画の最新版は、数週間前に彼が最後に操縦者に伝えた計画と何も変わっていなかった。エジプトの歩兵師団はスエズ運河を渡り、東に十㎞前進することになっていた。彼は、スエズの前線に向かうイスラエル国防軍を阻むための空襲と奇襲部隊の攻撃について、いくつかの詳細を語った。マルワンはまた、エジプト空軍がケルトミサイルを搭載したツポレフTu－16爆撃機を送り込み、テルアビブのイスラエル国防軍本部を攻撃することを告げた。これも彼が以前に伝えた計画にあった。

ザミールは、それほど差し迫った問題ではなかったが、作戦実行時刻についても質問した。イスラエルが長年見てきたエジプトのあらゆる戦闘計画では、作戦は日没時刻に実行されることになっていた。シナイ半島への大規模な空襲を実行するのに十分な日の光が残っており、イスラエル空軍による効果的な反撃を妨げる暗闇が下りる直前の時間だった。マルワンの報告によると、今回の計画も同じだった。一九七三年十月六日の日没は、イスラエル時間で午後五時二十分だった。

しかし、マルワンも操縦者たちも知らなかったが、二日前にエジプトの戦争相はシリアの大統領と面会し、シリア軍とエジプト軍の作戦調整の後、午後二時に攻撃を開始することで合意していた。

ミーティングは二時間以上に及んだ。マルワンは自分のホテルに戻った。モサドの捜査官たちが彼を監視し続けたが、翌日の土曜日、マルワンはエジプトに帰国した。ザミールとドゥビーはミーティングで語られたすべての言葉を書き留めてから、そのまま歩いてモサドのロンドン支局長の家に行った。徒歩十分の距離だった。道中でザミールは、戦争がすぐに起きるという警告を送って、戦争が起きなかった場合どうなるだろうという疑問を口にした。しかし、ドゥビーの答えを待つまでもなかった。彼はすでに心を決めていた。

二人がロンドン支局長ラフィの家に到着すると、ラフィは二人を待ち構えていた。ザミールは、イスラエルの自宅で待機している彼の首席補佐官フレディ・エイニに送る暗号化されたメッセージを、念入りに数分かけて手書きした。そこには、マルワンとのミーティングの安全確保を担当したツヴィ・マルヒンも同席していた。マルヒンがザミールの書いたメッセージを見た時、一九五九年の「アヒルの夜」事件を思い出し、責任者たちの末路を思い起こした。しかしマルヒンも戦争が起きることを確信していた。戦争が始まる数時間前、彼はテルアビブ近郊のアフェカにいる妻に電話し、防空シェルターがある近くの家を見つけるよう妻に告げた。彼らの家にはシェルターがなかった。

ザミールはフレディ・エイニに連絡した。一九七三年までにロンドン・イスラエル間に直通電話が導入され、国際交換手の必要がなくなった。時刻は午前三時前だった。エイニがザミールに電話して、エンジェルが「化学物質」について話し合うためロンドンで緊急ミーティングを求めていると伝えてから、二十四時間が経過していた。ザミールにとって極めて重要なのは、今から伝えるすべての言葉をエイニが理解し、メッセージに含まれていることを一刻も早く実行に移すことだった。エイニが電話に出ると、ザミールはまず「冷たい水に両足を入れろ」と言った。つまり、今すぐに目を覚ませということだった。エイニの意識がはっきりしているのを確認すると、ザミールは自ら書き留めたメッセージをエイニに口述した。その内容は次のとおりである。

その会社は、今日の日没前に、契約書に署名するつもりであることが判明した。

その契約内容は、我々がよく知っている条件と同じである。

彼らは、今日が休日なのを知っている。

彼らは、安息日《シャバット》が明ける《土曜日の日没》前に契約を取り付けることができると考えている。

私はマネージャーと話したが、彼は他のマネージャーとの約束があるので延期することはできず、自らの約束を守りたいと考えている。

私は、すべての契約条件について最新情報をあなたに伝える。

彼らは競争に勝つことを望んでいるので、署名の前にそれが公開されることを非常に恐れている。

競争相手がいるので、株主の何人かは熟考するだろう。

彼らには、地域の外にパートナーはいない。

エンジェルの意見では、署名する可能性は九九・九％である。


一方ドゥビーは、ミーティングについての報告書を準備していた。彼は準備を終えてから、ロンドンの中心部パレスグリーンにあるイスラエル大使館に向かった。暗号室からそれを送るためだった。一部の報告によると、ヨム・キプールのために暗号室で仕事をしている人は一人もおらず、誰かが姿を見せるまで待機しなければならなかったという。しかし実際には、モサドのロンドン支局長が待ち構えていて、報告は朝の早い時間にテルアビブのモサド本部に送られた。報告書は、その日の遅い時間に戦争が始まるだろうというザミールの警告が繰り返され、情報提供者によると、サダトは土壇場で変心するかも知れないと付け加えられた。さらに、エジプトの戦争目的はスエズ運河の東十㎞までの地域を占領することに限定され、この段階ではミトラ、ギディ両峠まで前進するつもりはないというのが主なメッセージだった。

ドゥビーは自分のアパートに戻った。妻のロニートが待っていた。彼女は夫の予測不能なスケジュールに慣れていたが、ヨム・キプールの真夜中に長時間出かけるのはドゥビーにとっても普通のことではなく、何か深刻な事態が起きていることを暗示していた。妻には率直に言った。「戦争が始まる。バル・ミツバ《ユダヤ教徒の男子が十三歳で祝う成人式のこと》は中止だ」

息子オフェルは十三歳になり、間もなくバル・ミツバを祝う予定だった。痛みは最も小さいものの、彼は、わずか数時間後に始まる戦争のイスラエルで最初の犠牲者の一人だった。その朝遅く、ドゥビーは疲れ果ててベッドに倒れ込んだ。

ロニートは午後一時を少し過ぎたところでドゥビーを起こした。戦争が始まった。

一方、ザミールは結局一睡もできなかった。エイニとの電話を終えた瞬間から不安に打ちのめされていた。エジプトがイスラエル時間の午後二時に攻撃を開始したと聞いた時、彼は「屋根まで飛び上がった気分だった」と後に述懐している。彼は安堵していた。イスラエルが余裕で勝利すると確信していたからである。だが本当の理由は、彼の警告が間違っていなかったことが証明されたからだった。これでようやく一息つくことができる。彼は日曜日までロンドンに滞在し、それからキプロスに飛んだ後、特別に手配された飛行機でイスラエルに戻った。ザミールは戦況について何も知らされていなかったが、自分が送ったメッセージによってイスラエルが適切に対応できていると確信していた。しかし空港に迎えに来たモサドの上級士官ナフム・アドモニに会った時、ザミールは初めて自分がどれだけひどい過ちを犯したかを知った。

第10章　鳩小屋計画——警告と戦争

フレディ・エイニは、ザミールとの電話を切った後、目覚めのコーヒーを飲む必要はなかった。彼はすぐに連絡リストに載っている人物に電話し始めた。昨夜約束したとおり、まずは軍事諜報局長エリ・ゼイラだった。軍事諜報局は、イスラエルの様々な諜報機関によって収集されたすべての情報を取りまとめる情報センターだったので、その局長が最初に情報を受け取るのは当然のことだった。ゼイラは注意深く耳を傾け、すぐに軍事諜報調査局長アリエ・シャレヴ少将に電話し、一言一句読み聞かせるよう指示した。しかしシャレヴに電話する前に、エイニには先に連絡する人物がいた。ゴルダ・メイール首相の軍事秘書官イスラエル・リオール、そして国防相の補佐官アリエ・ブラウンだった。その後シャレヴに連絡した。数年後にエイニは、夜中にたたき起こされたシャレヴが、軍事諜報局の報道官と広報センターに回せばそこで処理してくれると不機嫌そうに言ったことを述懐している。軍事諜報調査局長が依然として危機を認識していないことは明らかだった。要約を伝えた後にエイニがやや攻撃的に意見を述べると、シャレヴはようやく状況を把握したようで、エイニが口述したメッセージを書き留めた。

イスラエル国防軍参謀総長は、エイニの連絡リストには載っていなかった。参謀総長は副官のアヴネル・シャレヴからメッセージを受け取った。アヴネル・シャレヴは国防相の軍事秘書官イェホシュア・ラヴィヴ准将から聞いていた。ダヤンとリオールは、メッセージを確認するために折り返しエイニに連絡した。十月六日土曜日の午前四時半までに、イスラエル政府の意思決定に関わる全員がすっかり目覚め、夕方に予想される攻撃に備えた。

イスラエルがこれまでに受けた最も明確な戦争警告であるアシュラフ・マルワンの警告は、エジプトが長距離戦闘機と使用可能なスカッドミサイルを持たない限り、決して戦争を始めることはないとした固定観念《コンセプツィア》をどの程度まで払拭できただろうか。これは単なる学術的な論題ではない。すべての主要人物は事態の進展に伴い、時には直接指令を無視しても、エンジェルの警告をどれだけ真剣に受け止めたか、自身のその程度に応じて行動した。

十月六日の早朝から、イスラエルの主要な意思決定者とその側近たちは、イスラエル国防軍参謀総長、国防相、首相のそれぞれの本部で、集中的に会議を行なった。三つの建物は、キャンパス（ハキリヤ）として知られるテルアビブの防衛複合施設で互いに隣接していた。二つの問題がそれぞれの会議の主題だった。一つは予備役の緊急招集について、もう一つは一九六七年の六日戦争の緒戦で成功を収めたように、軍事主導権を握るためのイスラエル空軍の先制攻撃についてだった。

国防軍参謀総長ダヴィッド・エルアザルに限っては、マルワンの警告が戦争に関するあらゆる疑いを払拭してくれたと考えていた。一時間半のうちに空軍司令官に対して午前十一時の先制攻撃に備えるよう命じ、始まろうとしている戦争に備えた。その日の朝四時半に補佐官に起こされた瞬間から、空軍の部分的な予備役招集を承認し、陸軍のより広範な予備役招集に必要な準備を行ない、前線・国内戦線双方でさらなる戦争準備を命じた。午前六時、国防相モシェ・ダヤンと最初の会議を行なった。そこで彼は現状下で極めて重要な二つの行動を主張した。先制攻撃と大規模な予備役の招集である。

エルアザルは、マルワンの警告の妥当性と戦争の可能性に関して、ダヤンの懐疑主義と真っ向から対立した。エルアザルの迅速な行動とは対照的に、ダヤンは物事をより緩やかに進めるよう主張した。会議の冒頭、ダヤンはゴラン高原の民間居住区から子供たちを「遠足」と称して避難させることや、エジプトのスカッドミサイル攻撃に備えて民間防衛隊を組織することなど、緊急性の低い問題を提起したが、後になってようやくエルアザルの二つの要請に関心を向けた。ダヤンはきっぱりと先制攻撃を拒絶し、北部戦線を強化するために非常に限定された単一の予備役旅団の招集にのみ同意した。エルアザルは少なくとも四つの師団を招集するよう要求していた。ダヤンとエルアザルの堂々巡りの議論について、出席者の一人は、聖書に出てくるソドムとゴモラの町について、町を滅ぼさないためには何人の義人が必要かというアブラハムと神とのやり取りを思い起こしたと述懐している。最後までエルアザルとダヤンの溝は埋めることができず、二人は首相の決裁を仰ぐことで合意した。

ダヤンはなぜエルアザルの要請を拒否したのか。ダヤンは、「我々が現時点で入手している情報に基づいて、それを実行するわけにはいかない」と先制攻撃を拒絶した理由を述べている。つまり、ダヤンの意見がエルアザルと違うのは、アラブの攻撃を防ぐために先制攻撃が必要か否かということではなく、アラブが実際に攻撃してくるか否かを問題にしていたからだった。エルアザルは、戦争勃発は確実であり先制攻撃は避けられないと結論していた。一方ダヤンは、それを多くの可能性の一つに過ぎないと見ていたので先制攻撃に反対した。予備役招集についても同様だった。ダヤンは非常に慎重な男で、現有戦力だけで戦争に勝てるとは思っていなかった。それでもエルアザルの要請を拒否したのは、戦争の可能性がまだあまりにも低いので、広範な予備役招集を正当化できないと判断したからだった。「全軍を招集することはできない」ダヤンはエルアザルに告げた。「ツヴィカからのメッセージが少なすぎるからだ」

ダヤンが戦争に懐疑的だったのは、エリ・ゼイラの判断に基づいていた部分もあったようである。ゼイラは午前七時に会議に加わり、エジプトとシリアが軍事的主導権を握ろうとしているというさらなる兆候にもかかわらず、戦争が現実に起きることを受け入れる準備がまだできていないと報告し、サダトは戦略的・政治的観点から戦争を必要としていないと付け加えた。およそ十五分後、国防軍参謀の緊急会議の冒頭で、ゼイラは、たとえエジプト軍とシリア軍の配備がイスラエル国防軍の講じる措置を正当化するとしても、戦争を始めることはエジプトとシリアにとって合理性を欠くことになるとの持論を繰り返した。午前八時過ぎに始まった首相との会談で、ゼイラは、たとえエジプトやシリアが技術的および戦略的観点から戦争の準備ができていたとしても、開戦に踏み切れば敗北するのを知っているから、サダトには攻撃を始める強い意欲はないとの彼の信念を繰り返し述べた。

こうしたあらゆる発言から、マルワンの警告（およびエジプトとシリアの追加配備）が、開戦についてゼイラの判断にある程度影響を与える可能性があったという事実にもかかわらず、ゼイラは一年前に軍事諜報局長の地位に就いて以来一連の持論に執着し続け、その日に戦争が起きることを疑い続けたことが浮かび上がってくる。この点で彼は、軍事諜報調査局第六部局（エジプト担当）の局長ヨナ・バンドマン中佐に頼っていた部分もあった。エジプトの意図に関して、ゼイラは、バンドマンの専門知識と判断に最後の瞬間まで頼り続けた。バンドマンは、エジプトが戦争に踏み切る理由はないと信じていたので、戦争の可能性が高いとする報告を準備するようにとの軍事諜報調査局からの命令さえ拒否した。結局その報告は別の局員によって準備された。一方のバンドマンは、異議を唱える報告を書いて戦争の可能性が低い理由を説明した。ゼイラはバンドマンの報告を受け取り、それを配布しようと検討したが結局思い留まった。しかし、ゼイラが「検討した」というその事実は、あらゆる事態の進展にもかかわらず、彼がまだその日に確実に開戦するとは限らないと考えていたことを示している。

一方で、エルアザルはモサド長官の警告を額面通りに受け取った。彼は時間を浪費すべきではないと考えていた。午前七時四十五分頃、イスラエル国防軍参謀との会議を行なった後、エルアザルは、南部方面司令官シュムエル・ゴーレン少将と北部方面司令官イツハク・ホフィ少将と、個人的にそれぞれ数分間話した。彼は今日始まる戦争に向けて、部下たちに準備させるよう命じた。

ゴルダ・メイール首相に関する限り、ゼイラやダヤンの躊躇とは無縁だった。エルアザルと同様、マルワンとのミーティングに関するザミールのメッセージを完全に信頼しており、今日中に戦争になることを疑問視していなかった。テルアビブにある国防軍本部の執務室に到着すると、すぐ国防相との会議を求めた。最初ダヤンは、午前十時あるいは十一時以前には会えないと拒否したが、首相が強く要求すると、ようやく時間を早めて会うことに同意した。

午前八時過ぎ、ゴルダ・メイール首相の執務室で会議が始まった。エルアザルとダヤンはそれぞれの見解を示した。ダヤンは重ねて民間人の避難と国内の戦争準備の問題をのらりくらりと提起した。一方エルアザルは、戦争の可能性について明快に述べた。「私はツヴィカ（ザミール）の部下からのメッセージを読んだ。このメッセージは確かなものである。我々にとって大変な緊急事態だ」エルアザルは、即座に断固とした行動に出ることを要求した。

メイールは素早く決断を下した。彼女は、世界、特にアメリカがイスラエルを侵略者と見なすことを恐れ、先制攻撃を拒否するダヤンの立場を受け入れた。メイールは、先制攻撃するとアメリカの支援を取りつけることが困難になり、どんな戦術的な利益よりも重大な損失になると考えた。

メイールは他方で、予備役の招集に関してはエルアザルの立場を受け入れた。会議の議事録によると、メイールはアシュラフ・マルワンについて明言することはなかったが、その後の数日間、彼女は何度か、自分の判断は「ツヴィカの友人」からのメッセージに基づいていると述べた。

午前九時までに最初の命令が伝達された。午前十時までには、数千人の予備兵の自宅で電話が鳴り響いた。続く数時間の間で招集のスピードは加速した。

広範な予備役招集が始まると、ゼイラの見解は現実的な価値を失ってしまったと考える人がいるかも知れない。しかし、アグラナット委員会による公聴会の議事録や他の資料を注意深く眺めると、非常に重要な問題の一つであるスエズ運河への正規軍部隊の配置について、ゼイラの誤りが致命的で決定的な結果をもたらしたことが分かる。

シナイ半島にいたイスラエル正規軍の第二五二機甲師団は、午後二時にエジプト軍の攻撃が始まった時、準備が整わないままに餌食になった。運河の北部にあるオルカル砦に常駐していた一つの戦車分隊だけが、戦闘配置についていた。最前線にいた第一四旅団の他の戦車は戦闘配置に向けて準備中で、その間に第四〇一・第四〇六戦車旅団は前方の合流地点を目指していた。

第二五二機甲師団は前日から警戒態勢にあり、司令官のアルバート・マンドラー少将は、入手可能な情報に基づいて戦争の可能性が高いと信じていた。もしエルアザルが、南部方面司令官ゴネン少将に戦闘準備の命令を下した直後、マンドラーにも同じ命令を通達していれば、マンドラーは指揮下の戦車をエジプト軍が渡河する対岸に配置したはずだ。これがどれだけスエズの戦局を左右したかは推測の域を出ないが、少なくとも実際よりはるかに好ましい結果を生んだことは間違いない。イスラエルのほとんど全部の戦車は、前線に急ぐ間に戦闘に巻き込まれ、エジプト軍がすでに渡河を終えて東岸での戦線を立て直した後にやっと運河に到達した。

渡河の最初の局面では、七百二十隻のボートが六時間に十二往復し、三万二千のエジプト軍歩兵が輸送された。第二五二機甲師団の戦車が所定の位置につけなかった結果、運河を渡るエジプト軍は、イスラエル軍による組織的な戦車砲撃や本格的な反撃に遭遇することがなかった。

エルアザルは午後六時を攻撃開始時刻と仮定し、準備するようゴネン少将に命じていた。命令は午前七時四十五分に出された。約二十分後、ゴネンは第二五二師団の司令官マンドラーに連絡し、「鳩小屋」と呼ばれる計画の準備をするよう命じた。この計画は、正規軍を使って運河の前線を防御することを可能にするが、部隊は所定の位置から移動できなくなる。ゴネンは午後六時に向けて準備するよう参謀総長に言われていたが、午前十時過ぎに再びマンドラーに連絡した。「〝攻撃開始時刻〟とはどういう意味だ？　敵の大演習の終了か？　戦争の始まりか？　消耗戦争の再開か？　本格的な侵略を意味するのかも知れないが、起こりそうもない」。ゴネンはエルアザルの命令に従わず、何の準備をするべきなのか明確な指示を出さずに戦場の部隊を放置し、混乱を招いた。さらに悪いことに、エルアザルの命令は直ちに全南部方面司令部が戦争に備えることを意味したが、ゴネンは「午後四時までは通常業務を離れないように」と最前線の旅団に命じていた。その結果、午後二時に戦争が始まった時、オルカル砦の所定の位置にいたのは師団の三百台の戦車のうちたった三台だったのである。

従って、エジプト軍は事実上無傷で運河を渡った。例外はブダペスト砦で、エジプト軍が地上攻撃を始めるわずか数分前に、渡河を阻止することになっていた二台の戦車が所定の位置に到達していた。

二台の戦車は、エジプト軍の戦車および装甲兵員輸送車を何とか破壊し、攻撃のために配列されていた部隊を四散させ、砦が制圧されることを防いだ。

「鳩小屋」計画が失敗に終わったため、エジプト軍は事実上反撃を受けず死傷者も出さずに、作戦の最重要部分である運河横断を実行することができた。エジプト軍の渡河を阻止するために運河に沿って南北に攻撃するはずだった「足ひれ」と呼ばれる地点にイスラエルの戦車が近づいた時には、エジプト軍の奇襲部隊によってそこはすでに占拠されていた。包囲された要塞を取り戻そうとしたが、イスラエル軍の戦車の多くは夜の間に破壊されてしまった。緒戦の最終結果は、エジプト軍が十月七日の明け方までに運河を渡り切り、ほとんど無傷で東岸に拠点を築いた。一方、イスラエル国防軍の第二五二機甲師団は、どの目標地点にもたどり着くことができず、戦車三百台のうち二百台を失った。

一九四八年のイスラエル独立戦争でラトゥルン警察署の占拠に失敗して以来、国防軍にとって最悪の敗北だった。しかし一九四八年とは対照的に、当時のイスラエル国防軍は武器と練度において敵に勝っていた。兵士たちの士気も、一九四八年の戦闘員たちに劣ってはいなかった。一九七三年の敗北は、情報識別能力の欠如に端を発しており、それがイスラエル国防軍の事前準備を妨げ、さらに戦闘の数時間前にゴネン少将を混乱させ、誤った命令を出させた。

ゴネンの行動をどう理解すべきか。どうしてゴネンはエルアザルの明確な命令に従わなかったのか。ゴネンは後に、エルアザルに戦争の準備をするよう命令される前、朝の参謀会議が始まる前に軍事諜報局長エリ・ゼイラから廊下で伝えられた評価に従って行動を開始したと証言した。ゼイラはその時、

「戦争が起きるとはまだ考えていない。我々の部隊を移動させることによって、戦争の引き金を引いてしまう可能性がある」と説明したという。さらに、午前十時にゴネンがマンドラーに告げた言葉には、十月五日の朝の参謀会議でゼイラが言った言葉が色濃く反映されていることが判明した。その時ゼイラは、エジプト軍が最終的に全面展開しても、「最小限の砲撃戦か、ヘリコプター攻撃のようなものか……せいぜい運河両岸の占拠を目標にした渡河の演習のようなものだろう」と発言していた。

こうした豊富な証拠から浮かび上がってくるのは、ヨム・キプール戦争初日のスエズ運河での壊滅的な状況やゴラン高原での戦闘、さらにイスラエル空軍の失敗に至るまで、固定観念《コンセプツィア》に固執したゼイラの主張が広範囲に影響を及ぼしていたことであり、あらゆる兆候があった後も彼がその考えを捨てなかったために、このような結果となってしまったことである。そしてゴネンが、参謀総長の命令よりも軍事諜報局長の評価に沿って行動することを選んだために、第二五二機甲師団を適切に配備することができず、アシュラフ・マルワンの警告のお陰で与えられた貴重な七時間が無駄になってしまったのだった。

この貴重な時間はスエズ運河の緒戦で浪費されてしまったが、それでもアシュラフ・マルワンの時宜《じぎ》を得た警告により予備役を緊急招集できたことで、イスラエルがもっと悪い戦局に直面せずに済んだことは間違いない。このことはシリア戦線で最も明らかになった。

十月七日の正午、戦闘開始から二十四時間も経たないうちに、シリア軍はゴラン高原でイスラエル国防軍を迎え撃とうとしていた。イスラエル国防軍の第一八八機甲旅団によって維持されていたゴラン高原南部の限定的な防御線は前夜に崩壊してしまい、夜の間にシリアの第五・第九歩兵師団のすべてがゴラン高原南部全体を占領していた。翌朝、シリア第一機甲師団の司令官タウフィク・アル＝ジャハニ大佐は、ナファ交差路に向けて前進するよう命じた。そこにはイスラエル国防軍の第三六機甲師団の司令部があった。シリア軍がナファを占拠すれば、ゴラン高原の中心部をすべて制圧したことになり、ゴラン高原北東を防御しているイスラエル国防軍の第七機甲旅団を分断することができる。さらに、ナファを占拠することにより、シリア軍の戦車はベノット・ヤコブ橋に向かって西方に進むことができる。そこからヨルダン川の水源を眼下に見下ろし、ゴラン高原に向かうイスラエル国防軍の予備役部隊を阻止することができた。

つまり、ナファを制圧することはゴラン高原全体を制圧することを意味した。一度奪ってしまえば、イスラエル軍が奪還することは、不可能ではないにしても困難になる。

午前十一時、アル＝ジャハニの命令に従い、シリアのT－55戦車とT－62戦車二百五十台が二列になってナファに向かった。この時点で、イスラエル軍の司令官は地上で何が起きているのかまだ分かっていなかった。戦場が混乱していたことで、北部戦線を指揮していたカナン山上のイスラエル国防軍司令部は、ゴラン高原南部の防衛線が突破されたことに気づいていなかった。その事実を知ってもなおイスラエル軍は、シリア軍はこれを機に直接西に移動してガリラヤ湖に向かうだろうと思い込んでいた。しかし実際には、シリア軍は北進してナファ交差路に向かっていた。イスラエル国防軍のいくつかの予備役部隊がガリラヤ湖に西進する道路を早朝から確保していたので、北部方面司令部の将校たちは事態を楽観的に見ていた。北部方面司令部の司令官は四十八時間以上も眠っていなかったが、最悪の事態は避けることができたと信じていた。予備役部隊が参戦している今、イスラエル国防軍に有利な戦況だと思われた。

二時間後、実際に何が起きているかをようやく理解できた時、司令官の楽観は不吉な敗北の予感に取って代わった。十月七日の午後一時十分、北部方面司令部の記録には次のように記された。「ナファ基地の周辺にシリア軍の戦車あり」

午後一時三十分、ゴラン高原を守備していたイスラエル国防軍第三六機甲師団の司令官ラファエル・エイタン准将は、部下を連れてナファ基地の掩蔽壕《えんぺいごう》を離れた。シリア軍の砲火をくぐってテル・シバンへと北上した。二十分も経たないうちに、基地を守っていた最後の兵士たちにも撤退命令が出された。二台の半装軌車《はんそうき》に詰め込まれて、彼らは西方のベノット・ヤコブ橋に向かった。基地は見捨てられたが、完全に制圧されないようイスラエル国防軍の戦車数台が残された。そのほとんどは三十分も経たないうちに被弾した。

「宮殿《パレス》」（カナン山上にあった司令部のコードネーム）では、ナファ交差路を確保するにはもはや奇跡が起きるしかないことが明らかになった。第三六師団麾下の予備役部隊である第六七九機甲旅団に、全員の目が向けられた。ゴラン高原の運命は彼らにかかっていた。

第六七九旅団の予備役招集は、旅団の司令官オリ・オール大佐の命令で十月六日の午前十時から始まっていた。戦車はイギリス製の古いセンチュリオンだった。センチュリオンは、被弾時に火災が発生する危険性の高いガソリンエンジンで走り、貧弱な設計の変速機は度々故障してしまうという頼りないものだった。ロシュ・ピナ近くのイフタフ基地に百台程度が緊急用に保管されていたが、そのうち五十台弱が参戦できた。残りの何台かは前線に到達する前に故障し、何台かは基地を出ることもできず、残りはシリアの砲撃で壊滅された。参戦できた戦車も戦えたものではなかった。戦車の人員については、時間の制約があったので、そもそも予定されていた兵士ではなく到着した順番で配置された。兵士たちの装備もお粗末だった。他の野営地から持ち込まれる予定だった砲弾も間に合わず、通信機器の多くは全く作動しないか適切な周波数に調整されていなかった。戦車の多くは照準器を調整する時間すらなかった。それは真っ直ぐに撃つための最低限の準備だった。そんな中で、戦争開始から十三時間経った十月七日の午前三時頃、第六七九戦車旅団の戦車二十五台が暗闇に紛れてゴラン高原に向かった。そして午前十時頃、二十五台の戦車はゴラン高原北部の東国境沿いのクネトラ地域に到着した。これは失策だった。その頃、シリア軍の旅団がナファに向かってゴラン高原中央部を北上していたからである。

午前十時三十分までには、別の二十二台で戦車部隊が編成され、前線に向かった。正午頃、二十二台の戦車部隊はナファ交差路の南一・六㎞の地点にいたが、フシュニヤへ向かって南に進路を変えるよう命じられた。三十分後、ナファを迂回して北から攻撃しようとしていたシリア軍第九一旅団のT―62戦車の群に遭遇した。イスラエル軍の戦車は不意打ちを食らったが、数分後には反撃を始めた。こうしてヨム・キプール戦争において最も重要な戦闘の一つが始まった。

大きな損失を被ったが、イスラエル軍の戦車はシリア軍の北進を遅らせた。しかしシリア軍はナファの東を迂回して前進し、同時に、別の旅団に属するシリア軍の戦車が、イスラエル軍によって置き去りにされた基地に南から進入した。シリア軍戦車の圧力は分刻みで増大した。

この決定的な瞬間に、イスラエル国防軍第六七九機甲旅団の戦車三台がナファ基地の近くに到着した。イフタフを最後に出発した戦車だった。そこで約八百m先にシリア軍の戦車が十台いるのを確認し、攻撃を始めた。その直後、誤ってクネトラに送られていたイスラエル軍予備役の戦車約十五台がナファに到着し、シリア軍第九一旅団の戦車数台を攻撃し始めた。同時に、イスラエル国防軍のより少数の予備役部隊が、シリア軍第五一旅団に圧力をかけ始めた。イスラエル軍の反撃に応じて、使用不能になったシリア軍戦車の数は確実に増えていった。午後四時頃までに、イスラエル軍はかなりの勢いを得て夕暮れまで戦闘を続行した。二十四時間前には断食してシナゴーグで祈っていた第六七九旅団の予備役兵たちは疲れ切っていたが、彼らが戦闘の流れを変えた。シリア軍は約四十台の戦車を失い、ナファ地域からの撤退を余儀なくされた。ベノット・ヤコブ橋からクネトラに至る重要な道路からも撤退した。翌日、シリア軍は再びゴラン高原を奪い返そうとしたが失敗した。イスラエル国防軍は大規模な反転攻勢に備えた。

ゴラン高原の戦いは、イスラエルの優位を決定的なものにした。

歴史家や退役軍人がヨム・キプール戦争の緒戦を再現しようと試みてきたが、ほとんど問題にされることのない一つの問いがある。それは、予備役招集の命令が十月六日の午前十時ではなく、開戦した午後二時まで遅れていたらどうなっていたか、という問いである。それは言い換えると、もしアシュラフ・マルワンが戦争についてツヴィ・ザミールに警告していなかったら、もしフレディ・エイニが関係者たちを眠りから覚ましていなかったら、もし意思決定者たちが午前四時に起きて午前六時に会議を開き、イスラエル国防軍の全面的な予備役招集について国防相の反対を押し切って午前九時四十分に首相が承認していなかったら、どうなっていたかということだ。

第六七九機甲旅団の司令官オリ・オールは、午前十時に第三六機甲師団長から命令を受けていた。オールは後にイスラエル国防軍の北部方面司令官になり、退役後にイスラエルの副国防相になった人物である。彼は、マルワンの警告がなければ、予備役部隊を出動させるまでに最低でも四〜六時間は遅れていたと推定している。そしてナファ交差路およびナファの第三六機甲師団の司令部は、ほぼ戦火を交えることなく陥落していただろう。さらに十月七日の午後までにシリア軍によって完全に包囲され、ゴラン高原の北東部に駐留する第七機甲旅団は分断されていただろうと述べている。他の学者たちも同じ結論に達している。

今になって考えてみれば、ヨム・キプール戦争において、シリア軍によるゴラン高原占領をイスラエルが阻止することができたのは、ひとえにアシュラフ・マルワンがその責任を一身に背負ってくれたからである。占領されたゴラン高原を再び奪還するには、長期にわたる恐ろしい戦いが必要なだけでなく、主力部隊をエジプト前線に再編成する必要があり、エジプト軍がより好戦的に圧力をかけてくる可能性は高まっていただろう。そうなると、はるかに多くの死傷者を出すばかりではなく、停戦が提案される時期までにより多くの地域を失っていただろう。少なくとも北部戦線では、「引き分け」で終戦したとしても、それはイスラエルの敗北と見られただろう。

ゴラン高原での戦闘に関してマルワンの警告が及ぼした重大な影響以外に、イスラエルがエンジェルの助けによって大きな利益を得た決定的な瞬間が、さらに二つあった。

一つは、戦争の始まった最初の数分間に、南西から飛来したエジプト軍のツポレフTu－12「バジャー」爆撃機がテルアビブの方向に二基の空対地ケルトミサイルを発射した時のことである。エジプト軍の戦争計画によれば、これらのミサイルは、消耗戦争でイスラエル軍がエジプトの領土深くを攻撃したことへの報復として、イスラエル国防軍本部を直接目標としていた。二機のイスラエル軍ミラージュ戦闘機がハツォル空軍基地からスクランブル発進していた。これはテルアビブの南西にあるアシュケロン近くの地中海を巡回するためで、戦争で最初の出撃だった。ある時点で、二機のミラージュは、エジプト軍爆撃機に真っ直ぐ向かうため右に旋回するよう指示された。エジプト軍爆撃機に接近した時、パイロットは発射されたミサイルの炎を目撃した。先頭のミラージュに乗っていたエイタン・カルミ少佐は、爆撃機ではなくミサイルを追うよう命令された。ミサイルの一つは海に落ちたようだった。もう一つのミサイルはカルミ少佐の機関砲によって撃墜され、テルアビブの海岸沖に墜ちた。ミサイルが爆発すると、巨大な水柱が水面に立った。

マルワンが提供したエジプト軍の戦争計画には、テルアビブに向けてこのようなミサイルを発射することがはっきりと示されていた。マルワンの情報がなければ、一トンの爆薬を積んだ二番目のミサイルはテルアビブの中心部に落ちていたに違いない。そして、イスラエル国民の士気と戦争の行方に大きな影響を及ぼしたことだろう。

もう一つは、開戦後の数日間に南部戦線で起きた戦闘に関するものだった。イスラエルはシナイ半島で戦闘を開始するに当たってマルワンの警告を活用できなかったが、彼がもたらした情報の重要性はすぐに明らかになった。軍事諜報局は開戦のわずか数分前、エジプトは戦争の第一段階で機甲師団を渡河させたりミトラ、ギディ両峠に移動させたりすることはないと、前夜のマルワンの情報に基づいて報告を出していた。これはマルワンが数週間前に伝えた情報によるものだった。

だが、攻撃が開始された瞬間から、軍事諜報調査局の将校たちはこの決定的な情報の一部を無視し、彼らが最もよく理解していた戦争計画を想定するようになった。それは、エジプト軍が五つの歩兵師団だけではなく二つの機甲師団を渡河させ、ミトラ、ギディ両峠を占拠するという想定だった。しかしエジプト軍の地上攻撃とその大きな戦果に衝撃を受け、彼らは慌てふためいて混乱した。それまでの過剰な自信は揺らぎ、パニックに陥りかけた。また軍事諜報局は、一つか二つのデータだけに焦点を当て、戦闘の数時間前に、エジプト軍第四・第二一機甲師団がスエズ運河を「すでに渡り終えたか渡りつつある」という誤報をイスラエル国防軍参謀総長に伝えていた。戦争が始まってから十二時間近く経った十月七日の午前一時半、軍事諜報局は、二つの機甲師団が橋を渡って前進しているという情報を報告した。その後の同日朝にこの情報を訂正したが、依然としてマルワンが伝えた最新の戦争計画を無視し続け、古くて役に立たなくなった情報に基づいて敵の動きを見積もっていた。

南部方面司令部の情報部隊は十月七日の正午頃、エジプト軍はシナイ半島のより深くに侵攻するため、第四機甲師団と追加の機甲師団を東に向けて移動させようとしていると推定した。こうした攻撃を恐れた国防相は、十月七日の朝に維持していた前線から国防軍を撤退させ後退させるよう提案した。ゴネンの証言によると、ダヤンはその日の朝遅くウム・ハシバの作戦指令室で会った時、彼に「これは地域的な戦闘ではない。イスラエルの国土に対する戦争だ。砦を去り、山に撤退しろ」と言ったという。イスラエルにとって幸運なことに、東に約四十〜五十km撤退するというダヤンの提案は、参謀総長と首相によって却下された。

戦争二日目の午後に予備役部隊が到着したことで、撤退の問題は議題に上らなくなった。それでも、古くて役に立たない情報を誤って使うことで引き起こされた損害は、これで終わったわけではなかった。迅速な反撃を開始するか否かを決める際、エジプト軍が機甲師団を東に向けて送り込もうとしているという恐怖が決定要因の一つになった。エジプト軍が運河を渡った場合、イスラエル国防軍が失地を取り戻すのははるかに困難になるだろう。運河沿いの砦に今も釘付けにされている兵士を救出したいという要請など、他の考慮事項があったのも事実だ。しかし、もし軍事諜報局が、エジプト軍の計画は機甲師団がシナイ半島へ進撃することではなく運河の東岸を保持することだと認識していれば、イスラエル国防軍の一つの正規軍師団と二つの予備役師団は、より効果的な反撃をするため適切に組織する時間を持つことができただろう。その結果がどうなっていたかを推測するのは難しいが、明らかにそれはより適切に計画されたはずであり、部隊には戦闘計画を習熟し攻撃に備えるだけの十分な時間が与えられ、成功の可能性はずっと高くなっていただろう。

しかしそうはならなかった。十月八日の反撃は、戦争における地上戦の中で最大の失敗だった。

ツヴィ・ザミールがキプロスからの特別便でイスラエルに戻ったのは、十月七日の遅い時間だった。彼は、テルアビブのゴルダ・メイール首相の執務室に出入りしている重要な意思決定グループに再び加わった。マルワンが伝えた最新の戦争計画に精通しているザミールは、実際にエジプトがその計画どおりに動いていることを知った。ザミールは、その夜首相の執務室で行なわれた会議でそのことを明らかにした。翌日に予定されていた反撃について意見を求められた時、「エジプト軍はまさにこの種の報復を待っている」と述べた。翌日の別の会議で、反撃の失敗の規模が明らかになった時、ザミールは「我々はエジプト軍の計画を知っている」と繰り返した。「エジプト軍は対戦車砲で武装した歩兵を使い、反撃を挫くために我が軍を待ち構えていたのだ。もし我々が運河での戦闘にこだわり続けるならば、状況は悪化するだろう」と述べた。

二日後、ハイム・バルレヴ少将がスエズ戦線の新しい司令官として南部に派遣される直前に、ザミールは彼と会い、エジプト軍の戦闘計画を詳細にわたって説明した。彼はまた、テレックスで送信されたエジプト軍の作戦をバルレヴに提供したので、バルレヴはウム・ハシバにある総司令部に向かうヘリコプターでそれを読むことができた。ザミールは、情報提供者の安全を確保するため、用が済んだらその書類を廃棄するようバルレヴに誓わせた。バルレヴはこの計画を注意深く読み取った。この瞬間から、南部方面司令部はこの情報を重視し始めた。これが、それ以来南部戦線の戦況が大きく改善された理由の一つだった。

マルワンが提供した情報を公正に分析すると、イスラエルの戦争遂行に対する彼の貢献が結局のところ決定的であると結論せざるを得ない。緒戦の混乱がなかったならば、意思決定のあらゆるレベルとあらゆる戦線で、イスラエルはマルワンの情報を活用してはるかに大きな効果を発揮し、イスラエル国防軍は戦場で優勢に事を運んでいただろう。中でも最も重要なのは、攻撃の四時間前に予備役の招集を可能にした開戦警告だった。この情報がなければ、ゴラン高原は確実に陥落していただろう。

戦争が終わった後、モサドの長官は、警告に対する報酬のボーナスとして総額十万ドルをエンジェルに支払うよう命じた。警告にはそれだけの値打ちがあった。

第11章　アシュラフ・マルワンの栄達と没落

仮にエジプトの諜報機関が、戦争前にイスラエルのスパイが極秘事項に通じていることに薄々でも気がついていたとしても、開戦時にそのような懸念は払拭されていたことだろう。イスラエルが攻撃計画を事前に把握していたとは思えなかったからである。イスラエルの観点から見ると、この緒戦の失策に関してただ一つ良かったことは、モサドがこのスパイの当面の安全について心配しないで済むことだった。

アシュラフ・マルワンは、戦争が始まった十月六日にエジプトに戻っていた。サダトはセンター10の掩蔽壕《えんぺいごう》から戦争の指揮を執り、さらにシリア、ソ連、アメリカとの関係も維持し続けていたので、リビア・サウジへの特使であるマルワンと時間を費やすには、あまりに忙しすぎた。サダトとマルワンは、ほとんど顔を合わせることがなかった。

もちろんこの事実は、特定の人々、とりわけ今日までマルワンは二重スパイであっただけでなく、サダトと二人でイスラエルを欺く全計画を練っていたと主張するマルワンの家族には受け入れられていない。家族の話では、サダトは戦争中ほとんどの時間をマルワンの家で過ごしていた。彼の家は、イスラエルから爆撃されることのない唯一安全な場所だとサダトが知っていたからだという。

真実は、それほどドラマチックではなかった。

アシュラフ・マルワンは、戦争中ほとんどの時間をサダトの連絡係として務めていた。マルワンは、カイロに戻るとすぐに様々なアラブ諸国との外交的立場を調整するため、サダトの親書および口頭のメッセージを携えてアラブ諸国の首都を歴訪し始めた。サダトは予想に反して緒戦で成功を収めたため、アラブ世界や他の場所でも目を見張るほど注目されていた。マルワンは、アラブ世界以外の指導者たちとも会った。戦争が決定的な局面を迎えた十月十三日と十四日、サダトは、イスラエルによるシリアの北部戦線への圧力を減らすためシナイ半島での陸上攻撃を開始し、恐ろしいほどの圧力をかけていた。マルワンはユーゴスラビアに行って大統領ヨシップ・ブロズ・チトーにサダトの親書を手渡し、副大統領兼外相ミロシュ・ミニッチと会談した。

当時のマルワンの渡航先とその内容について、我々が把握しているすべてに照らして考えると、開戦後のマルワンはモサドにとって最も重要な情報提供者ではなかった。十月十二日、テルアビブのモサド本部の屋上に設置されたアンテナが、エジプト軍がシナイ半島を陸上攻撃するために備えているというエジプトの情報筋からのシグナルを受信した。ザミールの首席補佐官フレディ・エイニは、その情報を直接ザミールに伝えた。その時ザミールは、戦争についての最重要閣僚会議の一つに首相と共に出席していた。

十月八日にイスラエル国防軍が反撃に失敗して以来、緒戦で占領したスエズ運河沿いの約十kmの細長い地域からエジプト軍が撤退する動きはなかった。イスラエル国防軍は戦力を北部戦線に集中させ、ゴラン高原のほとんどを再占領し、ダマスカスに向けて前進し始めていた。十月十一日には、国際空港を含む首都ダマスカスの周辺地域がイスラエルの射程距離に入った。それでイスラエルの指導者たちはエジプトに注意を向けた。会議は十月十二日の朝に始まった。

総参謀長は立場を明らかにしていた。現段階で、イスラエル国防軍はシナイ半島で失った領域を再占領できていない。ソ連は、アメリカがまだイスラエルへの武器搬送を控えていた戦争の二日目からエジプトとシリアに武器を供給していた。従って、勢力の均衡はアラブ側が優位であり続けた。戦局を変える唯一の展開は、エジプトがシナイ半島に二度目の攻撃を仕掛けることだった。参謀総長は、もしエジプトが攻撃を仕掛けたらイスラエル国防軍は迎撃してエジプト軍に甚大な損失を与え、この勢いを利用してスエズ運河を渡り、運河西岸の補給基地から十万のエジプト兵を分断することができると出席者たちに保証した。しかしエジプト軍が攻撃を再開しなければ、イスラエルは停戦を求めなければならず、それはエジプトとの戦争で敗北を認めることを意味した。この重要な局面について、ゴルダ・メイール、モシェ・ダヤン、それに陸軍の上級幹部たちは議論を交わしていた。その時、エイニからメッセージが届いたとザミールが呼び出された。

ザミールが戻ってきて新しいニュースを伝えると、会議の雰囲気は一変した。イスラエル国防軍参謀総長ダヴィッド・エルアザルは、もはや停戦を支持しないと言った。イスラエルはエジプトの新たな攻撃を待つべきで、その攻撃を撃退し、それを機に戦局全体を変える反撃を仕掛けるべきだと語った。この提案は賛意を得た。

エジプト軍の攻撃は十月十四日に始まった。この時イスラエル国防軍は十分に準備が整っており、エジプト軍を完膚なきまで打ち負かし、サダトは大敗北を喫した。エジプト軍が失った戦車の数は二百を超え、イスラエル軍はわずか十五台の戦車を失うに留まった。エルアザルが予告したとおり、気運を変える扉が開いた。その後一週間のうちに、イスラエル軍はスエズ運河を渡り、シナイ半島の砂漠にエジプトの第三軍を置き去りにしたまま、カイロに向かって西へと進撃した。

しかし、サダトはこの段階で終戦を受け入れなかった。事態は逆に動いた。十月十六日、サダトはエジプト議会で挑発的な演説を行ない、「長くどこまでも続く戦争……消耗戦」に進むことを明らかにした。サダトはまた、イスラエルがエジプトの脆弱な心臓部を攻撃した場合、イスラエルの後背地をミサイル攻撃すると脅した。この演説とイスラエルが収集した情報に基づき、十月十八日、ザミールはゴルダ・メイールに、エジプトとシリアは戦闘を継続するつもりであると伝えた。これらの情報は、ゴルダと閣僚たちにとって悪いニュースだった。イスラエル国防軍が優勢になったにもかかわらず、イスラエルの軍事力は疲弊し、一刻も早い停戦を必要としていた。サダトの意図について、より多くの情報が必要だということで意見は一致した。その情報が提供できるのは一人の情報源だけだった。ドゥビーはエンジェルとのミーティングを手配をするよう指示され、ザミールは彼と会うためにイスラエルを後にした。

ミーティングは翌日パリで行なわれた。ザミールはまずマルワンを宥《なだ》める必要があった。マルワンは、戦争前夜の彼の警告がイスラエルに即座に受け入れられなかったことで非常に苛立《いらだ》っていた。その後マルワンは、十月十七日に彼がエジプトを発った時に、サダトとその顧問たちが戦局をどう見ていたかを説明した。マルワンの見解では、彼らはまだエジプトの勝利を信じているとのことだった。開戦直後にソ連がエジプトへ武器を搬送し始めたのと、エジプト軍の損害が最小限だったので、エジプト軍は今や開戦時より多くの戦車を保有していた。マルワンの話によれば、エジプト軍は十月十四日の戦闘で百三十台の戦車を失っただけだった。これはイスラエルの推定よりはるかに少ない数だった。それでマルワンは、「サダトは少なくとも数カ月戦争を延長するつもりで、現段階ではどんな停戦提案も拒否するだろう」とザミールに語った。サダトはできるだけ戦争を長引かせ、イスラエルにできるだけ多くの損害を与えることを狙っていた。だから、たとえイスラエル軍がカイロやアレクサンドリアに迫ったとしても、エジプト軍は戦闘を継続する。サガー対戦車ミサイルで武装したエジプト兵は、あらゆる茂みに潜んでイスラエルの戦車を待ち伏せするだろう。

マルワンはまた、サダトのミサイルによる威嚇について語った。それがゴルダとダヤンの悩みの種だった。マルワンは、エジプトがイスラエルに届くミサイルを四百発保有していると判断していた。この数は、二十数発のスカッドミサイルを保有しているとするイスラエルの推定よりもはるかに多かった。ミーティングの終わりに向けて、ザミールとマルワンは、どうしたらサダトが停戦に合意するかについて話し合った。

　ザミールは翌日、ゴルダに報告した。その時までに、軍事・外交舞台の状況は劇的に変化し始めていた。イスラエル軍がスエズ運河を横断したこととシリア軍の困難な状況を懸念し、クレムリンはサダトに停戦を受け入れるよう圧力をかけていた。ソ連のアレクセイ・コスイギン首相はカイロにやって来て、悪化している運河前線の概要をサダトに伝えた。十月十九日にコスイギンがモスクワへ戻った時も、サダトは依然として停戦を拒否していた。この段階でマルワンがザミールに提供した情報は、間違いなくサダトの考えを反映していた。しかし、イスラエルがエジプトの中心部へ進軍を続け、アメリカのヘンリー・キッシンジャー国務長官とクレムリンのソ連指導者たちの間で緊急会議が開かれた結果、超大国は即時停戦に合意した。サダトは十月二十一日、正式に停戦を受諾するしかなかった。イスラエルが追い込みをかけたことにより、戦争は終わりを迎えた。南部では、エジプト軍が戦争の初めに占領した地域のほとんどを維持していたが、その半分に当たる戦線の南部方面第三軍はイスラエル国防軍によって分断され、イスラエル軍はカイロからおよそ百㎞の地点に駐留していた。北部では、イスラエル軍が開戦時に失ったすべての地域を取り戻し、加えてダマスカスを脅《おびや》かすほどシリアの領土を占領していた。しかし、イスラエルはこれらの戦果に対して多大な犠牲を払っていた。二千五百人以上のイスラエル兵が殺され、約五千六百人が負傷した。この数を一九七三年のアメリカに換算すると、十六万人以上の兵士が殺され約三十六万人が負傷した計算になる。さらにイスラエル経済は、予期せぬ戦争の痛手から回復しなければならなかった。国の労働力の中核である数十万の予備役兵士がまだ兵役に就いている限り、経済回復に着手することができなかった。同じことがエジプトやシリアでも起きていた。イスラエルと同様、状況を安定させて日常生活に戻してくれる政治的合意が必要だった。

戦争の政治的・領土的結果は、複雑な外交の火薬庫を生み出した。戦力を分離させ、抜いた剣を鞘《さや》に収めさせる、新しい発想と精力的なシャトル外交が必要だった。このプロセスは、一九七四年五月のシリア戦線からのイスラエル撤退合意まで続いた。この取り組みを主導したのは、アメリカのヘンリー・キッシンジャー国務長官だった。アラブ側からの主要参加者の一人にアシュラフ・マルワンがいた。

キッシンジャーの最優先事項は、包囲されたエジプト第三軍の問題だった。エジプトは、非軍事物資の供給を許可するというイスラエルの合意と引き換えに、十月二十二日（国連の安全保障理事会が停戦を呼び掛けた日付）の戦線までイスラエルが撤退するという要求を断念した。サダトの降伏はアラブ世界では評判が悪かった。それでサダトは、自分の立場を明らかにしアラブの指導者たちの懸念を静めるため、マルワンを派遣して会談を整えさせた。しかし、マルワンはサダトの予定にない人物とも会っていた。十月二十八日、前回のミーティングから十日経たないうちに、エンジェルはザミールと会った。今回のミーティングはロンドンで行なわれた。マルワンはザミールに、サダトは戦局についてあまり心配しておらず、イスラエルが第三軍を壊滅するのをソ連が許さないと確信していることを伝えた。マルワンはまた、最終的に一九六七年の六日戦争前の国境線までイスラエルを撤退させる外交戦略を開始するつもりである旨を、クレムリンがサダトに約束したとザミールに告げた。さらにこの戦略に対して、クレムリンがアメリカの支持を取りつけたとのことだった。

ゴルダ・メイールは翌日ザミールから説明を受け、十月三十日、ニクソン大統領と会談するために出発した。メイールは毅然とした態度で会談に臨み、イスラエルが撤退するあらゆる可能性を拒否した。このような動きが、一九六七年の国境まで撤退する道を開く恐れがあったからである。

約三週間後の十一月半ば、サダトは、リビアの指導者カダフィとの大きな外交問題の真っ只中にいることに気づいた。カダフィは、自分との相談なしに戦争を行なったサダトの決定に激怒していた。サダトはカダフィの怒りを静めるため、マルワンをトリポリに派遣した。これが功を奏し、カダフィはリビアの地で働いている十万人のエジプト人を追放するという脅しを撤回した。これ以外の外交活動も、適正な手順を考慮することなくエジプトの外務省への通告もなしに、マルワンの独断で実行された。ほとんどの場合、現地のエジプト大使は、マルワンのメッセージの内容あるいは彼が同国に到着していることさえ知らなかった。

戦争の結果は結果として、サダトがアメリカに何らかの合意をもたらすよう呼びかけたことにより、シリア・エジプトの軍事作戦は外交の舞台へと移行し、戦争相と軍の長官たちは交渉人に道を譲った。アシュラフ・マルワンは脚光を浴びていた。リビア・サウジアラビアとの連絡係に加え、サダトはマルワンをシリアとの交渉責任者に任命した。一九七三年の十二月末にジュネーブで開催予定の国際平和会議を支援していたエジプトは、シリアにも参加するよう圧力を加えることを企て、シリアの要人と会談するようマルワンをダマスカスに送った。マルワンに続いてエジプトの外相も訪問した。しかしエジプトの努力も空しく、会議はシリア不在で開催された。

六カ月後、イスラエル・シリア間の停戦交渉が最高潮に達した時、サダトはマルワンの説得力をより効果的に利用した。マルワンは、キッシンジャーの補佐官ハロルド・サンダースと共に、シリアもイスラエルもまだ知らない合意草案への支持を指導者たちから取り付けるため、サウジアラビアとアルジェリアへの一連の密使の任に就いた。一九七四年五月四日、ファイサル国王はそのうち二つに同意した。サウジの専制君主が、下級官僚と会うばかりでなく、シリアに圧力をかけるためにエジプトとアメリカが主導した動きに協力する意欲を見せたことに、キッシンジャーは驚いた。サウジのファイサル国王とアルジェリアのウアリ・ブーメディアン大統領は、公に合意を支持することは控えたが、合意には反対しないことを明らかにした。

数日後、イスラエルとシリアの間に渦巻く敵意と、本格的な戦争が再び勃発するかも知れないという懸念を背景に、マルワンはダマスカスに到着した。訪問の目的は、もしシリアがイスラエルとの戦争を再開するなら、今度はシリア単独で戦うことになると彼らに印象づけることにあった。しかし、彼の議題に別の何かが付帯していたことは、ごくわずかな人しか知らなかった。マルワンは、アサドが戦争再開を本気で考えているのかを探るよう、モサドに依頼されていた。アサドはマルワンを受け入れ、彼と胸襟を開いて話し合った。アサドは、自分の言葉がマルワンとサダト以外には知られないと思っていた。しかしマルワンの報告はすぐにイスラエルに届いた。リヤドからカイロに帰った後、マルワンはサダトにダマスカスに行くことを提案し、サダトは同意した。サダト自身はアサドが何を考えているのか知らなかった。

テルアビブでは、マルワンの報告は熱狂的に歓迎された。アサドの正直かつ明確で、信頼できる見解が述べられており、アサドの考えは、イスラエルが考えていたよりはるかに非好戦的だった。シリアとイスラエルのいざこざは終わりを迎えた。五月三十一日、両政府はゴラン高原での撤退協定に署名し、正式にヨム・キプール戦争を終結させた。

あらゆる交渉におけるマルワンの役割は、エジプト指導層の中で彼の地位が向上していることを物語っていた。彼がサダトの特使になる前は、大統領のそばにいた。一九七四年一月十八日に起きた忘れ難い一例がある。その日キッシンジャーはサダトとアスワンの私邸で会い、ゴルダ・メイールからの親書を届けた。メイールの親書は平和への希求を表明していた。サダトが読み終えた時、マルワンが入ってきてサダトの耳元で囁き、カイロとスエズを結ぶ道路の百一㎞地点にある交渉テントで、エジプトとイスラエルの代表者が両国の兵力を引き離す協定について合意したと告げた。サダトは明らかに感動していた。彼は立ち上がってキッシンジャーの両頰にキスをし、「今日、私は軍服を脱ぐ。公式の場を除き、私はそれを再び着ようとは思わない。これが彼女の親書に対する私の答えだと伝えてほしい」。キッシンジャーはイスラエルに折り返し報告した。マルワンも同じく報告した。マルワンの報告はキッシンジャーの報告を確認したに過ぎなかったが、そのこと自体に価値があった。マルワンの報告は、イスラエルの指導層にとって、キッシンジャーの信頼性を高めることになった。

マルワンの公務上の地位も向上した。一九七四年二月十四日、彼は外交に関する大統領公設秘書になった。それは、イスマイル・ファーミ外相と直接の競争相手になる新しい地位だった。二人の関係はすでに緊張状態にあったが、その後の数カ月で悪化の一途を辿った。とりわけサダトは、エジプトとヨルダンおよびパレスチナ解放機構との複雑な関係を改善できなかったファーミに失望していた。「ベイルートの外交筋」（多くの場合、中東の高官を指す隠語）の報告によると、ファーミは、超大国間でエジプトの効果的な均衡点を探ることができずにサダトの失望を買い、エジプトにおけるソ連の役割拡大を狙う左派の不満を増大させる結果となった。サダトもマルワンも明確な反ソ連の立場を貫いていた事実を考えると、モスクワとの関係改善のためにファーミに代えてマルワンが抜擢された可能性は低い。ファーミに失望したサダトが、自らの右腕でありエジプトの政治という舞台で階段を駆け上っていた希望の星であるマルワンを抜擢したのだろう。

一九七四年八月十八日、マルワンはアラブ諸国との関係を扱う大統領府の新しい部署の長に任命され、さらに一段階段を登った。その結果、公式に外務省の機能の一部が切り離されマルワンの部署に移管されることになった。「ベイルートの外交筋」は、サダトが近い将来ファーミを解任し、代わりにマルワンを指名する計画だと報告した。結局そうはならなかったが、エジプト上層部において、ファーミの代わりにマルワンの地位が向上したことは疑いようのない事実だった。

エジプト外交の中心にいるマルワンは、サダトがイスラエルとの暫定合意を推進するために実施した一連の機密任務を担った。ファーミは、サダトの政策を推進することよりもアラブ世界の優位性を確立させることにはるかに関心を示し、イスラエルとのいかなる合意にも反対し続けた。それとは対照的に、マルワンは比較的独立した立場にあり、明らかに親アメリカだった。サダトにとって、マルワンは働きやすい相手だった。カマル・アドハムといったマルワンのアラブ世界の親友たちも、クレムリンの影響から解放されることに関心があり、彼らは共にソ連への反対を積極的に表明し、実行に移すことができる領域を作り出した。

そのためマルワンは、一九七〇年代の中東において、最も繊細で微妙な外交政策で主導的な役割を果たすことになった。中でも最も興味深いのは、イスラエル・アラブ紛争とイラン・イラク関係という二つの複雑な関係である。一九七四年、イスラエルとの新しい暫定合意を推進するためにアメリカとエジプトの努力は頂点に達し、キッシンジャーとサダトはイラクの支持を得ようとした。その際、彼らはシリアの激しい反対に直面した。他のアラブ諸国と同様、イラクは公式には猛烈な反イスラエルの立場を取っていた。しかしイラクには他の利害関係が表面下にあり、この利害をちらつかせることで、キッシンジャーとサダトはイラクの立場を巧みに操ることができると踏んでいた。その中で最も明白なのは、イラク北部でのクルド人の反乱を抑えることだった。クルド人の反乱は何年も続いており、イラク軍にはすでに多くの犠牲者が出ていた。クルド人はイランとアメリカから財政および物資補給の支援を受けており、さらにモサドからはかなりの規模の派遣団が送られ、イラク軍に挑むクルド人戦士を何年も訓練していた。軍事的手段で反乱を鎮圧する試みが何度も失敗し、イラクの絶対的指導者サダム・フセインは、外交を通じて反乱を終わらせようと、密かにイラン国王や他の指導者たちに連絡を取っていた。キッシンジャーとサダトは、もしエジプトとアメリカがクルド人への支援を中止することでイラクの同意を取りつけられるなら、その引き換えとしてイラクはイスラエルとの暫定合意を支持するに違いないと考えていた。

この種の機密度の高い交渉に長けていたアシュラフ・マルワンは、一九七四年九月にテヘランとバグダットを訪れ、指導者たちに取引を持ちかけた。九月二日に開かれたイラン国王との会談では、サウジ皇太子やカマル・アドハムなどサウジ高官も出席した。出席者のうちの三人が、サダムはイラクへのソ連の影響を低下させたがっているとの意見を表明した。そこで、ソ連によるイラクへの軍事援助をアメリカが肩代わりすれば、サダムが喜んで取引に応じる良い機会になると提案した。

任務は成功した。会談が終わるまでに、イランはペルシア湾の領土についてイラクが譲歩するなら、クルド人への支援を中止すると声明を出した。そしてシリアを唯一の主要反対国として孤立させるため、イラクは反イラン政策の調子を弱め、エジプトとイスラエルの暫定合意を暗黙に支持するとした。そして実際、イランは一九七四年にイラクのクルド人反乱を見事に終息させた。

マルワンは他のあらゆる交渉で主導的な役割を担ったが、それが結実しなくとも、自らの地位を向上させる結果となった。一九七四年八月十三日、マルワンとファーミはアメリカ国務省でキッシンジャーと会談した。アメリカのエジプトへの経済援助、国内の反対を押し切っての軍事援助、石油価格、それにイスラエルとの暫定合意など、幅広い議題が取り上げられた。その中で、エジプトとリビアの緊張関係が話題に上った。キッシンジャーは、エジプトの平和戦略に対するカダフィの敵対行為を取り上げ、リビアは軍を国境まで出動させて挑発したのに、なぜエジプトはリビアに戦争を仕掛けなかったのかを尋ねた。エジプトが戦争を始めれば、アメリカからの支援を取りつけられるのは確実だった。リビア指導層の友人として知られていたマルワンは、キッシンジャーの見解に異論を差し挟むようなことはせず、リビア軍は数千台のソ連製戦車を保有しているにもかかわらず、一つの戦車旅団を出動させる兵力しかない張子の虎だと打ち明けた。そしてマルワンは、イスラエルとの新しい暫定合意を前にして、リビアとの戦争について議論するのは意味がないと繰り返し述べた。イスラエルとの暫定合意は地域を安定させ、エジプトへのソ連の関与を終わらせることを意味した。

しかしソ連は黙っていなかった。マルワンの昇進とエジプトにおける反ソ連政策の台頭により、クレムリンは大統領補佐官を無力化する必要があると結論した。一九九二年に膨大な資料を携えてイギリスに亡命したKGB外交部局の上級活動員ワシリー・ミトロヒンによれば、ソ連を激怒させたのは、CIA長官ウィリアム・コルビーがカイロを秘密裡に訪問したという報告だった。KGB中央司令部は、マルワンに対して「積極的な処置」を講じると決議した。モスクワは、CIAとの関係をはじめとするエジプトの諜報活動について、マルワンが全責任を負っていると信じていた。KGBのセクションAは、マルワンをアメリカのスパイに仕立て上げ、心理作戦を計画した。この作戦には高い優先順位が与えられ、一九七五年五月、最終的な準備を見届けるため北アフリカ支局長ウラジミール・カザコフがカイロに送り込まれた。

作戦の実行に際して、ＫＧＢの幹部たちは、マルワンがＣＩＡのために働いているだけではなく、サウジアラビアやクウェートとの取引で巨額の賄賂や手数料を受け取っていると、レバノン、シリア、リビアの新聞に吹き込むための一連の記事を用意した。さらにＫＧＢのカイロ支局は、マルワンがジハン・サダトと不倫関係にあり、サダトはそれを知っているという噂を広めた。

若くてハンサムな成功者アシュラフ・マルワンが、エジプト共和国のファーストレディと親密な関係にあるのは周知の事実だった。ジハンが娘と海外旅行する際に、マルワンが同伴することもあった。一例を挙げれば、ジハンがパリのジョルジュサンクホテルに滞在した時、マルワンはジハンのスイートルームに盗聴マイクを取り付けるようモサドに要求し、彼女が自分についてどんな話をしているかを知ろうとした。モサドは同意したが、ジハンがマルワンについて話すことはほとんどなかった。

マルワンとファーストレディとの微妙な関係は、ジハンの夫婦生活にも関連していた。国民の多くは、サダトの夫婦関係が理想とはほど遠いのを知っていた。サダトは妻を信用しておらず、ジハンには夫の意に反しても国事に介入したがる傾向があった。サダトがギザの公邸に滞在することは滅多になかったので、二人はほとんどの時間を別々に過ごした。マルワンとジハンが実際に不倫したという証拠はないが、格好の噂の対象となった。最も信頼する側近の噂にサダトは困惑し、マルワンとの関係に亀裂が生じ始めた。

マルワンが一九七六年三月に大統領府での役割を解任され、サダトの中枢から遠く離れた産業コンソーシアムの責任者に任命された後も、ＫＧＢは彼を大きな脅威と見なし続けた。後に西側に亡命して回想録を書いたＫＧＢの高官オレグ・ゴルディエフスキーは、サダトの暗殺について語られていたのを耳にしたと報告している。ＫＧＢが暗殺を企てた証拠はないが、計画していた関連組織があった。一九七七年十二月、ゴルディエフスキーは、シリア諜報機関の指導者とパレスチナ解放人民戦線（ＰＦＬＰ）のメンバーがダマスカスで密かに会合を開き、サダト殺害計画が討議されたことを知った。その計画にはアシュラフ・マルワン殺害も含まれていた。我々の知る限り、ＫＧＢが暗殺計画を実行しようとしたことはないが、それを阻止しようとしたこともなかった。

マルワンが親アメリカの立場を取っていること、そして指導的立場のアメリカの高官（特にキッシンジャー）と親密な関係にあったことの他にも、ソ連が彼を深刻な脅威と見なした別の理由があったのかも知れない。マルワンの名前は、中東・アフリカへのソ連の影響拡大を阻止する目的で作られた秘密の多国間プロジェクトに関連づけられていた。このプロジェクトは、メンバーがしばしば会合していたパリのナイトクラブにちなんでサファリクラブという名で知られていた。カマル・アドハムやその後継者のサウジ諜報機関長へのインタビューなどから得た情報によると、サファリクラブはアレクサンドル・ドゥ・マレンシェス男爵によって創立された。彼は当時、フランス中央諜報局の防諜・外国資料局（ＳＤＥＣＥ）の長官で、反ソ連の急先鋒として知られていた。この活動は、二つの具体的な進展に後押しされていた。一つはアフリカのモザンビーク、アンゴラ、エチオピア、ソマリアにおけるソ連の影響拡大、そしてもう一つはワシントンの一連のスキャンダルである。特に一九七五年の夏にニクソン大統領辞任をもたらしたウォーターゲート事件、および一九七五年のCIAの活動に関する議会の公聴会で、これによりソ連の影響力に対処するアメリカ機関の能力は著しく弱体化した。こうした背景をもとに、マレンシェスはフランス大統領ヴァレリー・ジスカール・デスタンの支持を得て、イラン、サウジアラビア、エジプト、モロッコの指導者たちに対し、中東・アフリカにおける共産主義の拡大を食い止めるよう求めた。四人の指導者は同意し、一九七六年九月一日、サファリクラブは正式に発足した。

サファリクラブの指令センターはカイロに設置され、そこには計画・運営部門があった。安全な通信などの技術手段はフランスが提供し、サウジアラビアが主に資金を提供した。フランス、エジプト、サウジアラビアで専門的な討議が行なわれ、主に次の三つの分野に集約された。アフリカの反ソ連勢力への財政的・軍事的支援、諜報協力、そして心理作戦や暗殺といった「闇の」作戦である。一九七九年のイラン革命まで続いたサファリクラブの活動の一環として、モロッコとエジプトはフランスからの支援を受け、親アメリカの指導者モブツ・セセ・セコを支援するためザイールに遠征軍を派遣し、最も豊かな鉱山地帯のあるカタンガ州への外部からの威嚇を取り除いた。同時に、クラブのメンバーは、親ソ連体制と戦うアンゴラやモザンビークの反共産主義の反政府勢力を援助し、エチオピアの侵略を防ぎ、アフリカの角《アフリカ大陸東端のソマリア全域とエチオピアやジブチの一部などを占める半島》を安定させるためにジブチを支援した。サファリクラブはアメリカ政府の継続的な監視と承認の下に活動した。一部の情報筋によると、一九七〇年代半ばに始まったCIAによる厳しい監視を逃れるため、元ＣＩＡ当局者がアメリカ国外に組織を構築し、その秘密活動を支えるためにサウジが資金援助する必要が生じた。この組織はＣＩＡに承認されないような活動を行なったが、一部でＣＩＡから直接的な協力を得ていたとも言われている。

サダトはマルワンをサファリクラブの代表に選んだ。しかし彼が活動に関与したことはほとんど知られていない。確かなことは、サファリクラブが設立された一九七六年九月、マルワンはすでにサダトの中枢から外され、もはや大統領府には席がなく「特務」も行なっていないことである。彼がサファリクラブとは全く関係なく、すべてはＫＧＢのプロパガンダだったという可能性もある。反ソ連事件にマルワンを結びつける噂は世界規模で圧倒的な数に上るにもかかわらず、その真偽を見極めるのは非常に困難である。ＫＧＢはマルワンを、無力化させるか少なくとも影響力を削ぐべき人物と見ていたことは間違いない。それは、彼がモザンビークの社会主義者の大統領サモラ・マシェルを失墜させたり、エチオピアとジブチの間の勢力均衡に揺さぶりをかけたりしたからというよりは、エジプト自身の反ソ連勢力を弱体化させたいという狙いがあったのだろう。

マルワンをＣＩＡのスパイと見ていたＫＧＢの見方は、根本的に正確ではない。彼はアメリカ人のヘンリー・キッシンジャーとは特に並々ならぬ関係にあったが、一九八〇年代半ばまではアメリカのために働いたことはなかった。しかし他方で、彼を不正にまみれた人物と見ていたのは真実に極めて近い。マルワンは、一九七一年の「革命の矯正」の後、著しい昇進を遂げてから収賄を通じて富を築き始めた。一九七〇年代半ば頃、ソ連がマルワンの腐敗についてのプロパガンダを始めた時、彼はすでにかなり裕福だった。彼の金の一部はモサドからの収入だったが、ソ連はその事実を知らなかった。金のほとんどは他の違法な収入源、とりわけ彼の政治的地位を最大限に活用して仲介した様々な取引の分け前だった。他にも、自分の地位を利用して利益の見込める買い物をした。その一例は一九七四年六月、カイロとアレクサンドリアを結ぶ砂漠の道路沿いにある町カルダッサの一区画を妻の名義で購入したことだった。その土地を確保するため、これは大統領の意向に沿ったものであると主張し、エジプト農業相に要請書を送った。後の調査で、サダトがこれについて何も知らなかったことが明らかになった。そしてさらに、マルワンがその土地を購入する資金をどこで手に入れたかが問題になった。他の事例では、マルワンは金を稼ぐのに資本を必要としなかった。サダトとの密接な関係が資本よりはるかに役立った。最も明白な例は、コカ・コーラ社にまつわる事件だった。

一九六八年、コカ・コーラがアメリカの圧力によりイスラエルでボトリングの運用を開始した際、アラブ諸国の組織的な取り組みであるアラブ・ボイコット《一九四八年から始まった対イスラエル経済制裁》の対象になった。ボイコットはイスラエル企業だけではなく、イスラエルと取引のあるすべての企業が対象だった（第二次ボイコット）。一九七四年、コカ・コーラはボイコット・リストから自社の商品を外してもらえるようキャンペーンを始めた。アラブ世界で指導的な立場にあり、イスラエルとの紛争終結を明言したアメリカの新興同盟国エジプトは、必然的にこのキャンペーンのターゲットとなった。そして、エジプトのアレクサンドリア出身でアラブ世界に精通していたコカ・コーラの上級役員サム・アユーブが、このキャンペーンを主導することになった。ボイコットの対象からコカ・コーラを外すよう誰がサダトに影響力を行使できるかを調査した際、彼が見出だした男はアシュラフ・マルワンだった。マルワンはこの問題をサダトに持ちかけ、サダトはエジプト市場への扉を開いた。報酬の一部は同社のエジプト経済への投資という形で支払われた。しかしアユーブによると、マルワンは、事を円滑に進めるのと引き換えに莫大な金銭的利益を手にした。

さらに別の疑惑が、マルワンの学歴に関して囁かれていた。集中的な外交努力、蓄財への取り組み、そして精力的なスパイ活動に加え、アシュラフ・マルワンには、博士号を修得するための時間が必要だった。彼の友人たちによれば、マルワンは修士過程を終えた直後からそれに向けて努力し始めたという。一九七四年、マルワンは自分の論文を、後にエジプト科学相となった彼の指導教員アフメド・ムスタファ博士に提出したと主張する。これはあり得ないことだった。修士課程を修了したとする一九七〇年頃から一九七四年に至るまで、彼は国務、ビジネス、スパイ活動に忙殺されていた。彼は確かに才能に恵まれていたが、これらの激務に加えて学位論文を書き上げたというのは想像し難い。その後の人生で彼は「博士」の肩書きを誇示していたが、かなりの数の人々が彼の学位を疑問視していた。例えばマルワンの伝記を著したムハンマド・サルワットは、彼はエジプトの政治に深く関わっていたために研究を全うできなかったと記している。別の情報筋によれば、マルワンは指導教員を買収し、博士号を承認させたばかりでなく博士論文も書かせたとのことである。一九八〇年代にマルワンの最も辛辣な競争相手の一人となったエジプト人実業家モハメッド・アル＝ファイドは、マルワンは一度として論文を書いたことはなく、父親がカイロ大学の学長だったという理由だけで学位を授与されたと主張している。ファイドはマルワンの所業についての最高の語り手だが、マルワンの父親については間違っている。父親は陸軍大将だったが、カイロ大学の学長だったことは一度もない。しかし、学位の正当性に異議を申し立てた点では正しいと言えるだろう。

一九七六年三月一日、大統領命令によりマルワンは大統領府での勤務を終了し、アラブ工業化機構（AOI）の議長に任命された。これは、独立したアラブの武器産業の確立を目指した新しい国際コンソーシアムだった。数億ドルの予算がつき、数千人の労働者を擁する工場の責任者となったマルワンは、一見すると昇進したように見える。しかし実際は解任されたも同然で、マルワンの政治生命は終わりを迎えた。

四年前にマルワンを失脚させようとした時と同じ要因が、今回の失墜の原因だった。一つは嫉妬だった。マルワンは、たった十年で大統領の側近の一人となって指導層の中心的人物となり、次期外相候補と目されるまでに成功した。年齢や経験が重視されるエジプトのような社会では、彼の若さ（一九七四年に三十歳になった）と急激な昇進は、多くの敵を作るのに十分だった。マルワンの無神経な行動と透けて見える仲間への蔑みは、敵意の炎を煽るだけだった。外交当局と連携することなくサダトの最重要機密を扱う任務を遂行していた事実も、外務省からの孤立を深めた。彼の最大の敵はファーミ外相自身だった。マルワンが仕事を始めたばかりの頃、二人は親密な関係だった。ファーミは、キッシンジャーをはじめとするアメリカ人指導層との仲間内のディナーにマルワンを招待した。しかし、マルワンがエジプト外交においてこれまで以上に大きな責任を負い、ファーミは次第に中枢から外されていった。ファーミは警戒心を強めていった。

敵方のもう一つのグループは、エジプトでまだ政権の地位を保持していたナセル主義者の残党たちだった。サダトを支援するマルワンの助力は「権力の中枢」を骨抜きにし、反ソ連の立場を強化してサダトの外交政策へ影響を及ぼした。こうしたすべてが、ナセルの遺産や遺族を今も崇拝する人に敵意を引き起こした。このグループには、時間の経過と共に、大統領府、軍部、メディアから様々な人物が加わった。一部の人はマルワンに個人的な怒りを抱いており、他の人々は彼につきまとう放蕩と腐敗の悪臭の故に、彼が権力の座に就くことを懸念していた。マルワンは若く、ナセル一族との縁故があり、厚顔無恥で、富を蓄積し、そして猛烈な勢いで浪費しているように見えた。なおその上に、KGBがマルワンに対して広範で効き目のある中傷キャンペーンを行なった。

「友人は現れては消えるが、敵は増えるばかりだ」と古い格言は伝えている。時の経過と共に、公の場からマルワンを排除することを重大な関心事と見なす影響力のあるエジプト人の輪は、広がる一方だった。

そして二年後、一連の新聞記事がマルワンの汚職を並べ立てた。これが引き金となり、マルワンへの捜査を求める声が再び上がった。その結果サダトは要求に屈し、先述のとおり、大統領府のマルワンの宿敵アフマド・アル＝マシリを任命し、調査を指揮させた。アル＝マシリは任務を忠実に果たした。捜査により、マルワンがロンドンで多額の投資をしていたことが暴き出された。マルワンも妻モナも、金の出所についてもっともらしい説明もできず、弁解の余地はなかった。調査結果はサダトに提示され、マルワンを「黒」と判定した。そして、大統領の右腕と言われた補佐官は、政治権力とはかけ離れた全く新しい組織の運営を引き受けることになった。

ＡＯＩ（アラブ工業化機構）は、アラブ世界に新たな価値を与える試みの象徴として、一九七五年四月に設立された。一九七三年のヨム・キプール戦争中に、ＯＰＥＣ（石油輸出国機構）によって引き起こされた石油危機は、石油生産国、とりわけサウジアラビアと湾岸諸国に巨額の利益をもたらした。これらの国々は、世界のエネルギー市場のみならず、武器生産をはじめとする他の重要な分野でも支配的な役割を担い、アラブ世界の協力基金を支援した。ＡＯＩの目的は、独自の武器と軍需品の生産を通じて、地域の武器の大部分を供給するアラブ軍産複合体の基礎を築くことだった。加盟国はサウジアラビア、アラブ首長国連邦、カタールで、各国政府が資金提供を行なった。エジプトは、武器生産に必要な人材と、一九六〇年代から開発してきた工業技術を提供した。ＡＯＩは十億ドルを超える予算を投入し、最盛期には一万八千人以上の雇用を生んだ。この事業は、役員会の議長を務めたマルワンと、加盟四カ国の国防相によって監督された。

マルワンの年齢とそれに伴う経験不足を勘案すると、彼がこれほど巨大で野心的なプロジェクトの長に選ばれることは不自然だった。しかし彼にとって、この分野は全く無縁というわけではなかった。彼は化学の学位を持ち、爆薬の製造である程度の実務経験を積んでいた。さらに重要なのは、マルワンは、ヨム・キプール戦争前にリビア経由でエジプトが戦闘機を手に入れる際に大きな役割を果たしたが、戦争後も武器調達で大いに手腕を発揮していたことだった。例えば一九七五年の秋、彼はマルセル・ダッソーのミラージュF1戦闘機を組み立てる工場をエジプトに建設し、サウジとクウェートの空軍にミラージュのメンテナンスを提供することについて、フランスで話し合った。その交渉は、マルワンがフランスのジスカール・デスタン大統領と会談したことの産物だった。マルワンはまた、イスラエル・エジプト間の外交協定について最新の情報を大統領に伝えた。

確かにこれらの経験はマルワンに有利に働くだろうが、それでもなぜ大手の工業会社の経験豊富な経営者ではなくマルワンが選ばれたのかについては疑問が残る。この決定は明らかに政治的であり、自分たちのニーズを理解してくれる人物に運営を任せたいと望む産油国のマルワンの友人たちが圧力をかけた結果だった。そしてサダトにとっては、大統領府からの転出を円滑にするために新しい仕事を見つけ、解雇した後に面倒が起きないようにする必要があった。サダトがAOI議長にマルワンを任命したわずか数日後、「十月戦争《ヨム・キプール戦争》の危機的局面でエジプトにもたらした素晴らしい成果」に対して勲章を授与し、マルワンを懐柔した。政治生命は断たれたが、マルワンの公的地位は維持された。

マルワンを敵視していた人の多くは、彼がサダトの側近から外されたことで満足していたが、他の人々は、今回の移動が左遷ではなく、彼がさらに階段を登るための一歩になるのではないかと懸念していた。あるエジプトの政治家は、「アシュラフ・マルワンとモナ・アブデル・ナセルの結婚は、マルワンの成功への第一歩だった。そして、アラブ諸国が独自に武器を調達するというサダトの望みが、第二歩となった」と語っている。

ＡＯＩは、カイロ郊外の近代的なオフィスビルに本社を置いた。このビルは地図に表示されていなかった。ビルは巨大で薄暗く、窓はマジックミラー、最新エアコンやケーブルテレビが設備され、制服を着た守衛がクロムメッキのピストルを携帯して警備する様子は、カイロの町並みにそぐわなかった。あらゆる意図と目的のために建てられたこのビルは、エジプトよりはるかに裕福な世界企業の本社を模倣したものだった。ＡＯＩの経営手法も、西欧の資本主義の戦略を真似ていた。エジプトの基準とはかなり対照的に、ＡＯＩは、政府官僚や他の外部規制に制限されることなく公正に統制された。マルワンが、この地位に就いてまず行なったのは、不要な労働者一千六百人の解雇だった。これは、当時のエジプトの社会主義的な風土では考えられないことで、彼はこの決断に誇りを持っていた。

だがこれらすべてにもかかわらず、ＡＯＩは失敗に終わった。最初の数年間でインフラが整備され、武器システムを構築するためのライセンスとノウハウを取得するため、欧米の数ある武器製造会社と契約を結んだ。イギリスのウェストランド・ヘリコプターおよびロールス・ロイスとの契約では、ヘルワン地区にある工場でリンクス・ヘリコプターの生産を開始することになっていた。イギリスの宇宙産業企業との契約では、スウィングファイア対戦車ミサイルの製造が手配されていた。そして様々なフランス企業との契約では、リヤドの近くに建設されているサウジ軍事施設の工場で、空対空・地対地ミサイルの生産を始めることになっていた。さらに、アルファジェット訓練機を組み立てるために、フランスのダッソーとドイツのドルニエを招致し、二十億ドルの契約を交わした。長期的な計画では、アメリカのF－16に対抗できるフランスの最新鋭戦闘機ミラージュ２０００を組み立てることが必要だった。そして、カイロで年間一万二千台のジープを生産する契約をアメリカン・モーターズと結んだ。サダトがエルサレムを訪問すると宣言してイスラエルと和平合意を結ぶ少し前、マルワンはビジネス・ウィーク誌のインタビューに応え、ＡＯＩは、エジプトで武器を生産するために欧米の武器製造会社と四十億から五十億ドルに相当する契約を結んだと述べた。

しかし結局のところ、これらの契約の価値は紙面上の価値よりはるかに低かった。一九七七年末、数億ドルを費やしたにもかかわらず、ＡＯＩの全収入は四千百万ドルに過ぎなかった。実際に生産された兵器は、十人の兵士を六百五十㎞運ぶことができる西ドイツの装甲兵員輸送車だけだった。生産された数、そしてそれが配備された軍に関しては全く明らかにされていない。

ＡＯＩの核心となる問題の一つは、エジプトの貧弱な工場施設の実体だった。専門家たちは、ＡＯＩの野心的な計画を実行するのに必要とされる質の高い人材がエジプトには不足していると評価した。マルワンは、そうではないことを証明しようとしたが失敗した。しかし、最終的にＡＯＩの低迷をもたらしたのは、エジプト・イスラエル間の平和条約だった。一九七七年十月、サダトが主導した結果、エジプトはアラブ世界で孤立することになった。一九七九年にキャンプ・デーヴィッド合意が締結された後、事態はますます悪化した。そして一九七九年三月、ＡＯＩの加盟国は、すべての資金提供を停止すると発表した。その結果、エジプトでは一万六千人の労働者が即時解雇された。

マルワンはその一人ではなかった。彼はすでに一九七八年十月に辞任していた。もちろんそれは、ＡＯＩの失敗や彼の業績不振のせいではなかった。それどころか、彼はサウジなどの支援を取りつけ、経営者としての能力を証明した。辞任の理由はむしろ、例によって、彼の敵対者が国内外で彼を引きずり降ろそうと絶え間なく試みたからだった。そしていつものように、彼らが攻撃する口実を与えたのは、マルワン自身の不正行為だった。

アシュラフ・マルワンに対する闘争で死命を制したのは、イスマイル・ファーミ外相と、サダトの長年の友人で熱烈な支持者の一人であるアルアフバル紙の編集者ムーサ・サブリだった。エジプトの他の多くの重要人物も加わり、政界復帰さえ目されるマルワンが重要な公務を果たし続ける先行きを深く憂慮し、彼にまつわる数々の事件を記事にした。

告発の一部は恐らく根拠のない不当なものだった。例えば、エジプトのアフバル・エルヤウム紙の記者が、ある問題についてファーミ外相に電話した。ファーミは、記者の問い合わせには答えず、マルワンが滞在していたロンドンのホテルで数万ドル相当のダイヤモンドが盗まれた事件について焦点を当てるべきだと話した。ファーミの目的は、公務員であるはずのマルワンが、ホテルの部屋に高価なダイヤモンドを持ち込むほどの大金持ちだと思わせるようなスキャンダルをでっち上げることだった。ファーミは、その情報は「秘密で公式な」情報筋からのものであると付け加え、これを記事にするよう記者に迫った。この記事は、アフバル・エルヤウム紙だけでなく他の多くの新聞にも掲載された。マルワンの名前が記されていなくても、誰のことなのかを暗示するヒントに不足はなかった。「ファディハ」（スキャンダル）として知られるようになったこの事件は、サダトの耳にも入り、それが誰なのかを特定するよう求めた。ムーサ・サブリがマルワンであることを明かすと、サダトは徹底的な調査を命じた。

そして、この告発が完全にでっち上げであることが判明した。しかし、マルワンの悪い噂はますます広がっていくばかりだった。AOIの本店の一つはロンドンにあり、マルワンはしばしばロンドンを訪れていた。マルワンが、古くからの友人カマル・アドハムと陰で武器取引を企んでいるとの噂がすぐにカイロに伝わった。ジハン・サダトの名前が言及されることもあった。マルワンはロンドンにアパートを構え、プレイボーイ・クラブでルーレットに耽《ふけ》り、大金を失ったと言われている。マルワンはまた、エジプト航空がボーイングから旅客機を購入した巨額の取引に際して、一機毎にアドハムが多額の手数料を得ることを知っていたので、一生懸命働いたとも言われている。同じ頃マルワンは、自分に対する告発を抑えるため、エジプト政府や軍需産業の主要人物にカラーテレビなどの高価な贈り物をしたという報告も発表されている。

この一連の暴露は、その多くがサダトに最も忠実な人々に端を発していた。彼らはマルワンをAOIの代表から外すよう大統領に圧力をかけた。サダトはこれに抗して、多くの弁明を述べた。マルワンは大統領の代理として、重要かつ機密の任務を海外で実行するのに不可欠な存在だった。リビア政府の指導者たちとのマルワンの特別な関係によって、両国間の最も厄介な問題を解決することができた。そしてサウジ国王はマルワンを大いに役立つ人物と見なしていたので、とりわけ微妙なビジネスにおいて、サダトは彼を通じて生産的な対話を行なうことができた。さらに戦争を遂行するに当たっても、マルワンは大いに貢献していた。特にリビア経由でフランスからミラージュを手に入れることで、サダトはマルワンに借りがあった。

しかし、サダトへの圧力は強まる一方だった。かつてナセル主義者たちがマルワンを全面否定して非難したのを受け入れることは、サダトにとって比較的痛みが少なかったが、今回はサブリやムスタファ、そしてアリ・アミン兄弟といったメディアの大物が抗議していて、彼らはサダトの友人だった。メディアからの圧力に加え、諜報機関がマルワンの行動を報告したため、サダトは行動に移すべき時が来たことを悟った。恐らく局面を一変させたのは、議論の余地のない彼の汚職の証拠だけではなく、湾岸諸国の様々な有力者たちとマルワンが会話した際の録音記録だった。マルワンはサダトを否定するかのような口ぶりで、敵対的な言葉さえ吐いていた。マルワンは忠誠を欠いた人物と見なされ、無防備な標的と化した。その後間もなく、マルワンは自分の部屋が盗聴されているとサダトに不満を漏らしたが、サダトはそれを無視した。マルワンは大統領の大声ではっきりとしたメッセージを聞いた。サダトは、マルワンを長い間守ってきた防護カバーを外すことに決めた。そしてサダトは、それをマルワンが知ることを望んだ。

アシュラフ・マルワンの人生における他の多くの場合と同様、彼がＡＯＩを辞任すると発表した一九七八年十月十二日、再び事件が起きた。サダトは穏便に事を済ませたいと思っていた。しかしサダトの決定がムーサ・サブリの耳に入り、アルアフバル紙は「アシュラフ・マルワンの伝説の終焉――AOI解雇、外務省転任の大統領命令」という見出しで事の一部始終を報道した。これがサダトを激怒させた。数時間後にサダトがマルワンの妻モナに会いに行った際、彼女は涙を流し、この記事はまるでナセルの娘が泥棒の男と結婚したかのような書きぶりだと訴えた。サダトはサブリに電話し、記事を撤回するよう要求した。そして実際に、同日の遅版新聞には、マルワンは「辞任」して外務省の上級職に任命されたと書かれていた。その後間もなく、サダトはいくつかの新しい外交任務をマルワンに託し、彼がまだ大統領の信任を得ているかのように見せかけた。この一連の事件により、サブリの感情は少なからず害されていた。その後、長年の友人であるサダトが電話にも出ず、秘書を通じて面会拒否を通告された。サブリはひどく傷つき、アルアフバル新聞を辞任すると発表した。結局、彼は説得されて辞任を撤回したが、二人の関係が完全に修復されることはなかった。

サダトは、マルワンが大統領府から解任された時と同じように勲章を贈り、懐柔を図った。公式の式典を開いてたくさんのメディアを呼び、エジプト共和国で最高の勲章をマルワンに与え、十月戦争での業績を称えた。サダトは、マルワンのお陰で「我が空軍は、必要に応じた戦闘任務を果たすことができた」と結んだ。後にマルワンは報道陣の前で、エジプトへの忠誠心を証明し、イスラエルに対してエジプトのために働く二重スパイだったという主張を裏付けるかのように、この二つの勲章を巧みに利用した。

エジプト国外では、マルワンの解任は、エジプトの政治指導層の重大な変化と見なされた。例年の十月六日の軍事パレードの数日前、別の重要人物である参謀総長モハメッド・アブデル・ガニ・エル＝ガマシも引退したことが報じられた。つまりマルワンの離職は、体制内で競い合う派閥間の均衡を取るためで、大統領府の自浄努力を示す一環として受け取られた。

政府再編で最も恩恵を被った人物は、副大統領ホスニ・ムバラクだった。彼の二人の競争相手は、突然排除された。

マルワンがエジプトの公の舞台を去る前から、モサドでの役割は減少し始めていた。関係が決裂したわけではなく、マルワンがヨーロッパに渡航する時はいつも操縦者に情報を提供していた。例えばヨム・キプール戦争後、兵力引き離しに関してイスラエルと交渉している時、マルワンは南部戦線での停戦を成功裡に終わらせる重要な情報を提供した。さらに、イスラエルが数カ月後にシリアと同様の合意に至る必要に迫られた時、先述のとおり、シリアのアサド大統領の率直な見解を聞き出してモサドに伝え、ゴラン高原の撤退協定に貢献した。

しかし戦争が両者の関係に変化ももたらした。その一部は個人的なものだった。緒戦でエジプトが大成功を収めたこと、とりわけバルレヴ・ライン上にエジプトの国旗を掲げたことは、一九六七年の六日戦争で失われたアラブの名誉を大いに回復した。マルワンがイスラエルのスパイになったそもそもの動機は、紛争の勝者の側に立ちたいという彼の本能的欲求に根差した部分があった。戦争直後の操縦者たちとのミーティングにおいて、マルワンは、イスラエル軍が彼の警告にもかかわらず奇襲されたこと、そしてイスラエル国防軍が彼の提供した詳細な戦争計画を効果的に使用せずに多大な損害を被ったことに不満を表明した。イスラエルは、もはやかつてのような完全不屈の勢力ではなくなり、エジプトはもはや屈辱的で卑屈な無能者ではなくなった。

他の動機も徐々に衰えていった。彼は今や裕福になり、モサドから受け取った報酬はかつてほどの意味を持たなくなった。彼はまたエジプト政府から偉大な栄誉を与えられ、世界中の首都で歓迎されていた。そして義父ナセルが彼の自我に負わせた傷──祖国を裏切るという最初の決断に確実に寄与していた傷は、癒されつつあった。

もう一つの変化は、イスラエルとエジプトの関係の変化に連動していた。戦争の終結、停戦協定、そしてエジプトがソ連陣営からアメリカ陣営に転換したことは、真の和平プロセスへの扉を開いた。エジプトが新たに戦争を始める可能性は大幅に減少していた。その結果、モサドが関心を持つエンジェルの重要な役割、つまりエジプトが攻撃を仕掛けようとする際に警報を発する役割は、もはやそれほどではなくなった。

にもかかわらず、マルワンは依然としてエジプトの外交政策に関する最新情報をイスラエルに提供し続けた。一九七〇年代半ばから、マルワンはイスラエルの操縦者に一つのメッセージを繰り返し伝えていた。それは、サダトはイスラエルとの紛争終結を求め、「エジプトの建設」に焦点を当てたいと願っている、ということだった。しかし平和についてのサダトの考えは、モサドや他のイスラエルの諜報機関にとって、戦争についての彼の考えに比べてはるかに関心が低かった。そのため、マルワンが提供する情報は、イスラエルの意思決定者の間で以前のように注目されることはなかった。サダトが和平プロセスを進めた後、とりわけキャンプ・デーヴィッド合意が調印された後、モサドにとってのエジプトの優先順位は大幅に低下し、マルワンもそれに準じた。

イスラエルにおけるマルワンの重要性の低下は、彼の情報を扱う上での注意力の低下にも表れた。ある日、CIAの友人の一人が、自分だけが知っているはずの情報が何らかの方法でイスラエルに漏洩しているとマルワンに警告した。これは、イスラエルがCIAにマルワンの情報を伝える前に、情報源が特定されないよう「翻案する」という長年の作業が行なわれなくなっていることを意味した。マルワンはドゥビーに激しく不平を言った。調査が行なわれ、漏洩の原因が特定され、二度と起きないように処置が講じられた。しかしイスラエルにとって、マルワンの存在を秘密にしておくことは、かつてほどの緊急性を要しなくなっていた。

同じような兆候が他にもあった。ザミールは一九七四年の夏、モサドの長官としての任務を終えた。後任のイツハク・ホフィ少将は、マルワンの操縦に関与する必要はないと考え、ドゥビーがマルワンとの唯一の直接関係者になった。ミーティングの回数も少なくなった。戦争前には少なくとも月に二回は会っていたが、今は一〜二カ月に一回程度だった。一九七〇年代半ば、ドゥビーはロンドンを離れイスラエルに居を戻した。それにより、マルワンがロンドンにいる時でも事前連絡なしには会うことができなくなった。これも、モサドにとってマルワンの重要度が頂点にあった時には考えられないことだった。

マルワンへの報酬も減額された。ヨム・キプール戦争の頃、彼の報酬は毎回五万ドルに達していた。戦争後ははるかに少なくなり、年間を通じて固定の十万ドルだけになった。彼は金を必要としていたわけではなかった。実際にある時、もはや報酬は要らないと告げ、その後何年もの間マルワンは無償で情報を提供し続けた。しかし一九七〇年代後半、彼は厳しい財政状況に陥り、モサドに支援を求めた。ホフィは、マルワンが報酬なしに情報を提供してきた年を合わせ、五十万ドル支払うことに同意した。これが、イスラエルの納税者からエンジェルが金を受け取った最後だった。

こうして見ていくと、ここで再びマルワンの動機についての問題が浮かび上がる。なぜ彼は、自分の経歴や生活を危険に晒《さら》し、エジプトを離れることになった一九八一年以降でさえ、イスラエルのために働き続けたのか。明らかに金のためではない。エジプトでの彼の個人的な栄誉のためでもなかった。栄誉の絶頂にいた時でさえ彼はイスラエルを助け続けた。強制されていたわけでもなかった。モサドがかつてマルワンに、彼の意に反して何かを強制したと思われるような根拠は存在しない。

一つの仮説が筋の通る説明を与えてくれる。それはマルワンの奥底にあった精神的欲求である。スパイとしての役割は彼の欲求をある程度満たしてくれたので、辞めようとは思わなかった。彼はスパイ活動に特有のスリルと興奮を味わった。一度それを味わってしまうと、「普通の」生活に戻るという選択肢はもはや存在しなくなった。彼は魂の奥深くに、スパイ生活に対してハリウッド映画風の情熱を抱いていた。また、ある段階から彼は、イスラエルのために働くのを辞めるとモサドが自分を抹殺するように信じるようになった。なぜそう信じたのかははっきりしないが、後々まで彼はモサドの復讐を恐れていた。さらに、最後まで「アレックス」としてしか知ることのなかったドゥビーと、非常に特別な関係を育んでいたことにも関連性があるかも知れない。マルワンのような、狡知《こうち》に長け欺瞞に満ちた人間にも、秘密を打ち明けられる信頼のおける人間が必要だった。ドゥビーはこれを提供できる地球上で唯一の人物であり、二人のミーティングはマルワンにとって一種の「告白」の機会となった。どんな最悪の犯罪者でさえも告白を求めるものである。そのため、ドゥビーを別の操縦者に替える、あるいは二人目の操縦者を加えるといったモサドの提案を、マルワンは繰り返し拒んだ。

マルワンが公の生活を離れた後もなお、世間の目を逃れることはできなかった。彼にはもはや大統領の庇護がないと理解され、エジプトのマスコミは血の臭いを追いかける鮫のように、彼の不正な不動産取引や彼の財産について真偽取り交ぜて大げさに誇張し、際限なく報道し続けた。一九八一年、実業家オスマン・アフメド・オスマンがエジプトで回想録を出版し、加熱する報道は頂点に達した。オスマンはサダトと親しく、長男をサダトの娘と結婚させていた。この本の中で、オスマンはナセルの政策を攻撃し、アシュラフ・マルワンと妻モナが、崇拝される指導者の一族という地位を利用して四億エジプトポンドを不正に蓄財したことを非難した。自分自身をナセル一族の擁護者と見ていたマルワンは、オスマンの告発を証拠不十分としてきっぱりと否定し、「たとえ神が数百年の寿命を私に授けてくれたとしても、その額の一%を稼ぐのにも苦労するだろう」と付け加えた。マルワンは珍しく新聞のインタビューに応じており、それを掲載するよう何度もサブリに求めたが、その詳細なインタビューが公表されることはなかった。オスマンの主張やムーサ・サブリがアフバル・エルヤウム紙に発表した主張を覆そうとする彼の努力は無に帰した。

こうした状況にもかかわらず、マルワンはサダト夫妻と非公式な関係を続けた。マルワンは彼らの自宅を再三訪れ、彼がアラブ世界で開催した様々な会合についての最新情報を大統領に報告していた。サダトの外遊にも同行した。これは明らかにサダトがモナを可愛がっていたという事実によるものだった。一部の人の話では、モナがナセルの他の家族と疎遠になっていたせいで、サダトは自分が彼女の父親代わりになると決心していたからだという。マルワンはこの関係性から恩恵を受け、サダトの庇護を完全に失ったわけではないことを世界に示すことができた。マルワンの敵対者たちは、サダトとの関係が完全に切れていないことに当惑し、いつかマルワンが政治の舞台に戻ってくるのではないかと恐れた。このような懸念から、マルワンを攻撃する記事が連日マスコミを賑わした。

彼らの懸念が妥当であったかどうかにかかわらず、マルワンの政界復帰の可能性は一九八一年十月六日に完全に消え去った。十月戦争の八周年を記念する軍事パレードの最中に、サダトが暗殺されたのである。マルワンを保護し続け、必要として推挙し、信頼を失うことのなかったサダトが去ってしまった。サダトの政敵でも友人でもないホスニ・ムバラクが後任に就いた。富、名誉、成功への渇望が完全に満たされることのなかったマルワンにとって、カイロは魅力を失った。彼はカイロに家を構え続け、普段は長い時間を家族と共にそこで過ごした。エジプトでの事業、とりわけ不動産を手放すこともなかった。しかし彼にとってサダトの死は、一から出直して人生の新しい章を始めるきっかけとなった。ムバラクが大統領就任を宣誓した直後、アシュラフ・マルワンはロンドンに引っ越し、そこが彼の新しい生活の中心になった。

第12章　「シティ」の天使《エンジェル》、暴かれた義理の息子

一九八一年にロンドンに引っ越した時、アシュラフ・マルワンにとってイギリスは異国の地ではなかった。ロンドンは、一九六〇年代後半に修士号を取得するために初めて訪れて以来、彼にとっては第二の故郷だった。彼にとっての避難所であり、休暇の拠点であり、数多くの事業の活動拠点だった。もちろん、彼のスパイ活動の中心地でもあった。

彼はロンドンに愛着を持っていたにもかかわらず、家族をすぐには呼び寄せなかった。モナと思春期に差し掛かった子供たちは、マルワンが購入したパリのフォッシュ通りにある豪華なフラットに引っ越した。居住者の中にはロスチャイルド家やオナシス一族がおり、世界で最も地価の高い地区の一つだった。最初の数年間、マルワンは週末に家族を訪ねた。

マルワンの人生の次の四半世紀は、蓄財に捧げられた。彼の人生の他の時期と同様、この時期も謎と錯綜する噂に包まれていた。ロンドンの実業界で親くしていた人でさえ、マルワンがどのようにし

て金を稼ぎ、そしてどれほど儲けていたかを説明するのは難しかった。その難しさは彼の性格や取引の性質に関連する部分にあった。そしてロンドンの金融の中核として知られる「シティ」《ロンドンの中心区域》の文化とも関連していた。シティの文化は、協調関係、自由裁量、自制、および伝統に則った厳格な慣行によって一九八〇年代まで保持されていた。それは、アメリカの実業界に見られる過度な法律万能主義、競争原理の強調、急激な成長、あらゆる価格統制との衝突とは対照的だった。ロンドンのビジネス文化の中心には、多くの点で、言葉で説明されないことがルール以上に重視されるような貴族主義が存在した。今日「透明性」と呼ばれるものが、当時ほとんど存在しなかった。ロンドンの実業界は政府の監視とは無縁で、何が行なわれているか全く知られることもなく、法律以上に厳格な一連の不文律によって箍《たが》を嵌《は》められていた。

マルワンはこの紳士クラブとは無縁だった。たとえ彼が街の最も豪華な地区にアパートを所有していようが、ストレッチリムジンを乗り回していようが、彼はシティの余所者《よそもの》のままだった。シティに縁ができたのは、主に彼と同じような余所者を通じてだった。彼らは、余所者である利点を生かしてゲームの不文律に従う必要性を感じなかった。この事実は、数十年後に彼らの動きを再現することを大いに困難にしている。

マルワンがロンドンの実業界と深い縁で繋がったのは、彼がエジプトを離れる前だった。一九七九年、彼はトレードウィンズという名の小さな航空輸送会社の株を四〇％購入した。この会社は一九六九年に設立され、一九七八年に当時イギリスの最大手企業の一つ、ロンドン・ローデシア採鉱土地会社（略してロンロー）に売却された。ロンローの会長はイギリス実業界の大物ローランド・〝タイニー〟・ローランドで、マルワンとは、一九七一年に親友のアブドゥラ・アル＝サバとその妻スアドを通じて親しくなった。ローランドとの結びつきは、一九九八年に彼が亡くなるまで、ロンドンでのビジネスの中核となった。

ローランドとマルワンは一九七〇年に初めて出会った。ローランドはエジプトの木綿を調査するためにカイロに来ていた。サダトを通じてマルワンを紹介され、マルワンは彼をアラブ世界のあらゆる場所に案内した。ローランドは、マルワンが自分に利益をもたらしてくれるあらゆる方法を知っていることに着目した。二人は同じような人生を歩み、似通った経営手法を用いていたので、すぐに意気投合した。金と権力への際限ない渇望、極端な自己中心主義、名誉を重んじ危険を冒す傾向も同じだった。二人は他人の弱みにつけ込み、利益を吸い上げる方法を知っていた。どちらもイギリス国外で生まれ（ローランドの両親の国籍はオランダとドイツで、第一次大戦中イギリスに拘束されてインドの収容所で過ごした）、共にシティの慣行を無視する余所者だった。例えば、かつてロンローを所有していたローランドは、エリザベス女王の一番年上の従姉妹と結婚していたアンガス・オギルヴィに会社の役員になってくれるよう申し出た。オギルヴィが受け取る一定の報酬は、カナダを経由してスイス銀行に送金することで合意を得た。そのため、オギルヴィは納税を免れた。ローランドにとってこの違法な取引は、オギルヴィが役員会で確実にローランドの利益を代表することを意味した。しかし、ローデシア《アフリカのジンバブエを実質支配していた白人政権が用いた地域の名称》の白人政権に対してロンロー社がイギリスから厳しい制裁を受けた時、オギルヴィを含む全役員がローランドに反対票を投じた。その報復として、ローランドはオギルヴィの脱税をマスコミにリークした。シティを支配する暗黙の行動規範に反するこの衝撃的な事件は、オギルヴィのみならず王室をも狼狽させ、ローランド自身はイギリスの貴族社会の最下層民に転落した。確かに、ローランドもマルワンも法の支配を好む人間ではなかった。二人にとっては賄賂の授受、脅迫、ビジネスでの脱法行為も問題ではなかった。それで、マルワンがカイロで落伍者となってロンドンに移住した時、二人は互いにとって都合のいい相棒となったのである。

シティのビジネス近代史において最も物議を醸した不祥事にマルワンが巻き込まれるきっかけとなったのは、一九八三年五月十日にリッツホテルで二人が共にした昼食会だった。この事件は、ハウス・オブ・フレーザー《百貨店などを経営するイギリスの会社》を乗っ取ろうとしたローランドの企《たくら》みに端を発していた。ハウス・オブ・フレーザーがハロッズ百貨店《イギリス最大の老舗高級百貨店》の親会社でなければ、恐らくここまで取り沙汰されることもなかっただろう。ハロッズ百貨店は、王室をはじめとするイギリスの上流階級が買い物をするのに、お気に入りの場所だった。

タイニー・ローランドは、まず一九七七年にハウス・オブ・フレーザーを買収しようとした。彼は会社の二九・九%の株を買い占めるため、ギャンブルの負債で首が回らなくなっていたオーナー社長のヒュー・フレーザーを利用した。当時、チェーン店の数は六十二店舗だったが、そのほとんどの経営状態は悪かった。ロンロー社が買収の意思を示すいくつかの処置を講じた後、イギリス当局の独占企業合併調査委員会が介入し、そのような入札は公益を危険に晒《さら》す恐れがあるとして調査に乗り出した。一九八一年三月、同委員会は、二つの会社が合併すること自体は本質的に危険をもたらすことはないが、ロンローによるフレーザー買収については危険が伴うと結論した。

しかし、ローランドがヒュー・フレーザーを社長の地位から巧みに追い出し、株式の公開買付けを再開するまでにさほど時間はかからなかった。同時にこの時ローランドは、オブザーバー新聞の買収を申し出ていた。サッチャー政権はオブザーバーの買収は承認したが、フレーザーのほうは認めなかった。政府はローランドの悪行には慣れており、通産相は、ロンローがこれ以上フレーザーの株を買い増すことを規制した。ロンローはすでに織物工場を所有しており、フレーザーの買収により他の業者が不当に差別される可能性があるというのが表向きの理由だったが、本当の理由は、王子たちが愛用するイギリス最大の百貨店チェーンがタイニー・ローランドのような悪名高い人物の手に渡ることに、イギリスの上流階級が反対しているからだと誰もが知っていた。アフリカ諸国との疑わしい巨額取引やオギルヴィ事件で王室に与えた衝撃と共に、ローデシア政権を支持したローランドのことを、かつてのエドワード・ヒース首相は「資本主義の不快で容認できない顔」と呼んだほどだった。

ローランドは決して怯《ひる》まなかった。彼は一九八二年九月、これ以上フレーザーの株を買い増さないと公に発表したが、それは陽動作戦だった。次に出た行動は、株主にハロッズの株を売却させるため、三〇%近く買い占めた彼の株をより巧妙に利用し、支配権に必要な株を買い集めることだった。これに失敗すると、彼は次の取締役会までに、過半数の株の利得を保有しようとした。これは明らかに通産省の規定に違反していた。これを実現させるには、アシュラフ・マルワンの助けが必要だった。

リッツホテルでの昼食から数日後、マルワンはフレーザーの株を二百万株購入し、その後さらに百二十万株買い増した。ローランドが購入資金を援助した。一九八三年六月半ばまでに、マルワンは全部で約二％の株を保有していた。同時に、ローランドと関係のある他の人々も同じ方法で購入した。ローランドは、取締役会の時までに、百貨店を売却する賛成票を通過させるだけの十分な株を保有していた。それでも、売却反対派が様々な技術的細則を行使し、ローランドの企ては阻止された。

常に利巧に立ち回ってきたローランドは、シティで「コンサート・パーティー」として知られるトリックを用いる抜け道を見つけた。「パーティー」の人々は不法に同じ買い占めをし、実際に議論を交わすことなく、いかなる書面上の手がかりも残さないことによって、共謀を証明することを不可能にする方法だった。ローランドはマルワンをすでにコンサート・パーティーとして使っていたが、まだ十分ではなかった。フレーザーの大々的買い占めをするために、ローランドは様々な戦術を組み合わせた。最初に彼は、自分が財政的な困難に陥っているかのように装って注意を逸らし、会社への興味を失ったかのように思わせる。それから大物実業家を探し出し、架空の株売買であるという暗黙の了解のもとに、持ち株の一部を売却する。そしてその人物が公開市場でより多くの株を買い、ローランドの持ち株と合わせて過半数を保有する。ただし、その人物は、自分で株を買い付けることができるだけの財力が必要だが、ローランドを裏切って、自分でフレーザー株をさらに二〇％買い増せるほど財力があってはならなかった。その条件に見合う人物を見つけてきたのが、マルワンだった。

ローランドに紹介された人物は、モハメッド・アル＝ファイドだった。

モハメッド・アル＝ファイドは一九三三年、エジプトの中産階級の家庭に生まれた。彼が一九五四年から五六年まで結婚していた最初の妻サミラ・カショギは、億万長者のアドナンとエッサム・カショギ兄弟の妹だった。カショギ兄弟はビクトリア大学の卒業生で、アシュラフ・マルワンとは個人的な友人だった。サミラはアル＝ファイドの最初の息子ドディの母親で、ドディはその後一九九七年にダイアナ妃と共にあのパリの交通事故で死んでいる。

アル＝ファイドは成功した実業家だった。一九五〇年代に彼は兄弟と輸送会社を始め、一九六〇年代には財を築いてドバイに引っ越した。一九七四年にイギリスに移住し、商売のほとんどをイギリスとフランスに移した。彼はパリで有名なリッツホテルを買収し、巨額の費用をかけて改装し、当時のパリ市長ジャック・シラクから大いに称賛された。一九七五年にタイニー・ローランドを紹介され、一時的にロンローの役員に加わった。その後一度は袂《たもと》を分かつことになったが、一九八三年に二人は再び接触するようになった。

ローランドが最も懸念していたのは、先述のとおり、フレーザーの投資で彼の仲間になった誰かが、ローランドの味方となって三〇％の株だけを保有するのではなく、もう二〇％買い増しして自ら会社を乗っ取ることだった。アル＝ファイドに接触する前、彼の財政状況を徹底的にチェックして、そのような能力を持っていないか確かめるようマルワンに依頼した。マルワンが選ばれたのは自然なことだった。彼はすでにこの陰謀に加担しており、アル＝ファイドの同胞であってカショギ兄弟とも親しく、エジプトの諜報機関と深く関わっていたため、アル＝ファイドの生活の詳細まで知ることが可能だったからである。マルワンは謎に満ちた男で、エジプトでは全知全能であるという評判を得ていたことが有利に働いた。この評判は、彼の実際の実力よりもはるかに大きな力を与えたが、マルワンはこの評判を助長するためにあらゆることをした。あるイギリスの議員が、マルワンの資質について、「エジプトの安全保障、諜報機関の長であった故ナセル大統領の義理の息子。KGBで訓練を受けたことにより、諜報、防諜、偽情報技術にとてつもなく長け、最大限の影響力と権力を持っていた」と典型的な誇張を用いて評したほどだった。

モハメッド・アル＝ファイドと彼の兄弟アリは、実際は一億ポンドの不動産のほとんどを地元の銀行に担保として差し出していたが、自分たちが大金持ちだという印象を作り出すために懸命に努力した。一九八四年六月末、ローランドはフレーザーの彼の持ち株の売却をアル＝ファイドに持ち掛け、利益は莫大だと主張した。アル＝ファイドはそれに飛びつき、すぐに取引を始めることを望んだが、ローランドは交渉を引き延ばした。そこで、アル＝ファイドは取引に強い関心があることを伝えるようマルワンに求めた。マルワンは、アル＝ファイドの資産は推定で五千万ポンド以下だとローランドに告げた。つまり、アル＝ファイドは、ローランドの株を購入する資金を準備することはできるが、会社を買収する資金には届かないことを意味していた。アル＝ファイド兄弟が、ローランドのフレーザー株の買い取りに一億三千二百万ポンドの貸与を承認する取引銀行からの手紙を見せた時、ローランドとマルワンは、それが彼らの購入資金全額であると推定した。

二人の判断は誤っていた。モハメッド・アル＝ファイドは、当時間違いなく地球上で最も裕福だったブルネイ君主の信頼を得ていたのである。君主の援助を得て、アル＝ファイドはイギリスとスイスの銀行に追加資金三億五千万ポンドの基金を作っていた。この資金により、アル＝ファイドは、フレーザーを買収するのに必要な残りの株を買い占めることができた。

一九八四年十月二十九日、ローランドとアル＝ファイドは面会し、マルワンも同席した。そして彼らは、ローランドの保有するフレーザー株すべてをアル＝ファイドに売却することで合意した。合意の条件の中には、この取引は買収が完了するまで秘密にしておくこと、支払いは現金で行なわれること、そしてローランドはフレーザーの取締役の地位に残ることが含まれていた。

三日後、取引は公式に発表された。初めてアル＝ファイド兄弟は脚光を浴び、イギリスのマスコミに輝かしい好印象を与えた。アル＝ファイド兄弟は、ハロッズ百貨店を「資本主義の不快で容認できない顔」から救ったのである。そして彼らはブルネイの君主と共に、ダウニング街十番地《イギリスの首相官邸》で首相の晩餐会に招待される光栄に浴した。ローランドはやはり招かれざる人物だった。

その後アル＝ファイド兄弟は突然、合意の条件に反して、ローランドにフレーザーの役員の地位を手放すよう要求した。ローランドは何かが起きているのを感知した。もしフレーザーを買収できるチャンスが巡ってくるなら、素早く行動に移さなければならない。彼は、マルワンをはじめとする小口の買い手に売った株の多くを買い戻した。アル＝ファイドとの戦いの火蓋は切って落とされ、やがてそれは世間の知るところとなった。ただローランドは、相手が実際にどれだけの金を持っているのかは知らなかった。

この騒動の中でマルワンは、一方の大物からもう一方の大物へ伝言を取り次ぐ役目だけではなく、ローランドのために働く探偵の元締めとして重要な役割を果たした。その中で彼は、ローランドの保有するフレーザー株を購入するのに使用されたのはブルネイ君主の金であり、アル＝ファイド兄弟自身の資金ではないことを突き止めた。さらにエジプトの諜報機関と接触して情報を集め、アル＝ファイド兄弟は中産階級出身であり、彼らの財産にまつわる話すべてが偽りであることを明らかにした。これらの情報は公にされ、マスコミはこれに飛びついた。しかし、ローランドが敵対しているフレーザーの経営陣などに対して脅しや脅迫を用いて戦ったのとは対照的に、アル＝ファイドは協調的に振る舞い、ハロッズ百貨店への多額の投資や給与増額などを約束し、よりソフトな路線で経営陣を説得してフレーザーの支持を取り付けた。クリスマス休暇の間、ローランドとマルワンは一緒にアカプルコに旅行していたのに対し、アル＝ファイド兄弟は、ロンドンの豪華な自宅にフレーザーの幹部を招いて接待し、政府当局者の歓心を得るために見せかけの富を誇示した。

そして一九八五年三月四日、モハメッド・アル＝ファイドは、ハウス・オブ・フレーザーを買収する意向を公表した。ローランドとマルワンを驚かせたのは、買収価格が四億三千五百万ポンドだったことである。二人はスペインの海岸沿いの街マルベラに飛び、そこでアドナン・カショギと会った。カショギは、エジプト綿から一家が莫大な富を得たというアル＝ファイドの話はすべて偽りで、父親は教育省の中堅の調査官だったと主張した。しかしその後、マルワンがイギリス当局に、アル＝ファイドはフレーザー株の購入資金の出所について嘘をついていて、本当はブルネイ君主の金だという証拠を持ち込もうとしたが、完全に無視されてしまった。信用するに値しない不正な相場師であるというマルワンの評判により、彼の訴えは聞き流されてしまった。

ローランドはその後、マスコミを使ってアル＝ファイドの評判を落とす大衆向けのキャンペーンを七年にわたって行ない、総額二千万ポンドを超える費用をつぎ込んだ。弁護士、会計士、事件記者、私立探偵を雇い、ハイチ、ブルネイ、ドバイ、スイス、フランス、イギリス、それにもちろんエジプトでのあらゆる隠蔽を暴き出し、一族の不正行為を暴露した。違法な盗聴、賄賂、脅迫を戦術として使った。このキャンペーンを指揮し、実行したのはアシュラフ・マルワンだった。謎に満ちたマルワンと彼の怪しい友人たちのイメージが功を奏し、恐怖に陥ったアル＝ファイドはボディーガードを雇い、この猛攻から身を守るためにあらゆる資金を投じた。

最初の局面で、マルワンはアル＝ファイドの出生証明書のコピーを徹底的に調べ上げた。これにより一族は中産階級の出身であることが証明され、株の購入資金は家族の金だという彼らの主張は覆された。出生証明書の翻訳がイギリスのマスコミから発表されたが、誰もそれほど気にかけていないようだった。次は、アル＝ファイドがブルネイ君主の口座に対して、彼の署名を不法に使用していたことを証明することだった。ローランドは、世界中の富豪が相談に訪れるというインド人の導師《グル》に二百万ポンド支払い、アル＝ファイドとの会話の録音を入手した。その会話の中で、金がブルネイの君主のものであったことをアル＝ファイドが認めているとの噂だった。しかし十八時間にも及ぶ粗悪な録音記録には、それを示唆するような内容は何一つなかった。マルワンはアル＝ファイドの自宅の電話を盗聴するために私立探偵を雇った。さらに、アル＝ファイドがハイチの絶対的指導者フランソワ・〝パパ・ドク〟・デュヴァリエと激しい口論の末にハイチを去ったことがあるとの情報を元に、ロンドンのハイチ大使に総額二百万ポンドを提供して彼の不祥事に関する情報を収集しようとした。しかしこの試みも無に帰した。

経験豊富なジャーナリストでインデペンデント紙の元編集者クリス・ブラックハーストは、マルワンの手口を明らかにした。彼がアル＝ファイドの助手から聞いたある報告によれば、一九八六年末、アル＝ファイドと話したいという人物が会社の事務所を訪ねてきた。用件を尋ねると、彼は私立探偵で、投資基金の電話に盗聴器を仕掛けるようアシュラフ・マルワンに雇われたと説明した。その探偵は、マルワンからの依頼で別の対象者にも盗聴器を仕掛けていて、その対象者が辿った運命を知り恐ろしくなった。それは、セーシェル諸島から亡命していた反体制派の指導者ジェラール・オアロのことで、ほんの数日前にロンドンの家の入り口で射殺されていた。探偵はマルワンからの脅迫を恐れ、自分を保護してくれるようアル＝ファイドに頼みに来たという。アル＝ファイドは、内容の詳細をすべて話すことを条件に面会を承諾した。探偵は同意し、面会の日が決まった。しかしその日が来る前に、探偵はロンドンのプリムローズ・ヒル地区で容赦なく殴打され、面会は取りやめになった。

ブラックハースト自身も、これと同じような身の毛もよだつ経験をしたことがあった。彼はマルワンへのインタビューを申し込んでいたが、ある週末にそれが許諾された。パスポートを持ってヒースロー空港に来るようにとのことだった。空港に着くと、パスポートコントロールを通過することなく自家用機にマルワンと一緒に乗せられた。マヨルカ島という、マルワンが豪華なホテルを所有する島に向かうようだった。機内には二人のアラブ人実業家がいて、飛行中三人はブラックハーストを完全に無視してアラビア語だけで会話していた。マヨルカ島に到着した後も、マルワンはブラックハーストを無視し続けた。最終的にインタヴューには応じたが、ほんのわずかな時間で内容は些末なことだった。その中でマルワンは、カダフィなどの疑惑に満ちて暴力的なアラブ世界の人物の名を、親友だとしてわざわざ口にした。ブラックハーストのマルワンに対する印象は、シティの実業家とは全く違って危険な香りと謎に満ちていて、相手をその世界から連れ出して命さえも完全にコントロールすることができる男だと印象づけようとしている、というものだった。仮に自分がそこで消されていたとしても、誰かに捜索してもらう手掛かりが何もないことに後になって気づいた。ブラックハーストは、自身の記事を次のように書き出している。

アシュラフ・マルワンは人を怯えさせる。ハウス・オブ・フレーザー、フリート、エクステルの株取引で富を築いたエジプトの億万長者は今、ブリドンというヨークシャーにある潰れそうな会社に忍び寄っている。マルワンは指し値をしない。彼は決してしないが、タイニー・ローランドのような指し値をする乗っ取り屋に追随して株を売るだろう。

マルワンが次にどこを攻撃するのか誰にも分からない。彼は次の取引、次の百万ポンドに関して常に一歩先んじているので、シティは彼に追いつけない。彼は始動する場合もシティに告知することはない。彼はシティを息苦しく感じ、その不文律を憎んでいる。……不可解で、謎に満ちていて、不気味という表現が、シティで彼について用いられる常套句である。彼の友人の選択には歯止めがない。彼はリビアのカダフィ大佐やカダフィの従兄弟で安全保障顧問のアフメド・ガダファダムとも親しい。「私が彼らの友人だからと言って、私がテロリストであることを意味するわけではない」

マルワンはまた、嘘つきとして公に知られているシティで数少ない一人だった。ハウス・オブ・フレーザー乗っ取り事件で、タイニー・ローランドの動きに関する正式な調査を指揮するよう任命されたジョン・グリフィスは、一九八四年三月の報告で、「マルワン博士の挙げる証拠は、私には真実であるとは思えない。マルワンの証拠をすべて真実とみなして信頼することはできない。……彼は正直な人間ではない」と結論した。アル＝ファイドとマルワンについて非公認の伝記を書いたトム・バウワーは、グリフィスによってマルワンの証言が完全に嘘であることが確定されてしまったと主張した。当時はこの見方が広く受け入れられていた。しかし、グリフィスの前に現れた他の多くの証人の中でマルワンを批判的に述べた人はいなかった。マルワンは、ローランドが会社を乗っ取るのを助けるためにフレーザー株を購入していたという事実を明らかに隠そうとしていた。彼はサンデー・テレグラフ紙で会社の記事を読んでから株を買ったとグリフィスに言い張った。証拠としてマルワンは記事のコピーを持ってきた。しかしローランドの秘書は、マルワンの要求に応じて自分が記事を送ったと証言したので、グリフィスは、マルワンが持ってきたのはローランドが持っていた切り抜きの複写だと結論した。この点に関しては、ローランド自身が、自分の儲けのためにマルワンに株を買うよう要求したという仮説を否定し、「アシュラフ・マルワンとはビジネスをしたくない。……彼はビジネスになると全く信頼できない。……ビジネスの面で、アシュラフ・マルワン博士は全く信頼できない」と言ったことは、注目に値する。

一九八〇年代後半、ハロッズ事件は世間から忘れ去られ、同じようにマルワンも忘れ去られた。彼の行動がこのことに手を貸した。マルワンは一度として実際にロンドンのビジネス界に関わったことはなく、イギリス人の友人は一人もいなかった。他のロンドンの実業家たちが金融街に豪華な事務所を構えているのとは対照的に、マルワンは貴族的なメイフェア地区のヒル・ストリートに比較的地味な事務所を借りていた。東アジアの美術品数点を除き、彼の事務所にはコンピュータの置かれた一台の机があるくらいで、画面にはロンドン証券取引所の株価が映し出されていた。事務所に来客があった時でさえ、彼の片目はいつも画面上の数字を追っていた。情報を集め、機会を待ち、素早く決断する。これが自分の働き方だとマルワンは主張した。マヨルカ島のホテルを買った時もそうだった。彼の言うところによると、彼がスペインでディナーを楽しんでいた時、ホテルのオーナーが自分のホテルについて語り始め、それを売却したいと言った。マルワンが彼に売却価格について尋ねるとオーナーはそれに答え、その額が最終価格であることを確認した。翌朝マルワンはオーナーに電話をかけ、取引は完結した。一九八〇年代後半には、ある非常に裕福な実業家がチェルシーFC《イギリスのプロサッカークラブ》に注目しているという秘密情報を入手し、クラブの株を三・二％購入した。その後、彼はチームの動向に注目し続け、二〇〇三年に持ち株をロシアの新興財閥ロマン・アブラモヴィッチに売却した。これは後に当局の注目を集めることになった取引だった。マルワンのチェルシーへの投資は、彼が株を保有した期間の長さとしては異例だった。通常、彼は企業や実際の不動産であるホテルなどを購入する傾向があったが、「長期保有」型の投資ではなく、短期間に大きな利益が得られるタイプの投資だった。

マルワンがロンドンで大金持ちになったことに疑いの余地はないが、彼がどうやって金持ちになったのか、どのくらいの富を築いたかについては明確な情報がない。彼が応じたいくつかのインタビューの中で、彼は主に不動産取引で成功して豊かになったと述べ、機知と幸運の組み合わせだったと結論している。少なくとも彼の富の一部を構成しているのは、リビア上層部と共に請け負った違法な武器取引だったことは間違いない。彼は投資家というより、ブローカーとして取引から手数料を得ることに長けていたと推測できる。また、彼の純資産についてもはっきり分かっていない。出所不明のある報告によれば、マルワンがエジプトを離れるまでに、主にロンドンで購入した建物やホテルから三億ポンド以上儲けていた。この報告がひどく誇張されたものであったとしても、彼は一文無しでイギリスに来たわけではなかった。繰り返しになるが、エジプトのある調査では、一九七二年頃にはロンドン証券取引所で二百万ポンド相当の株式を保有していることが明らかになっており、その後、彼の資産は増える一方だったと考えられる。モサドからの報酬は総額でおよそ百万ドルに達していたが、初めはその金を元手として様々な取引を行ない、資産を増やしていったと見られる。一九八三年の夏にマルワンがフレーザー事件関連で証言したところによると、彼の純資産は二千万ポンドだった。彼の死後、新聞では彼のことを一貫して「億万長者アシュラフ・マルワン」との見出しで報じたが、これを文字通りに解釈する根拠はない。

並外れたビジネス活動の傍らで、マルワンはたとえ目立たなくても、イスラエル諜報機関の上級情報源としての秘密の経歴を維持し続けた。エジプトの最高幹部との縁が絶たれることもなく、自分の時間の一部をカイロで費やすよう心がけた。カイロではエジプトの上流階級との関係を育て続け、妻や二人の息子ともしばらくの間共に暮らした。またマルワンは、サウジアラビアや湾岸諸国、シリアへの訪問を止めなかった。これらの訪問で政府の高官たちと会い、イスラエルが興味を示しそうな新しい情報をいつも熱心に収集した。

平和条約の結果として、エジプトはイスラエルの諜報機関にとって優先順位が下がったにもかかわらず、マルワンはモサドにとって依然として重要な存在だった。アラブ世界全体と繋がっていた彼の性質上、彼が提供できる情報のほとんどは非軍事的で政治的なものだった。それでも、アラブの政治分野に質の高い情報源がなかったため、初めてロンドンのイスラエル大使館に連絡した時から二十年経っても、彼はモサドで最も高く評価されているスパイの一人だった。

ドゥビーは一九八〇年代から九〇年代を通じても、マルワンの操縦者として働き続けた。かつてと同じように、二人の連絡の拠点はロンドン、ローマ、あるいはパリだった。マルワンがマヨルカ島のパロマという街にホテルを購入して以来、彼はそこにも家を構えていたため、マヨルカでミーティングを行なったこともあった。ある時、「アレックス」と「エンジェル」が地元のゴルフコースの隣で会っていた時、モナが外出の途中に突然現れた。常に冷静なマルワンは、古い友人の一人だとアレックスを紹介し、二人は挨拶を交わした。操縦者とスパイの関係は、ここ何年もの間安定していた。ある意味こうした関係は、長い年月を連れ添った夫と妻の関係に似ており、二人は互いの些細な短所にも慣れてしまっていた。しかしこの関係は任務から独立しては存在し得ず、結局それは単純な事件によって終わりを迎えた。

正確に言うと、二つの事件が二人の関係に終止符を打った。一つはイェフダ・ギル事件、もう一つはイスラエルのマスコミでマルワンの秘密が暴露されたことだった。

一九九七年の末、長期にわたる調査の果てに、モサドで最も尊敬されていた諜報局員の一人イェフダ・ギルが、偽の情報をシリア幹部からの情報として長年にわたって提供していたことを認めた。この事件は、グレアム・グリーンやジョン・ル・カレ《共にイギリスのスパイ小説家》の想像力を上回り、イスラエル諜報当局にとっては寝耳に水だった。これにより、同様の事例がないかモサド全体にわたる大規模な調査が開始された。

この事件が発覚した時、ドゥビーがマルワンの操縦者になってから二十七年が経過していた。ギルがシリアの将校を雇ったとする一九七四年以来、ザミールの後任イツハク・ホフィとの一回のミーティングを除き、ドゥビーはマルワンと接触してきたモサドで唯一の人間だった。スキャンダルによって引き起こされたこの深刻な状況で、マルワンとの関係は厳しい監視の対象となった。多くの関係者は、マルワンが、ドゥビーを別の人に替えたり二人目の操縦者を追加することを断固拒否していたのを思い出した。この圧力はすぐにドゥビーに向けられた。彼は真っ正直で注意深く、信頼されていた。マルワンの存在や彼の提供した情報の質を疑う者は誰もいなかったが、このような事件が将来また起きるかも知れないという恐れから、再発防止のために多大な努力が払われた。

マルワンには別の操縦者が必要だと再び決定された。

ドゥビーは、もしモサドがこの件を強く進めようとすればマルワンは関係を断ちかねない、と自分の意見をはっきり主張した。しかしモサドの上級将校たちは納得せず、彼らの命令に従って、ドゥビーはマルワンに会わせる新しい操縦者を準備した。ミーティングは、ローマのヴェネト通りにある高級ホテルの一つで行なわれることになった。ドゥビーは予定どおり、ホテルの部屋でマルワンを待った。新たな操縦者が入ることをマルワンが許可すれば、ドゥビーは他で待たせている同僚に合図する手筈だった。しかしマルワンは姿を現さなかった。彼がドゥビーとの約束をすっぽかしたのは初めてのことではなかった。マルワンの予定はぎっしり詰まっていて、やむを得ず他の用事を優先せざるを得ないこともあり、連絡を取ることすらできないこともあった。ドゥビーは部屋で待機した。突然ドアがノックされ、ドゥビーの合図を待っているはずの同僚が部屋に入ってきた。これは、イェフダ・ギル事件によってどれだけモサドに不信が広がっていたかの証拠である。

二人目の操縦者を追加することに失敗したため、新しいモサドの長官ダニー・ヤトムは、関係を終える旨をマルワンに通知するよう命じた。約三十年に及ぶ関係で、どちらかの側から関係を切ろうとしたのはこれが初めてだった。

その後すぐに、モサドにはマルワン級の情報提供者がやはり必要だということが明らかになり、一九九八年にダニー・ヤトムの後任にエフライム・ハレヴィが就くと、関係の再開が試みられた。ツヴィ・ザミールと親しかったハレヴィは、マルワンとの次のミーティングに加わるようザミールに打診した。ザミールは同意したが、マルワンはどういうわけか同意しなかった。そこで、ドゥビーには小型の録音機が渡され、彼はそれをジーンズの前ポケットに忍ばせてミーティングに臨んだ。録音機は問題なく作動していた。しかしカセットが最後になった途端、どうしたことか今度は録音された会話を最大ボリュームで再生し始めた。ドゥビーとマルワンは気まずくなり、しばらく無言で座っていた。

マルワンが今起きたことを把握できていたとしても、それを顔に出すことはなかった。マルワンは、ミーティングの会話を録音しないよう要求していた。仮に自分が情報提供を望まなくなった場合に、モサドがその録音を利用して協力を強要してくるのを恐れていたからである。ドゥビーは会話を録音しないことを約束し、初期の一つの例外を除き、その約束は守られてきた。マルワンは、今まで何年も信頼し切ってきた男が、一種の罠を仕掛けていたことに気づいた。ドゥビーは、共に築いてきた信頼関係を台無しにしてしまったことを理解した。ドゥビーは苦々しい思いで謝り、浴室に行って録音機の電源を切った。ドゥビーが戻ると、マルワンは何もなかったかのように振る舞い、二人はすぐに会話を終えた。

これがマルワンとモサドの最後のミーティングになった。

そしてこれが、歴史上最も成功したスパイ活動の一つが不意に終わった経緯だった。しかし、総じて双方が受け入れることのできる終わり方だった。マルワンは五十代半ばになり、スパイ活動による刺激も必要なくなり、そして金の必要もなくなっていた。彼はもはやこうしたやり方で自我を満たす必要はなく、モサドにとっての重要性も明らかに減少していた。マルワンとの関係を絶つというダニー・ヤトムの決定と、切れた関係を元に戻そうとしたハレヴィの試みは、マルワンがモサドにとってかつてほど重要ではなくなったことの表れだった。録音機事件は、この関係が終わるきっかけに過ぎなかった。

この時点では、マルワンの情報提供を失ったことにモサドが動揺していたわけではなかった。イェフダ・ギル事件により、一人の操縦者だけが接触し続ける問題が浮上したわけだが、マルワンとの接触を絶つべきだとする理由は他にもあった。高価値な情報を提供する能力が低下するにつれ、費用対効果を考えるとマルワンとの関係を終わらせるべきだとの考えがあった。さらにエフライム・ハレヴィは、現在両国が平和を維持しているのに、非常に高い水準でエジプトをスパイするという考えに腹を立てていた。どんな些細なことであっても両国の関係に大きな打撃を与える可能性があるからだ。ハレヴィ自身は、ムバラク大統領をはじめとする多くのアラブ諸国の指導者たちと良好な人間関係を築いていた。彼はムバラクの邸宅で秘密裡に会合していた。その種のスキャンダルは彼の経歴を台無しにするかも知れなかった。

その後の数年間、ドゥビーはマルワンと電話で連絡を取り続けた。実際にはマルワンの秘書アッザと接触していた。アッザにとって、ドゥビーは「ロード博士」という名で、彼女のボスの健康や生活状態をいつも心配してくれるマルワンの友人であり、遅刻の常習犯といったボスの悪習について冗談を言い合える相手だった。アッザは、マルワンの健康状態が思わしくなく、バイパス手術を受けたことや癌の治療で疲労困憊していることをロード博士に伝えた。ドゥビーは、彼女がマルワンについて何もかも知っていて、そのすべてを話してくれていることが分かった。そしてマルワンがそれを望んでいることも理解していた。しかしこの限られた接触ですら終わりを迎えることになった。二〇〇二年の末、イスラエルのメディアで、ヨム・キプール戦争前にイスラエルに警告を発した謎に満ちたエジプト人についての詳細が発表されるようになり、その人物の正体がどんどん明確になり始めた時、ドゥビーはマルワンの事務所に電話をかけた。アッザは非常に冷たい態度で、ボスについて「ロード博士」に話すことに抵抗を示した。ドゥビーはマルワンがきっぱりと接触を絶つ決心をしたことを理解した。これが最後の接触になった。

マルワンがドゥビーとの関係を絶つと決心したのは、モサドとの危険な接触を終わらせたいという歳を重ねた人間の自然な欲求だったというだけでなく、彼が長い間「告白」してきた「司祭」に失望したこともあった。録音機事件自体は大した問題ではなかった。より問題だったのは、イスラエルのマスコミによって彼の身元が徐々に割れてきたことだった。マルワンにとって、身元が判明することは自分の命に関わる脅威だった。この二つの出来事が重なったことにより、彼はモサドが自分を殺す決断をしたと確信せざるを得なかった。恐らくこれが、ドゥビーやザミールの度重なる接触の試みを拒絶した理由だった。彼らが接触を試みた本当の目的はマルワンを保護することにあったが、彼はそれを全く逆に解釈してしまった。

アシュラフ・マルワンは、ロンドンのウェストミンスターの一番奥にある豪華なカールトン・ハウス・テラス二十四番の五階に住んでいた。通りの交通は規制され、ポールモールとセント・ジェームズ・パークの間に位置してピカデリー・サーカスまで徒歩五分という立地は、シティで成功した人間が余生を過ごすにはもってこいの場所だった。天気の良い日、マルワンはヒル・ストリートにある事務所まで十五分かけて歩いた。しかし彼の健康は悪化して心臓が衰弱し、もはや歩くこともおぼつかなくなった。その代わり、彼のリムジンが行きたい場所にどこへでも運んでくれた。

アパートには大きな居間と三つの寝室があり、広いバルコニーに面した部屋がマルワンの寝室だった。それとは別に書斎があり、浴室も二つあった。部屋は無数の小物や芸術品で飾られ、金色の背景にエジプトの偉大な指導者が描かれたモナの父親の肖像画もあった。アパートはそれほど広くはなかったが、その最高の立地から四百五十万ポンドはすると言われていた。バルコニーからは、青々と芝が茂って高い木々がそびえ、晩春には黄色の薔薇を咲かせるプライベート庭園を見下ろすことができた。入場は居住者だけに制限され、ロンドンで最高の庭園だった。マルワンは体の衰えによって仕事の時間を減らすことを余儀なくされ、この庭園を十分に楽しんだ。六十歳になった二〇〇四年、彼は引退することを考え始めた。モナによれば、マルワンは孫と一緒に過ごし、仕事以外の事に多くの時間を割いた。彼がスパイ活動を止めたわずか数年後、ビジネスの経歴も終わりを迎えた。

しかし、歴史は彼に平穏な引退生活を許さなかった。

二〇〇二年十二月二十一日、エジプトのアルアハラム紙は、ロンドンを拠点とするイスラエル人歴史家アーロン・ブレグマンへのインタビュー記事を掲載した。ブレグマンはそのインタビューの中で、彼の新刊に登場する「義理の息子」、そして「バベル」というコードネームを持つ人物はアシュラフ・マルワンのことなのか、単刀直入に尋ねられた。ブレグマンは肯定した。モサド最大のスパイの正体が明かされたのはこれが初めてだった。

この暴露は、マルワンの死の原因になったとさえ思われるほど、彼に大きなダメージを与えた。しかしモサドへのダメージも広範囲に及んだ。スパイの秘密と安全を保持する諜報機関としての能力が問われることになった。命がけで働いたスパイとその家族の命と安全を守ることができないなら、今後新しいスパイを獲得することがどれほど困難になるか想像に難くなかった。イスラエルのように四方を敵に囲まれた小国にとって、この暴露は国家の安全保障の破局を招く一大事だった。

この余波の中で、漏洩の責任者を見つけ出すための正式な調査が即座に開始されなかったのは、いささか意外なことであった。またその後、非常に容易に犯人が見つかったのは、さらに意外なことだった。

結局のところ、あらゆる調査によってエリ・ゼイラの存在が浮かび上がった。ヨム・キプール戦争中、軍事諜報局長だったこの人物は「固定観念《コンセプツィア》」にしがみつき、一九七三年十月の奇襲を予測する膨大な情報にも注意を払わなかった。そのことを告発され、経歴が台無しになったこの男の唯一の防御策は、当時の諜報機関にとって最大の情報源だったアシュラフ・マルワンが実は「二重スパイ」であるという主張だった。彼は一九九〇年代初頭、人々にこのスパイの身元を割り出してみせた最終的な人物だった。

ゼイラのように経験豊富な諜報局員が、二十世紀後半における最大のスパイをなぜ故意に「暴露した」のか、その理由については推測できる。さらに彼が暴露したという決定的な証拠がある。

一九九〇年代初頭、歴史家たちは、一九七三年十月六日の攻撃の二十四時間前に、ツヴィ・ザミールがこれから起きることへの警告を受け取っていたことを暗示する本を刊行し始めた。イスラエルの諜報活動の歴史を記した三冊の本が登場し、その三冊すべてがイスラエルの擁する高水準の情報源に言及していた。ヨッシ・メルマンとダン・ラヴィヴは、「カイロにいるモサドのスパイ」がザミールに警告したと記しているが、それ以上の詳細は述べていない。ベニー・モリスとイアン・ブラックは、イスラエルの諜報機関に属するある上級士官の言葉を引用し、「戦争中あらゆる国に存在したスパイの中で最高位、奇跡的な情報源」とより詳細に述べた。そしてシュムエル・カッツは、イスラエル国防軍の軍事諜報史の中で「モサドで最も価値ある秘密スパイの一人」と表現した。スパイの国籍を明かすことは禁じられていたため、カッツは「ヨッシ・メルマンとダン・ラヴィヴは、この『価値ある』モサドのスパイがエジプト生まれでエジプト指導層の高位メンバーだったことを示唆している」と脚注に書き、軍事検閲をうまくかわした。

だが、こうしたヒントにもかかわらず、一九九三年に出版されたゼイラの著書がなければ、アシュラフ・マルワンの正体を特定することはできなかっただろう。この本が発刊される前に、数名の人は検閲前の初稿一一四頁にマルワンの名前を目にしていた。そこには、一九七三年八月に開かれたサダトとサウジ王の首脳会談に同席した唯一の人物として、マルワンがはっきりと登場する。一九九〇年代初めにヨム・キプール戦争を研究していたジャーナリストのアムノン・ダンクナーは、刊行の許可を出す政府委員会のメンバーの一人を通じて、この初稿を手に入れた。ダンクナーによれば、マルワンの名前が登場した文脈から、彼がモサドの「奇跡的な情報源」であることは明らかだった。ダンクナーはそれを、ヨム・キプール戦争について自ら本を上梓したばかりのヨエル・ベンポラット少将に見せた。戦争中、軍事諜報局のシギント《技術的情報収集》部隊の司令官だった人物である。ベンポラットはこれを読んで激怒した。その原稿に目を通した一般の人々（タイピスト、編集者など）も、比較的簡単に推測できることは明白だった。

モサドの上級将校は、エンジェルの身元が明かされる危険があるので、ゼイラの本を出版しないよう警告した。しかし、軍の検閲はわずかな修正を命じただけで出版を許可し、マルワンの実名は伏せられた。だが、登場人物に通じている人であれば誰でも見当がついた。ジェフリー・ロビンソンの本に関する考察の中で、ゼイラは「この本の著者であるロビンソンは、エジプト大統領とサウジ王との会談に同席した唯一の人物にインタビューした。その人物の証言によれば、アンワル・サダトがサウジアラビアを訪問したのは、国王に秘密を打ち明け、エジプトとシリアが近い将来イスラエルに戦争を仕掛けることを知らせるためだった」と記している。純粋に興味を抱く人ならロビンソンの本を手に入れ、関連する箇所を読むだろう。そしてそこに、「ナセル大統領の義理の息子で、現在はロンドンを拠点とする実業家アシュラフ・マルワン博士は、エジプトの諜報機関の代表で、サダトとファイサルの会談に同席した唯一の人物だった」と明確に言及されていることに気づくだろう。ゼイラは自身の本の二頁後に、サウジ・エジプト首脳会談の目的をモサドに隠していたとして「情報提供者」を非難している。そしてそれがエジプトの策略による最高の成果だったと彼は主張する。首脳会談の内容をモサドに伝えるべきだったとするゼイラの本の「情報提供者」と、ロビンソンの本に登場する首脳会談に唯一同席した人間が、同一人物なのは明らかである。これは、後述のとおり、イスラエル最高裁判所のテオドール・オール元判事が、後に資料を精査して出した結論でもある。マルワンが首脳会談のことをモサドに伝えなかったというゼイラの主張は、完全に彼の「二重スパイ」説を前提にしたものであって、単純な誤りである。マルワンは首脳会談の全容を報告している。いずれにせよゼイラの本は、情報源が提供した驚くべき質の情報と、それによりエジプトやアラブ諸国が被った被害について、権威ある形で初めて活字にされたものだった。

マルワンの身元を別の形で明らかにした次の刊行物は、ハアレツ紙が週末に出す付録に掲載されたもので、一九九九年九月十七日付けの「明日戦争が勃発する」と題されたロネン・ベルグマンによる記事だった。この記事は、一九六九年（実際は一九七〇年）にヨーロッパのイスラエル大使館に現れてスパイ行為を申し出た協力者について、どうやって最初に接触したのかを初めて解説したものだった。ベルグマンも、情報源の活動および彼が提供する資料の質の高さを詳述し、本当に二重スパイだったのか疑問を呈した。ベルグマンは、一九七三年九月にローマでテロ攻撃が失敗に終わったことに触れ、一見関連性がないと思われるこの事件について、当時リビアにいたエジプト駐在武官の回想録に詳細が記されているとだけ言及した。その回想録をよく読んだ人なら誰でも、その策略の中でアシュラフ・マルワンが中心的な役割を担っていることに気づくだろう。ゼイラもベルグマンも、関連性がないと思われるような外部資料に言及するという同じ戦術を用い、勇猛果敢な専門家たちが正しく推論できるように仕向け、洞察力に富んだ研究者がマルワンの正体にたどり着けるように仕組んだ。

ベルグマンの情報の出所はどこかという疑問については、ツヴィ・ザミールが回答している。ザミールは、ベルグマンの記事が公開される前に原稿を見せてもらった際、マルワンの名前がはっきり記されていたと述べている。ザミールは非常に驚き、あの情報源がマルワンであるという情報をどこから入手したのかベルグマンに尋ねると、彼は「エリからだ」と答えた。

ゼイラがマルワンの正体を明かしたのはベルグマンだけではない。ベルグマンのハアレツ記事が公表される約九カ月前、ゼイラは、エフラム・カハナという学者にモサドの情報源は二重スパイだったと語った。ゼイラはさらに、「情報源のおおよその年齢や詳しい経歴など、身元を割り出すことのできる詳細」をカハナに伝えている。「情報と国家安全保障」誌の二〇〇二年夏号に掲載された記事の中で、カハナは、情報源の身元に関わる重要な詳細は公表できないとし、それらの情報を合法的に明かすことはできないと脚注に記した。しかしそれにもかかわらず、カハナは「この最高の情報源は若いエジプト人で、一九六九年の時点で二十代後半あるいは三十代前半だった。彼はナセル大統領の右腕で、ナセルの死後もサダト大統領の下で同じ地位に留まった」と書いた。この情報は、カハナが一九九九年一月に行なったエリ・ゼイラへのインタビューからの引用だった。

もう一人はハワード・ブルームである。ヨム・キプール戦争を取り上げ、詳細にわたって二重スパイ説を調査した彼も、マルワンに関する情報はゼイラから得たものに基づいている。個人的な話になるが、ヨム・キプール戦争に関する私の著書が出版された後、ブルームがイスラエルを訪問した折に、私に連絡があった。二〇〇二年五月六日、私たちはテルアビブで夕食を共にした。彼はゼイラの自宅を訪ねた直後で、ゼイラと何を話したのかを教えてくれた。ゼイラはただ一つのことにしか関心がなかったという。それは、モサドを欺いた「二重スパイ」についてだった。ブルームが、それは誰なのかとゼイラに尋ねると、彼はその名前を明かすことはできないと言い、一九七三年八月のサダト・ファイサル会談に同席し、それをモサドに報告しなかった人物は知っているはずだと答えた。そして、エジプト軍参謀総長のシャズリの回想録の英語版一四八頁を見れば、そのスパイの名前が分かるだろうと言ったらしい。

その後ブルームがアメリカに帰国してシャズリの本をチェックすると、その頁には、関連すると思われる名前が二つあった。彼はイスラエルのゼイラに電話した。ゼイラはまだ誰であるかは言えないと言い、詳細を知るロンドンの歴史家アーロン・ブレグマンに連絡することを勧めた。ブルームはブレグマンに電話し、ゼイラに紹介されたことを伝え、その情報源は、シャズリの本に出てくる二人のうちどちらかであることを知っていると伝えた。彼はブレグマンにどちらの名前なのかを教えてほしいと頼んだ。ブレグマンは研究者としては珍しく寛大に振る舞い、自らのスクープを失う覚悟で、ブルームにその名前を告げた。これによりブルームはその情報源の名前を知ることができ、二〇〇三年に出版した本の中にその名前を掲載した。

しかしその時までに、マルワンの名前は、イスラエルがこれまでに雇った最も優秀なスパイとして、すでに公にされていた。アーロン・ブレグマンが先に公表していたのである。

遡って一九九八年、アーロン・ブレグマンはジハン・エル＝タフリというアラブ研究者と一緒に本を出していた。エリ・ゼイラはブレグマンのインタビューに応えて個人的な戦争体験を語っており、この本に関する情報提供者の一人だった。同書では、ヨム・キプール戦争に至るイスラエルの諜報活動の失敗を厳しく指摘していたが、アシュラフ・マルワンに関しては一切触れていなかった。二年後、ブレグマンは『イスラエルの戦争、一九四七〜九三年』（*Israel's Wars, 1947-93*）という本を出版した。この本では二重スパイが物語の中心的な役割を担っており、そのエピソードをある程度詳細に述べ、彼がロンドンで採用されたことを初めて明かした。ブレグマンは、一九七〇年一月にナセルがモスクワでソ連の指導者と会談を行なった際の議事録や、一九七二年八月のレオニード・ブレジネフへのサダトの親書など、情報源が提供した特定の情報にも触れた。そして、モサドの情報源がサダト・ファイサル首脳会談に同席していたこと、そしてその内容をモサドに伝えていなかったことを初めて指摘した。さらにブレグマンは、ヨム・キプール戦争前夜のザミールと情報源とのミーティングが、ヨーロッパのどこかの首都という曖昧な表現ではなく、ロンドンで行なわれたことを明らかにした。

その二年後、ブレグマンは、イスラエルの日刊紙イェディオット・アハロノットに記事を投稿した。その記事は、彼が間もなく英語で出版しようとしていた『イスラエルの歴史』（*History of Israel*）に基づいたものだった。その記事はほとんど注目されなかったが、マルワンの首にそっと縄をかけるには十分だった。そこには、マルワンに結びつく二つの詳細が初めて記されていた。一つはその情報源がナセル一族の一員だということ、もう一つは彼が「姻戚《いんせき》」であり「博士」であることだった。実際イスラエルでは、マルワンはこれらの呼称では知られていなかった。これは、マルワンの秘書アッザがドゥビーの電話を拒否するのに十分な理由だった。

その後十月にブレグマンの本が出版され、情報源とナセルとの密接な関係やサダト政権下での特務、さらに一九七三年九月に計画されて失敗に終わったローマでのテロ攻撃での役割など、追加の詳細が明らかにされた。情報源の正体に関しては疑いようがなかった。約十年前にゼイラのヘブライ語の本の出版から始まった一連の過程は、ここで正念場を迎えた。エジプトの新聞社はマルワンと連絡を取り、彼がイスラエルのスパイとして働いていたのか尋ねた。マルワンは「馬鹿げた探偵小説だ」と一蹴した。その後ブレグマンはアルアハラム紙のインタビューに応え、そのスパイがマルワンであることを認めた。さらに、マルワンは二重スパイでイスラエルを欺いていたとも主張した。このインタビュー記事は、十二月二十二日に掲載された。

二〇〇四年、ゼイラは自著の新版を出版した。初版から十年ほど経っていたにもかかわらず、大幅な改訂はなされていなかった。ゼイラは我が道を行き、新版では情報源の名前がアシュラフ・マルワンであることを明らかにした。

一九七三年の諜報活動に失敗したゼイラは、新版の出版を通し、イスラエルで最も評価されているジャーナリストの一人ダン・マルガリットにテレビインタビューされる機会を得た。マルガリットがある程度自由に話す時間を与えると、ゼイラは諜報活動の失敗に関して自分には罪がないと訴えた。インタビューの後半、ゼイラはマルワンの実名を繰り返し口にし、彼が二重スパイだったという自説を詳しく説明した。

翌週、マルガリットはツヴィ・ザミールを番組に招き、別の立場から話をするよう彼に要請した。ザミールは、マルワンの身元を暴露した件でゼイラを訴えると主張した。「ゼイラは情報源の身元を暴露した廉《かど》で裁判にかけられる必要がある。……知り得る立場にあった人間は、軍事諜報局長である。彼が情報源の身元を暴露したのは、諜報部隊の〝十戒〟の第一条を犯したのに等しい」とザミールは語った。ここからその後数年に及ぶ激しい法廷闘争が始まった。

このインタビューを受けて、ゼイラは名誉棄損でザミールを告訴した。二人は引退した最高裁判事テオドール・オールに訴訟の仲裁を委ねることで合意した。最終的に、ゼイラがアシュラフ・マルワンの身元を漏洩したということで、オールはザミールを全面的に支持する次のような結論を出した。

以上のすべての証拠に基づいて明らかになった実態は、原告（ゼイラ）が様々な場面でスパイの身元を明らかにしたことを示唆している。一九九三年に出版された原告の著書の初版で、その暴露は、ジャーナリストや作家をはじめ、研究者や精通者がスパイの身元を知ることができるような詳細をちりばめた形を取っている。一九九九年に彼は、エフライム・カハナとロネン・ベルグマンにその名前を明かした。二〇〇二年五月には、ハワード・ブルームにスパイの身元を暴露した。アーロン・ブレグマン博士は、二〇〇二年十月に発行した著書で、スパイの身元に関する明確なヒントを掲載した。さらに二〇〇二年十二月、エジプトの新聞へのインタビューでスパイの名前を明示した。この暴露について、ブレグマン博士がとりわけ依拠したのは、原告の著書の初版およびラミ・

タルの返答である。ラミ・タルは原告の著書の二つの版の編集者で、スパイの名前に関するブレグマン博士との議論の中で返答したものである。二〇〇四年、原告の著書の第二版およびテレビのインタビューで、原告はスパイの名前をはっきり明らかにしている。

ザミールの潔白が証明されたこの判決は、二〇〇七年三月二十七日に言い渡され、六月七日に公表された。

それから三週間も経たないうちに、ロンドンにあるマルワンのアパートの土台部分で、アシュラフ・マルワンは死体で発見された。

第13章　堕《お》ちた天使《エンジェル》

二〇〇七年六月二十七日、その日もロンドンは曇っていた。夏が始まったばかりだったが、先週来降り続く小雨が街を濡らしており、気温が二〇度を超えることは一度もなかった。その日の正午、エリザベス女王に辞表を提出する予定だったトニー・ブレア首相にすべての目は注がれていた。

天候も首相の辞任さえも、セント・ジェームズのポールモール一一六番地にある豪華な理事会ビル三階の一部屋に座った四人の男たちには、ほとんど関心がなかった。

四人が座っていた場所から、アシュラフ・マルワンが住んでいるアパートがはっきり見えた。

彼らは、サウサンプトンに拠点を置く小さな化学会社ユビケムの将来について話していた。彼らがマルワンの家のすぐ隣で会議を開いたのは偶然ではなかった。一九九〇年代以降、マルワンはユビケムの株を八〇％以上保有し、社主になっていた。会議の場所はマルワンが参加しやすいように考えられていた。マルワンが会社の社主になったのも偶然ではなかった。ユビケムの最高経営責任者アッザム・シュワイキは五十代半ばのエジプト人で、マルワンが大統領府に勤務していた時に身近で働いており、サダトの私設秘書ファウジ・アブデル・ハフェズの娘アッザと結婚していた。このアッザが、マルワンの助手兼広報官として何年も働いていた。

シュワイキは動揺していた。彼は約一年前からマルワンに叱られ続けていた。妻を解雇すると脅されていたばかりでなく、シュワイキ自身、ブダペスト支店長のジョゼフ・レパシと交代させると圧力をかけられていた。穏やかに始まったこの圧力は、今や残忍なまでに増大していた。その一部始終を見てきた何人かは、マルワンの強迫観念だと見ていた。ユビケムの社員は、マルワンの長くて黒いリムジンが、ロンドン中心部の自宅から二時間近くかけてサウサンプトンの本社に到着するのを何度も目撃していた。明らかに健康状態の良くないマルワンは、薬の入ったカバンを手にして車を降り、時折杖をつきながら、議長を務める役員会の会場までゆっくりと歩いて行った。会議の間、マルワンはアッザム・シュワイキを繰り返しひどく叱りつけ、彼がいかに仕事に適していないか、なぜ解雇されなければならないのか、その理由を述べ続けた。シュワイキは自分の地位が危うくなり、レパシが自分に取って代わる日が間もなくやって来ると感じていた。

この経緯を身近で見てきた人は、彼の批判は仕事上のものではなかったと語る。ユビケムはマルワンの築いた帝国の小さな一片だった。もっと大きな投資をした時でさえ、会社の経営に介入することはなかった。これは明らかに個人的な感情だった。それが何についての批判だったのかは謎のままだが、マルワンの妻モナは、シュワイキが会社の金を数百万ポンド着服したのをマルワンが見つけたからだと主張していた。しかしこの主張は疑わしかった。シュワイキがこの嫌疑を断固として否定したからだけではなく、スコットランドヤード《ロンドン警視庁》の対応も非常に冷淡で、捜査を始めることさえ拒否したためである。そしてこの疑惑が事実無根であることの最大の証拠は、二〇〇七年九月、モナ・マルワンはエジプトのアルアハラム紙にシュワイキを告発する記事を投稿したが、一カ月後そのことについて同新聞社が謝罪記事を掲載したという事実だった。

マルワンがシュワイキを毛嫌いするようになった理由が何であれ、明らかな事が一つあった。それは、マルワンがこの会社の経営に深く関与しており、初めてマルワンの家のすぐ隣にある理事会ビルを借りて役員会が開かれることだった。それまでは、サウサンプトンの本社か、ブダペストからレパシがやってくるのを考慮してヒースロー空港で開かれてきた。今回いつもと違う会場になったのは、その日の晩にマルワンがアメリカへ渡航する予定だったからで、このことにより会議の出席者の何人かがアシュラフ・マルワンの最後の瞬間を目撃することになった。

部屋にいた四人の男たちは、シュワイキ、レパシ、ユビケムの創立者ジョン・ロバーツ、そして他の役員には歓迎されなかったマルワン家の役員会代表者ミハエル・パークハーストだった。時刻はすでに正午を過ぎていた。パークハーストは、今朝方マルワンから所用のため一時間ほど遅れると言われたことを三人に伝えた。マルワンは、自分抜きで会議を始めないようにとも言っていた。時間が経過する中で、部屋の中にいた忙しい幹部たちはイライラし始めていた。

会議室の大きな窓からは、二十mも離れていないマルワンのアパートの五階のバルコニーを目にすることができた。マルワンがバルコニーに出てきた時、シュワイキとパークハーストは窓際に立っていた。シュワイキによれば、二人はマルワンに呼びかけて手を振った。マルワンは手を振り返した。それからマルワンに電話をかけ、本当に出席するつもりなのかどうかを確かめた。最初マルワンは出席しないと答えたが、すぐに気が変わり、着替えをしてから三十分以内にそちらに行くと言った。シュワイキとパークハーストはバルコニーを眺め続けた。マルワンをよく知る二人は、その時、マルワンが不自然に後ろを振り返るのを見た。そしてふらふらと左右によろめき、バルコニーの手すり越しに何度も地面を見下ろしていた。その後アパートの部屋に戻っていった。

シュワイキは再び電話し、急ぐようマルワンを促した。マルワンは急かされることに苛立《いらだ》ちながら、今から行くと約束した。しかしその後バルコニーに戻り、再び地面を見下ろしていた。シュワイキがもう一度電話すると、マルワンは、気が変わったのでもう行かないと彼に大声で叫んだ。目撃者の証言によると、マルワンは寝室のほうを振り返り、それからシュワイキとパークハーストのほうに目を向け、手すりに登り、身を投げた。

午後一時四十分のことだった。マルワンは一階のベランダに落下し、体の半分は満開の黄色い薔薇の花壇に突っ込んでいた。傍に立っていた女性が叫び声を上げた。シュワイキとパークハーストは現場に急行した。彼らが着いた頃には、マルワンはすでに息絶えて地面に横たわっていた。数分後、救急車が到着した。

理事会ビルの部屋にいた四人の男だけがマルワンの転落を目撃していた。中でも最も多く証言が報道されているシュワイキは、バルコニーを何分間も徘回していたマルワンは後ろを振り返り、それからバルコニーに置いてあった何かによじ登って手すりに登り、前を見て空中に身を投げ出して落下し、死に至ったと語った。バルコニーには他に誰もいなかったとのことだった。パークハーストは、マルワンが身を投げた時、シュワイキの隣に立っていた。彼は最初の証言の中で、マルワンが手すりに近寄るのを見たと言い、シュワイキの証言を裏付けた。しかし後の証言で、バルコニーから人が落ちていくのを見ただけだと語った。パークハーストは、シュワイキと同様、バルコニーには他に誰もいなかったと主張した。

会議に参加していた他の二人、レパシとロバーツは、マルワンの転落する前に起きたことは何も見ていなかった。レパシは、シュワイキとパークハーストの叫び声を聞いてすぐに窓際に駆けつけ、マルワンが落下していくのを目撃した。その直後、シュワイキとパークハーストが庭園に駆けつけた時、レパシは会議室に残り、マルワンのアパート内で動く人影のような物を目撃していた。彼は後に、「私は二人の男がバルコニーに立っているのを見た。彼らは何もせず、ただ見下ろしていた。異常なほどに冷静だった。庭園にいた女性が叫び声を上げ、人々が駆けつけて助け出そうとし、助けを呼ぼうとしている人もいた。しかしその二人の男はそこに立ったままだった」と証言した。レパシは「男たちはスーツを着ていて、外見は中東人のようだった」と証言している。二人はバルコニーからマルワンの遺体を見下ろし、その後姿を消し、そして今度は別のバルコニーに現れて再び見下ろしていたという。ロバーツも彼らを見たと言った。だがレパシは、二人の男が立っていたのが本当にマルワンのバルコニーだったのかは確証が持てなかった。彼はマルワンが身を投げた後から見始めたので、マルワンのバルコニーがどれなのか分からなかったからである。どういうわけか、警官はレパシからすぐに事情聴取せず、目撃した部屋で現場検証することもなかったので、彼はどのバルコニーに男たちが立っていたのかを示すことができなかった。事件の約二カ月後、警察はようやくレパシから事情聴取するためにブダペストにやって来た。レパシは、警察が自分をロンドンに戻すこともせず、どのバルコニーだったかを尋ねもしなかったことにショックを受けた。これは結局のところ、スコットランドヤード側の恐ろしい過失の一つに過ぎなかった。

レパシからの事情聴取により、捜査当局はその後、二人の男がバルコニーにいたと正式に報告したが、それが実際にマルワンのバルコニーだったかどうかについての公式発表はなかった。今までに知られている限り、二人の男の身元が割り出されることもなく、捜査当局は、事件性の疑いが強いにもかかわらず、こうした事実からいかなる結論も引き出すことができなかった。レパシはサンデー・タイムズ紙のインタビューで、マルワンは物理的に突き落とされたのではないかも知れないが、彼のアパートのバルコニーか部屋にいた他の誰かが彼を殺そうとして身投げを強いたことは明らかだ、と持論を述べた。スコットランドヤードは数カ月後、事故、自殺、他殺の三つの可能性をいずれも排除できないと述べた。この未確定な結論は、事実上の捜査終了を告げるものだった。

三年後の二〇一〇年七月、マルワンの死の原因を特定するためにロンドンで三日間にわたる公開捜査が行なわれた。これは、立件するには証拠不十分だが犯罪行為の疑いがある場合の一般的な手続きだった。この捜査はマルワンの遺族が要請したもので、多くの証人が召喚された。驚くべきことに、マルワン他殺説の最も有力な証人であるジョゼフ・レパシは、参加を求められなかった。ジョン・ロバーツも結局、証言の機会を一度も与えられなかった。三日間の捜査の末、捜査担当に任命された特別殺人調査官は、自殺・他殺どちらの可能性も排除できないと結論した。最終的に事故の可能性が棄却されただけだった。

マルワンの死をめぐる謎は、彼の全生涯を覆う数多くの謎の一つに過ぎない。だが彼の死を究明できないことについては、スコットランドヤード側の能力不足に起因している。レパシの事情聴取に関する過失、公開捜査でのあらゆる不手際などを挙げたが、捜査の失敗はこれに留まらない。マルワンが死んだ時に履いていたはずの靴が、今も見つかっていないのだ。シュワイキとパークハーストが真実を述べていたとしたら、マルワンが飛び降りる前、手すりに登るためにプランターの上に乗り、それからエアコンの室外機に登っていたはずであり、彼の靴からは埃、土、ペンキなどが検出されるはずである。靴が見つかっていないということは、マルワンが自らの意思で手すりに登ったのではなく、誰かが彼を手すりに押し上げた可能性を示唆している。今回の捜査を身近で見てきた人々が匿名で述べた報告では、度重なる警察の失態が全くの故意である可能性もあるという。イギリス政府は高位の外国人がイギリス国内で暴力的な死を遂げても、それがイギリスの国益にかなわなければ、解決することを望まない可能性が大いにあるというのだ。

もちろん、警察の捜査能力の限界とする説明も存在する。捜査当局は与えられた権限を最大限活用して捜査に当たったが、私たちがこれまで見てきたように、被害者であるマルワンの全経歴を調べ上げるようなことはしていない。当局は、マルワンが遺書といった明確な証拠を残していない限り、自殺とは断定できない。他殺あるいは強制的な自殺の可能性に関しても、説得力のある証拠が存在しない限り、どちらの線でも捜査を続行できない。

しかし歴史家は、犯罪捜査の法的手続きや法律が認める証拠に制限されることはない。当然のことながら、このような事件の場合、証拠から割り出されるどのような結論もすべて推測の域を出ない。それは練り上げられた推論に過ぎず、法廷で採用されることもない。

最初に取り上げられるべき問題は、マルワンの死が自殺か否かである。そして自殺の可能性が低いとなると、次に誰が彼を殺したかが問題になる。ビジネス上の商売敵か、それともモサドか、あるいはエジプト人なのか。

マルワンの死後すぐに、自殺の可能性について多くの推論が提起された。しかし彼の生活態度を見る限り、真剣に自殺を考える人間が取りがちな行動は見当たらない。彼の家系に自殺者はおらず、抑鬱症、孤立感、あるいは失業や愛する人の死といったトラウマに悩まされてはいなかった。自殺率を高めると言われる薬物も使用していなかった。同じことが自殺意思の兆候についても言える。死ぬ直前の日々、自殺にまつわる言葉を彼から聞いた人は誰もおらず、睡眠薬を蓄えていたり武器を購入していたり、自殺の実行手段を探していたという兆候も存在しない。失望、怒り、復讐心、不注意、閉じこもり、アルコールや薬物の乱用、家族や友人からの断絶、反社会的行動、パニック発作、不眠、過眠、気分変動、極端な無関心といった、自殺者に共通する傾向も全く確認されていない。

マルワンの人生最後の日々にまつわるあらゆる考察から、彼は一定のストレス下にあったようだが、その振る舞いは完全に正常だったと思われる。マルワンと親しかったミハエル・パークハーストは、彼が死んだ日の朝遅くに会っており、マルワンは普段通りにおしゃべりをし、パークハーストの子供たちは元気かと尋ねてきたと語っている。アパートの管理人もその朝マルワンと会っていたが、「全く正常」でむしろ機嫌が良さそうだったと語っている。マルワンの友人シャリフ・サラは、死亡する前日に電話で話したが、自殺を考えていることを示唆するような会話はなかったと証言している。マルワンと同じアパートに住む妹のアッザは、死ぬ二時間前に彼と会っていたが、気になる兆候は何もなかったと友人に語っている。そしてマルワンの妻モナは、マルワンは「健康問題を抱えているにもかかわらずいつも社交的で、楽しそうに生活していた」と証言し、彼の行動に疑わしい兆候は見られなかったことを仄《ほの》めかした。その日の朝の会話で、マルワンはモナに、今日遅くアメリカに渡航するからその準備をしていると話していた。

歴史家アーロン・ブレグマンは、より詳細な検証を行なっている。彼は、マルワンの正体を最初に公表した人物だが、それでもマルワンとの関係を維持していた。ブレグマンによると、死ぬ前の二十四時間のうちにマルワンは、予め決めていたコードネームを名乗って録音メッセージを残していた。

マルワンは「その本に関して」連絡したと言い、折り返し彼の携帯電話に連絡してほしいとメッセージを残していた。五十九分後、彼は同じ内容のメッセージを残し、その二十分後に再度メッセージを残した。ブレグマンが接触を始めてから、マルワンが録音メッセージを残したことは一度もなかった。この事実は、連絡してきた回数と合わせて考えると、彼が深刻な難局に直面していることを示唆していた。ブレグマンはマルワンに折り返し連絡し、オール判事が発表した報告について話し合った。ブレグマンは一週間前、オール報告の発表に続いてイスラエルで報じられたメディアの記事をまとめてマルワンに送っていて、その内容を説明し始めた。マルワンは事実の核心を知りたがっていた。ブレグマンは、オール判事の報告は活字になっていて、その中にマルワンの名前が出ていることを伝えた。マルワンは明日会いたいと言い、いつどこで会うかを話し合った。そしてマルワンが最終的に再度連絡することで二人は合意した。会話の終わりにブレグマンは「これ以外に関しては、大丈夫ですか?」と尋ねた。マルワンは「この頭痛の種以外に?」と答えた。ブレグマンは、イスラエルのスパイとして正体を暴かれたこの混乱以外は問題ないのだと理解した。二人は会話を終えた。これが二人の最後の会話となった。

ブレグマンは、イスラエルのハアレツ紙のインタビューに応じ、「私の知る限り、彼が一時間半の間に三度も私に連絡してきたという事実は、何らかの危機を反映していたと言える。彼の口調はいつものようではなかった。私が知っているアシュラフ・マルワンではなかった」と結論した。確かにマルワンはぶっきらぼうでせっかちだったが、礼儀正しかった。マルワン自身がこの最後の会話の中で、自分が多くの圧力を受けていることを相手に感じさせることはなく、ブレグマンを不安にさせることもなかった。ただマルワンが死んだ直後とその三年後に発表した見解の中で、ブレグマンは、オール判事の報告がジャーナリストの目に触れることで、マルワンは圧力を感じていたと述べているのも確かである。それでもブレグマンは、この時のマルワンの言動において、自殺を示唆するようなものは全く見当たらなかったとしている。

これらの証言の重要性を考えると、マルワンは、そもそも典型的な自殺者タイプに当てはまらず、自殺を決意したことを示唆する痕跡は、彼の人生最後の二十四時間には全く見出だせないように思える。この状況証拠に基づき、公開捜査を指揮したイギリスの殺人捜査官は、死ぬ前のマルワンの行動は「正常で活気に満ちて」おり、「精神疾患などの痕跡は存在せず、……自殺意思に関してもその兆候はない」と裁定した。さらに、「マルワン博士には心配の種が多数あり、ストレスとなっていたことは明白である」と付け加えた。

従って、自殺の可能性は論理的には存在するが、実際にはあり得ない。そして自殺の可能性がないのであれば、必然的に他殺であるとの結論になる。そこであらゆる未解決の殺人事件に共通する問題に直面する。誰が殺したのか、そしてなぜ殺したのか。今までに挙げてきた証拠は改めて強調されるべきだが、あくまで状況証拠である。しかし、それでもやはり証拠なのである。

誰がアシュラフ・マルワンに死をもたらしたかについては、三つの可能性が提起されている。一つ目はビジネス上の商売敵に殺されたという可能性、次に一九七三年にイスラエルを欺いたために報復としてイスラエルに殺されたというもの、最後は、事態が暴露されるのを恐れたエジプト当局がマルワンを殺して伝説化させた可能性である。

まず、マルワンがビジネス上の商売敵によって殺害された可能性はほとんどないと言える。二〇〇七年、彼はビジネス闘争とはほぼ無縁だった。ハロッズ事件以来、宿敵モハメッド・アル＝ファイドはロンドンで今も成功していた。アル＝ファイドには、この時点でマルワンに反撃を加える理由はなかった。マルワンはもはやアル＝ファイドに害を及ぼす存在ではなかった。さらに、アル＝ファイドのビジネス手法は時に非常に独創的だったが、暴力を使うことはなかった。

他の人々は、マルワンの死は武器商人としての彼の過去の取引と何らかの関係があると考えていた。実際、二〇一二年三月のエジプトの週刊誌ローズ・アルユスフによるセンセーショナルな暴露記事によれば、ホスニ・ムバラク大統領は回想録を口述していて、その中に、アフリカのある国への武器売却をめぐって意見が分かれ、ムアンマル・カダフィがマルワンの暗殺を命じたとの記述があるとされていた。この信憑性に欠ける記事を掲載した週刊誌が刊行されると、ムバラクに近い情報筋が、大統領は今まで回想録を書いたことも口述したこともないと否定した。スコットランドを拠点とする出版社キャノンゲート・ブックスがこの回想録を出版するとされていたが、同出版社は、ムバラクの妻スザンヌの回想録を出版する予定はあるが、ムバラクの回想録は存在すらしないと否定した。マルワンが過去に武器取引した相手が誰であろうと、彼の殺害に何らかの関心を持っていた人物がいたとする証拠は全くない。マルワン自身、二〇〇七年の時点で武器取引から身を引いて久しかった。

イスラエルが殺したという可能性もまた、まともな証拠に立脚しているとは思えない。この説を唱えているのはマルワン家の人々であり、とりわけ未亡人のモナだった。彼らには彼らなりの理由があった。マルワンが死んだ数カ月後、モナはアルアハラム紙のインタビューに応え、「イスラエルは確実に私の夫の冷酷な殺人に関与している」と主張した。マルワンが転落死した時にバルコニーには他に誰もいなかったと証言したアッザム・シュワイキに反論し、「あの男、アッザム・シュワイキは、夫の会社から数百万ポンドもの金を横領していた。私は彼を会社から解雇することにした。……法廷が彼を刑務所に送ってくれると確信している。彼は嘘つきで、私の夫がバルコニーから自ら身を投げたという虚偽の証言をした。……イスラエルは、私の夫が自殺したという語をでっち上げた張本人だ。証拠を捏造《ねつぞう》するために、アッザム・シュワイキのような人物を金で取り込んだ」と主張した。事件から三年後の公開捜査が始まった頃、モナはオブザーバー紙に、マルワンは人生最後の四年間で少なくとも三回は命の危険に晒《さら》されたと言っており、最後はロンドンのアパートで二人きりになっていた時で、死ぬ九日前だったと語った。「その時、夫は私のほうを見て言いました。『私の命は危険に晒されている。様々な敵がいるから、殺されるかも知れない』。彼は敵が自分の背後に忍び寄っているのを知っていました。彼はモサドに殺されたのです」。後にモナは、彼の亡くなった日にアパートの正面玄関のドアは鍵がかかっておらず、その時いた家政婦は何も聞かなかったと述べた。「侵入者たちは夫を寝室まで連れて行き、殴りつけ、窓からバルコニーの向こうに投げ出しのです。四階のバルコニーにいた人は、夫が落ちる前に叫んだ悲鳴を聞いたと警官に証言しています。自殺する人が落ちる前に悲鳴を上げるでしょうか?」

モサドが夫を殺したとするモナ・マルワンの明確な主張には、彼女自身と家族にとって都合の良い利点があった。これにより、万能のモサドを欺いたエジプトの愛国者としてマルワンを仕立て上げることができたからだ。しかし一方で、モサド暗殺説ではなく、イスラエルのためにスパイとして働いていたマルワンがエジプト当局によって抹殺されたとするならばどうだろう。これはモナやマルワン一族に壊滅的な被害を及ぼす可能性があり、絶対に避けなければならない。その結論に達することのないよう全力を尽くすことについて、モナやその家族を誰も責めることはできない。ただしこれは、モナが故意に嘘をついているという意味ではない。スコットランドヤードに対して、持論が立証されるよう捜査を依頼したのは、他ならないモナだからである。もし仮に、モナがマルワンを殺した真犯人を知っていたとしたら、彼女はそこまでのリスクを冒さないだろう。

さらに、モナはマルワンの愛国心を信じていたが、それが彼女自身のでっち上げだと仮定すべきではない。夫の命が狙われていることを、マルワン本人から何度も聞いていたというのは恐らく本当だろう。イスラエルのスパイとして働いていたという噂が流されたことについても、自分を殺すためにモサドが広めた偽情報だとマルワンから聞いていたはずである。先述のとおり、マルワンがモサドのために長年働き続けた理由の一つは、スパイを止めたらモサドに殺されると思っていたためである。二〇〇三年のアーロン・ブレグマンとの会話の中で、マルワンは、ヨム・キプール戦争に関するハワード・ブルームの本を読み、エリ・ゼイラはモサドがマルワンを殺すと信じていることが分かった、と話した。二〇〇五年、ロネン・ベルグマンの記事がイスラエルのイェディオット・アハロノット紙に掲載され、二〇〇三年十月にホスニ・ムバラクがマルワンを暖かく迎えて抱擁したことは、彼が二重スパイだったことの証拠だと論じた。この記事が掲載された翌日、マルワンはブレグマンに電話し、実際の出来事から二十カ月も経って記事になったという事実は、自ら苦境に陥ることを引き受けたイスラエル人がいることを示している、と語った。

以上に述べたことは、自分の正体を暴露した上で殺すか自殺させることによってモサドが利益を得るということを、マルワンが本当に信じていた可能性を浮かび上がらせる。マルワンが懸念していたのは、アーロン・ブレグマンの記事や彼のスパイ活動をめぐるあらゆる報道の背後にある真の動機だった。モサドが自分を消そうとして動き始めたとマルワンは感じていた。彼はイスラエルの安全保障体制の全容を把握しておらず、かつて「バベル」という名で公表したエリ・ゼイラの個人的動機については、全く知らなかったことをここで強調しておかなければならない。彼にとって、元軍事諜報局長のゼイラはモサドと変わらなかった。従ってこの頃、マルワンを保護しようとしてモサドが繰り返し試みた接触を、彼が拒絶したのは当然のことなのである。

妻と息子が、アシュラフ・マルワンを殺したのはモサドだと主張するのには、別の理由もある。彼らはマルワンが回想録を書き上げようとしていたと思い込んでいた。戦争の直前でどうやってイスラエルを騙したのか、そこに書き綴っているのだと思っていた。回想録の出版というアイデアは、「バベル」の正体がイスラエルのマスコミで最初に取り上げられた頃に浮上した。ブレグマンは、「次の世代に向けて、回想録を書いて子供たちに残す」ことをマルワンに提案した。ブレグマンによると、マルワンはこのアイデアを気に入り、プロジェクトの助言者になってほしいとブレグマンに頼み、それ以来回想録の執筆に関することが二人の会話の中心になったという。二人の打ち合わせはほとんどが電話で、一度だけパークレーンのロンドン・コンチネンタル・ホテルで会って話をした。ブレグマンは、マルワンがイスラエルのスパイになった一九六九年から書き始めるべきだと提案した。しかしマルワンは、サダトの側近になって複雑な防諜作戦に取り組み始めた一九七一年五月から始めたいと考えていた。ブレグマンは、マルワンとの会話の背後に全く違う動機が潜んでいる可能性を感じていた。イギリスの週刊誌スペクテータでのインタビューの中で、ブレグマンは、イスラエルで自分についてどのように語られ何と書かれているのか、その情報を得ることが彼の真の目的だったと述べている。それはマルワンが次の行動計画を立てる上で、喉から手が出るほど必要としていた情報だった。

マルワンは本当に回想録を書き上げたのか。その証言は矛盾に満ちていて、結論づけるのは難しい。ある証言では、彼はほとんど執筆に時間を割いていなかったという。サンデー・タイムズ紙は、約二百頁の原稿の束が三つ、彼の死んだ日にアパートから持ち出されたと報じている。加えて、原稿を口述したカセットテープもその日に消えていた。マルワンの家族や友人たちから詳しいことを聴取していた警察の調書によると、彼の死んだ日、最終章を書き始めるためにニューヨークに飛ぶ予定だったという。この主張によると、彼の上梓する本は、ヨム・キプール戦争三十四周年に当たる二〇〇七年十月に書店に並ぶ予定だった。別の情報筋によれば、二〇〇六年にロンドンで開催されたスエズ危機五十周年を記念した学術会議で、首にUSBメモリーを吊したマルワンの姿が見られたという。マルワンと会話したという人物が、首から吊しているそれは何かと尋ねると、彼は本の原稿だと答えた。そして、この本はヨム・キプール戦争における自分の本当の役割を明らかにしたもので、「爆弾」になるだろうと語った。マルワン自身が資料を調べていたという多くの証拠もある。彼は亡くなる約一年前に、ワシントンDCにあるジョージ・ワシントン大学の国家安全保障文書館を少なくとも二回訪れている。そこには、情報公開法によって機密指定を解除された資料が特別に収蔵されており、一九七三年の戦争についてより深く学ぶことができた。マルワンはまた、戦争での自分の役割について書かれたヘブライ語の資料を収集・翻訳する研究助手を雇っていた。

しかし同時に、マルワンが実際に本を執筆していたかどうかについて、深刻な疑念を抱かせる顕著な事実が存在する。今日に至るまで、原稿が一頁も見つかっていないのだ。このデジタル時代に、印刷された紙の原稿（彼のアパートから持ち去られた原稿の束）と、デジタルコピー一つ（首に吊していたUSBメモリー）だけを持っていたとは想像し難い。もし彼が原稿を盗まれるのを本当に恐れていたとしたら、なぜ彼は公然とUSBメモリーを首からぶら下げていたのか。そしてなぜ人々にデータの内容を教えたのか。原稿らしきものは、彼の金庫にも、コンピュータにも、家族や彼の親友の手元にもなく、クラウド《データを保存するネットワーク上の記憶装置》にも見つかっていない。さらに彼の執筆が疑わしい別の理由がある。もし本当に原稿の内容を口述録音していたら、録音を文字化して書き言葉に直していくタイピストや助手がいたはずである。しかしこのプロジェクトに協力したという人は見つかっていない。そのような協力者はマルワンに忠実な人物のはずで、彼が回想録を執筆していたとする家族の主張の傍証となるのに、どういうわけか誰も名乗り出てこないのである。そしてさらなる疑問がある。調査資料、書類の写真複写など、収集された資料は一体どこに存在するのか。この種の本を執筆するのに、こうした資料なしで書ける著者がいるだろうか。そしてもしそれが本当に完成間近だったのなら、本の内容について正確に話そうとする関係者がなぜ一人もいないのか。彼の二重スパイを証明する「爆弾」となるような本なら、多くのエジプト人が支持するのは間違いなく、関係者ならそれを話していたはずである。

この本について一つだけはっきりしていることがある。学会でマルワンと会話を交わした人物が聞いた彼の思わせぶりな短い言葉以外に、三束の原稿やUSBメモリーの内容を含めて本の詳細を知る人物はこの世に存在しないということである。彼がワシントンの文書館を訪問したことや研究助手を雇ったという紛れもない事実は存在するが、それが本の執筆を証明するわけではない。彼がエジプトにいるモサド最強のスパイであることが暴露された瞬間から、マルワンは自分について語られているあらゆる情報を収集することに多大な関心を抱いていた。公表されるすべての情報は、彼の首に掛けられた縄が徐々に絞られていくことを意味したからである。マルワンほどの資産を持つ人間にとって、彼が直面している脅威に関わる確かな情報を収集するのはそれほど難しくはなかった。

しかし何よりも、そもそも自分の事情を事細かく述べることにマルワンを駆り立てた動機を理解することができない。すでに見てきたように、彼が長年にわたりイスラエルに提供してきた情報は一貫して正確で真実であり、エジプトの戦争努力に破壊的な影響を与える可能性があった。イスラエル軍事諜報局やモサドが彼の情報を検証すると、必ず裏付けを得ることができた。マルワンが意図的に正確な攻撃日時をイスラエルに提供しなかったとされる件についても、本書で再構築した内容が妥当な説明を与えているように、彼は攻撃の前日（十月五日）までいつ開戦するのか全く知らなかった。そして同日夜、モサドの操縦者たちと会った時にその情報を直ちに伝えた。これはモサドだけでなく、エジプトの情報筋からも裏付けを得た事実である。マルワンは本の中でどのようにしてこれらの証拠を覆すのだろうか。彼が書ける唯一のことは、本当の秘密は自分とサダトだけが知り得たということぐらいだろう。都合の良いことに、サダトは証言することも否認することもできないからである。

しかしそれでも、戦争計画がいつどのように立てられ、実行に移されたかを正確に示さなければならないだろう。ヨム・キプール戦争のような、不可能に近く前例のない計画を実行に移す場合、他の幹部たちとも情報を共有する必要がある。彼らはエジプトがイスラエルを奇襲攻撃できたことをいつまでも誇りに思うと主張していて、それを知らなかったとは主張していない。

マルワンは、繰り返し二重スパイ説について説明するよう求められ、しばしば返答に窮した。ハワード・ブルームは、マルワンの身元が知られた後に彼と会話している。マルワンは、イスラエルのスパイだったというアーロン・ブレグマンの主張を退け、「人は自分の好きなように書いたり言ったりできる。……私にとってそれはまるで探偵小説だ」と語った。ブルームが、マルワンが二重スパイなのかどうかを改めて尋ねると、彼はファクス番号を教えてくれと言ってきた。その日の遅く、一九七六年三月二十二日付けのアルアハラム紙の記事がファクスで送られてきた。その内容は、マルワンが大統領府を辞職した際の記念式典で、戦争への特別な貢献に感謝の意を表してサダトから勲章が贈られたという記事のコピーだった。緒戦でマルワンがイスラエルを騙したことを主張しようとしているのは明らかだった。しかし先述のとおり、その式典はマルワンの解雇を取り繕うために開かれたものであり、彼の「戦争への特別な貢献」とは、武器禁輸にもかかわらずリビア経由でフランスからミラージュを調達するのに成功したことだった。二〇〇六年にマルワンが電話でアーロン・ブレグマンに話した内容も、二重スパイ説の脆弱性を露呈させただけだった。彼はイスラエル国防軍が直面した危機や、ゴルダ・メイール首相個人の情緒的な危機を引き合いに出した。開戦時に彼女が自殺すら考えたほど追い込まれていたとし、それをイスラエルが騙された証拠だと主張した。それに加え、自分は「イスラエル軍に『固定観念《コンセプツィア》』を育むこと」を目的とする四十人のチームの一員として働いていたと主張し、「それは単に一人の二重スパイがいたということではなく、エジプトの策略だった」と語った。しかしながら、こうした主張によって彼が二重スパイだったと断定するにはあまりにも無理があり、マルワンがイスラエルを騙したという確かな証拠とはならない。これがマルワンの主張できる精一杯の内容なのであれば、彼が本を執筆できないのも不思議ではない。

手元にある証拠から、三つの結論を導き出すことができる。まず、ヨム・キプール戦争の経緯を自分の立場から述べた回想録を、アシュラフ・マルワンは決して書いていないと仮定するのは妥当だということ。回想録を書こうとすると、相反する否定できない事実に対応せねばならず、主張を捏造したとしても結局は自分が嘘つきであることを証明することになり、モサドのスパイだったことを決定づけることになる。回想録を書いて自分の人生を大衆の判断に委ねることは、マルワンを利する結果にはならない。

二つ目は、自分を主人公に仕立て上げ、エジプトの謀略の秘密を明かす本を書こうとするマルワンの狙いについてである。彼はそうした本を出版することにより、エジプト内外で、彼がモサドのスパイだったという主張をはねつけることができると考えた。当初、マルワンは自分がモサドのスパイだったという説を無視しようとしたが、時の経過と共に、イスラエルのマスコミが次々に詳しい情報を公開してきた。そしてアーロン・ブレグマン、ロネン・ベルグマン、ハワード・ブルームといった著者が、マルワンの側から見解を求め始めた。マルワンはこれに対して、自分が本の中ですべてを語ろうとしていると都合良く切り返した。

最後は、マルワンの家族にまつわることである。回想録を書いていたとする作り話は、家族にとっても都合が良い。マルワンがイスラエルを欺いたエジプトの愛国者であり、最も決定的な証拠として、イスラエルが彼を殺したばかりでなく回想録のすべての原稿を破棄してしまったと主張することを容易にするからである。ジャーナリストたちはこうした陰謀論を鵜呑みにした。殺人の陰謀や行方不明の回想録といったネタほど売れる記事はないからである。

しかし、モサドがアシュラフ・マルワンを殺したという説を一蹴するはるかに説得力のある根拠が存在する。それは、一連の経過をイスラエルの側から眺めた時にのみ明らかになる。マルワンの正体が暴露されたことに対するイスラエル諜報社会の反応を注意深く観察すると、モサドがマルワンを生かしておくことに一貫して強い関心を持ち続けていただけでなく、彼が死んだ後、モサドは彼の死を組織の大失態以外の何物でもないと見ていたことは明確である。

マルワンの身元が明らかにされて間もなく、それを漏洩した者をどう処分するべきか、イスラエルで公開討論会が開かれた。それが誰なのかは広く知られていた。モサド内部では次のような議論が続いていた。一方はモサド長官のメイール・ダガンで、エリ・ゼイラに対する捜査を開始するか裁判にかけることさえ考えていた。しかしこれは、深刻な危険に身を置いてマルワンがイスラエルのスパイとして働いていたこと、ひいてはモサドにスパイの身の安全を担保する能力がないと見られることを、正式に認めることを意味した。そのため、二〇〇七年六月まで、ダガンはゼイラに対してどんな処置を講じることにも反対した。そして他方はモサドで経験を積んだ多くの上級将校、とりわけツォメットの支局長で現在はダガンの副官に当たる人物で、マルワンの名前を世間に広めたことで、ゼイラは諜報機関の〝十戒〟の第一条を犯して〝至聖所〟《ユダヤ教の神殿の内奥にあった最も神聖な場所》を冒涜したと論じ、裁判にかけなければならないと主張した。結局その論戦に勝利したのはダガンのほうで、彼の勧告によってイスラエルの検事当局は調査を辞退した。

どちらの側が正しいかはともかく、本書の目的にとって最も重要な点は、この内部議論（一方が積極的にマルワンの命を守ろうとし、他方が命を危険に晒した人物を罰することを望んだ）はモサドがマルワンの死を望んでいたら起こり得なかったということである。それどころか、モサドもイスラエル政府もマルワンの死を惨事と見なしていた。その見解を発表した最初の人物はザミールだった。彼はイスラエルのテレビインタビューに応じ、「私たちは歴史上最も偉大なスパイを失った。……犯罪的過失のために彼を失った。……私は彼を保護することに失敗した」と語った。二〇一一年末に出版された回想録の中で、ザミールは、「最強のスパイ――私自身とマルワンとの関係」という章題でマルワンをテーマにした章を設けている。その中で、「私は一日たりとも、マルワンをもっとうまく保護できたのではないかと自分を責めずに過ごした日はない」と告白している。

マルワンを殺したのがモサドではなく、ビジネス上の商売敵でもないとしたら、残された唯一の合理的な選択肢はエジプト当局ということになるだろう。そして、アシュラフ・マルワンを殺すに至った彼らの動機を探っていくと、かつてエジプト政権の妨げとなって死んだ別の人物との間に明確な共通点が浮かび上がってくることに気づくのである。

マルワンの死が提起する最大の疑問の一つは次の点である。二〇〇二年に「バベル」としてマルワンの正体が暴露されてから二〇〇七年に死去するまでに、エジプト政府は彼の背信を調査したり裁判にかけたりする努力をしなかったのはなぜなのかという点である。それどころか、一九七三年の戦争への彼の貢献を称賛さえしている。これに対する一つの答えは、エジプト当局が本当に二重スパイの物語を信じていたということである。しかし、自分たちの縄張りで何が起きているのかを熟知しているエジプトの諜報局員たちが、他の誰も仲間に加えずにマルワンとサダトが共謀してイスラエルを騙し打ちしたという解釈を受け入れるとは思えない。さらに、エジプトの諜報局員たちが、イスラエルのマスコミで「バベル」というスパイについて報道されたものを精査し、それが誰なのかを割り出すことができたと仮定するのは妥当だろう。世界の他の国々と同じように、彼らは、アシュラフ・マルワンがイスラエルのスパイであることに気づいたはずである。そして彼らが戦争に至る経緯の書かれた文献を読んでいたとしたら、イスラエルの失態は、マルワンの警告にもかかわらず起きていて、マルワンのせいではなかったことを知っただろう。

ムバラク大統領とマルワンは少なくとも一九七〇年代初期から互いを知っていた。当時、マルワンはエジプト空軍のためにフランスのミラージュ戦闘機を調達する計画を実行しており、ムバラクは空軍の司令官だった。それ以来、二人は良い関係を保ってきた。二人の長男同士も親友で、ビジネスの仲間だった。公式の席でムバラクはマルワンを抱擁した。マルワンがスパイだと暴露された後、ムバラク大統領が彼に対して取った行動は、政権が問題に対処した複雑で慎重な方法をよく表している。二〇〇五年、エジプトのメディアは十月戦争を記念する式典で握手する二人の姿を伝えた。その姿は、少なくともエジプトの一人のジャーナリストに、マルワンは確かに二重スパイであると確信させた。しかし、アルアハラム紙のモハメッド・ハサネイン・ヘイカルによると、ムバラクは式典でマルワンを見て驚き、彼をすぐにエジプト国外へ連れ出すよう部下に命じた。翌朝、マルワンはすでにロンドンに戻る飛行機に乗っていた。この事件の後、ムバラクはマルワンがエジプトに戻ることを禁じる命令を出したという。

エジプトのメディアはマルワンの死後も彼を称賛した。ムバラクは彼を「真の愛国者」と呼び、政治、軍部、諜報の多くのエリートたちがマルワンの葬儀に参列した。二〇一一年九月、ムバラク政権崩壊後に、週刊誌ローズ・アルユスフは、ムバラクが個人的にマルワンの暗殺を命じていたと報じた。しかしこの週刊誌はその半年前、ムバラクはカダフィがマルワンを殺したとして非難しているとの記事を掲載しており、信憑性が疑われて今回の記事はほとんど注目されなかった。

こうした主張の真偽は定かではないが、ムバラクとその側近たちが、マルワンにまつわるエピソードを地中深くに葬り去りたかったことは明らかである。エジプトで最も尊敬されているジャーナリストのモハメッド・ハサネイン・ヘイカルが、マルワン事件を正式に捜査するよう求めた時、ムバラクがこれを拒否したのは不思議ではない。

モサドのスパイとして正体を暴かれた後、なぜマルワンはエジプト当局から追及されなかったのか、次の三点が合理的な説明を与えてくれる。一つ目はアラブの文化における恥の重要性である。西洋文化の価値観では有罪か無罪かで判断するのに対し、アラブ文化では恥か名誉かが重要になる。恥は個人に関わるだけではなく、家族、部族、国家など個人が属する集団にも及ぶ。マルワンは、エジプトの上流階級の一員であるナセルの義理の息子であり、サダトの私設補佐官で腹心であり、長男ガマルがホスニ・ムバラクの息子ジミーの親友で、次男ハニはアラブ連盟の事務局長で前外相のアムル・ムーサの娘と結婚している。このような人物がエジプト史上最大の裏切り者だったことが発覚すれば、本人だけでなく、国家全体の民族的誇りに大きな打撃を与え、ムバラクや全支配層に恥をかかせることになる。

二つ目は、恥の文化と密接に関連している、「我々の一員」という仲間意識である。これはアラブ社会一般、とりわけエジプトの上流階級に特徴的で、彼らはその「一員」をかばうために強力な防戦態勢を組む。政権の最有力者たちにとってマルワンは裏切り者かも知れないが、友人でもあり、彼らの閉鎖的な社会の中では尊敬される一員だった。そういうわけで、彼は保護されるに値する存在だった。「我々の一員」という要素と恥の文化の融合は、裏切り者を裁判にかけようとしないエジプトの文化だけではなく、より法律尊重主義の文化でも十分な力を発揮した。一九六〇年代初頭、イギリスのMI6《秘密情報部》の上級職員の一人でベイルートのジャーナリストになったキム・フィルビーが、実はソ連のスパイだったという否定できない証拠を突きつけられた時、当局はロンドンで彼を正式に起訴するのを避けた。その代わり、MI6の旧友がフィルビーに逃げ道を与えてソ連に亡命させ、「我々の一員」がどうやって仲間を裏切ったのか、その恥の詳細が司法手続きで明らかにされるのを回避した。今回の問題に対処したエジプトの方法はより致命的だったが、効果は劣らなかった。

三つ目は、最終的に政権が司法手続きに着手した場合、マルワンが引き起こすかも知れない被害が懸念されていたことである。四十年以上にわたってエジプトのエリート層の不可欠な一員であり、エジプトの最有力者たちの秘密を知っていたマルワンは、彼らの真の脅威となった。マルワン自身もそのことを熟知しており、彼が自らの力を使うことを躊躇しないのは一目瞭然だった。二〇〇六年九月、ロンドンでのヘイカルとの会話で、マルワンは、ムバラクがエジプトへの入国を禁止したことを否定し、「彼にはできない。私は彼を破滅させることができるのだから」と述べた。彼はまた、エジプトの諜報機関ムハバラートの絶対的指導者オマール・スレイマンなど、他の連中も破滅させることは可能だと語った。

これらのすべての理由により、エリ・ゼイラが、自著および二〇〇四年のテレビインタビューでスパイの身元を明らかにしたことは、マルワンがモサドのために働いたという事実について、エジプトに新しい事態を招いた。こうした発言が、ジャーナリストや歴史家の主張である場合と、ヨム・キプール戦争時にイスラエル軍事諜報局長だった人間の主張である場合とでは大きな違いがある。さらに、イスラエル最高裁の元判事がこの件に関して裁定を下したとなれば、なおさらである。これは、マルワンがエジプトを裏切ったことについて、イスラエル側の正式な司法承認と解釈できるだろう。

二〇〇七年六月、この事件がエジプト政権の基盤を脅《おびや》かす可能性があり、その脅威を無力化する必要があると認識され、ますます深刻な問題になった。エジプト政権は、何か手を打たなくてはならなくなったのである。

しかしこれらすべては、イスラエルでの裁定の直後に、アシュラフ・マルワンを抹殺するべき動機がエジプト側に存在したということを説明しているに過ぎない。動機だけでは不十分だ。エジプトがマルワンの死に関与したことを示唆する他の指標はあるのだろうか。

具体的には、彼の殺害方法である。バルコニーから投げ落として靴を消すことにより、自殺か事故と見なされる可能性は高くなる。マルワンの死後、エジプトのジャーナリストはいくつかの類似事件を指摘した。そのうちの二つは驚くほど似ている。

一つ目は、一九七三年のエル＝レイシ・ナシフ将軍の事件である。彼はナセルによって革命護衛隊の司令官に選ばれた。その後サダトの命令により、一九七一年五月に反対派の主な人物は投獄され、ロンドンで殺された。サダトは、誠実で倫理的な人物だという評価を得ていたナシフを陸軍の「顧問」という形式的な役職に昇進させた。一年後、彼はギリシア大使に任命されたが、アテネへ移動する前に医療処置を受けるためロンドンに行った。彼は、中東からの訪問客がしばしば利用するウエストミンスターのスチュアート・タワーの十一階に滞在していた。そして一九七三年八月十五日、スイートルームのバルコニーから落下したと見られるナシフの死体が、建物の土台部分で発見された。検死解剖の結果、疑わしいものは何も見つからなかったが、彼の妻はサダトの部下によってシャワー室からバルコニーに引きずり出され、殺されたのだと繰り返し主張した。ナシフは、隠れ「ナセル信奉者」だった。彼女は特に、当時同じ建物に住んでいたエジプトの上級諜報局員を非難した。その局員はナシフが滞在していたアパートの所有者で、玄関の鍵を持っていた。カイロのナシフの家には監視装置が設置されていたことが後になって発覚したが、ナシフはそのことに気づいていた。「革命の矯正」の時に忠実だったナシフをサダトはなぜ殺したのか、その理由は定かではない。エジプトの一般大衆は、これは事故ではなく政府の命令による処刑だと感じていた。

二つ目は、二〇〇一年六月二十一日の事件で、エジプトの映画女優ソアド・ホスニが同じような死を遂げている。八十本のエジプト映画に出演し「エジプト映画界のシンデレラ」と呼ばれていたホスニは、スチュアート・タワーの七階のバルコニーから転落し、建物の土台部分で死んでいるのが発見された。ホスニは慢性痛に苦しんでおり、体重増加のために治療を受けていたが、ロンドンでの四年間で彼女の身近にいた人々は、自殺の兆候は見られなかったと主張した。彼女の主治医も彼女のことをよく知っており、死の前日にホスニと話し、陽気な口調で近いうちに会うことを約束していたと証言した。もう一人の親友である彼女の個人秘書は、スチュアート・タワーに入っていった時、ホスニはバルコニーにいたが、その後七階の部屋の中に入るとホスニの姿はなかったと証言した。そして彼女がバルコニーに出てみると、下の地面に横たわるホスニの死体を発見した。しかし彼女の話には矛盾があったので、ホスニの死因を確定しようとしたイギリスの判事は、彼女が信頼できない証人であると結論した。

アラブ世界で最も崇敬された映画女優の一人ソアド・ホスニの謎に満ちた死は噂の波紋を広げ、そのいくつかはエジプトの諜報機関の関与を指摘していた。実証された噂によれば、ホスニは、一九八〇年代にエジプトの諜報機関のために働いていたことを明らかにする回想録の執筆を計画していたという。スパイとしての彼女の仕事は、恐らく美人女優による誘惑行為が含まれていたと思われるが、当時のムハバラートの長官フアド・ナセル将軍が、エジプトの新聞のインタビューに応えて、ホスニは殺害されたと主張すると、その噂はさらに波紋を呼んだ。アラブ世界の多くの人が、彼女の回想録の出版によって引き起こされる混乱を恐れ、エジプト政府当局が手を下したと信じたとしても不思議ではない。人騒がせな週刊誌ローズ・アルユスフによれば、マルワンの死について調べていたスコットランドヤードの捜査官は、同じ三人のエジプト人チーム（男二人と女一人）が映画女優とモサドのスパイの殺人に関与したと結論を下したという。これは恐らく虚偽の話で、スコットランドヤードも、十分な裏付けを持つ他のあらゆる情報筋も認めるところではなかった。

感動的な葬儀が執り行なわれ、ムバラク大統領が「アシュラフ・マルワン博士の愛国心を全く疑っていない。彼はいかなる機関のスパイでもなかった」という公式見解を発表したことで、かなりの数の西側のジャーナリストや分析官が、結局のところ二重スパイ説は正しかったと確信したことだろう。しかし、戦争中のアシュラフ・マルワンの行動に詳しい他の人々は懐疑的だった。マルワンから提供された資料すべてに目を通していたイスラエルの元軍事諜報調査局長アモス・ギルボア准将は、エジプトの公式声明について独自の見解を示した。彼は、マルワンの葬儀で政府高官が遺族の未亡人や息子たちを慰める姿を見て、「マフィア映画を思い出した。マフィアは誰かを抹殺する。その後、未亡人と息子たちが墓前で泣いていると、殺人者がやって来て未亡人に接吻する」と語った。

いずれにしても、エジプトでマルワンがどう見られるべきかについての評価を定めたのは、他の何よりもムバラクの演説だった。独立系のジャーナリストやブロガーは、公式筋とは相反するやり方でマルワンについて語り続けた。公式の報道官は、マルワンがエジプトに忠実に仕えたことを強調し、扱っている問題が高い機密性を要する安全保障に関わるため、機密を保持することが不可欠であると付け加えた。マルワンにまつわる番組を準備していた「六十分《シックスティー・ミニッツ》」のプロデューサーは、マルワンがモサドのために働いていたことについての回答を何週間にもわたって求めたが、無駄だった。エジプトの当局者は当初、マルワンはイスラエルを騙していたと言い、二重スパイ説に立脚した異なった見解を繰り返すだけで、機密を要するという理由でカメラの前で話すことすら敬遠していた。最終的に、エジプト側の立場を説明する人物としてアルアハラム政治戦略研究センター長のアブデル・モネイム・サイードがカメラの前に立ち、マルワンは、イスラエルを騙し打ちにするエジプトの取り組みの中心軸であり、それがなければエジプト軍がイスラエル国防軍を打ち破る機会はなかっただろうと主張した。しかしながら、その主張を裏付けるような説得力のある詳細を提示することはなかった。

二〇〇九年五月に放送されたサイードのコメントは、ムバラクが「彼はいかなる機関のスパイでもなかった」と宣言して以来、マルワンに関するエジプトの公式声明に最も近いものだった。何よりもこのコメントは、アシュラフ・マルワンについて何かを述べるよう圧力をかけられたムバラク政権側の非常な不快感を反映していた。その意味するところは、彼ら自身がマルワンが何をしたのか本当に知らないということだった。ナセルの義理の息子が本当にイスラエルを騙した二重スパイだったとしたら、エジプトの狡知《こうち》がイスラエルを上回ったことの証明となり、歴史に残るとてつもない防諜活動の一つになるはずだった。エジプト人はこれを無尽蔵の誇りの源泉と見なすかも知れない。

ではなぜ、すべてのことを話してくれるエジプト人が出てこないのか。戦争から四十年以上の年月が流れ、サダトが死んで三十年以上、そしてマルワンの死後十年近く経っても、なぜ秘密にしておくのだろうか。エジプトがモサドの裏をかくほど狡知に長けているなら、なぜこれが書物やドキュメンタリーなどで、十月戦争にまつわるエジプト側の中心要素にならないのだろうか。戦争での軍事的功績を称え、カイロに博物館を建設してそれを祝ったように、なぜ国家の威信を高め体制を支持する価値ある物語を紡ぎ出そうとしないのだろうか。明らかに、彼らは事件全体についてすべての詳細を提供することに関心を持っているはずではないか。

どうやらそうではないらしい。エジプトは、二重スパイ説について説得力ある詳細な説明を提供することを拒み続けている。提供できないからだ。彼らが自分たちの主張を裏付けなければならないと思っているのは、一九七三年十月六日のエジプトの攻撃に備えてイスラエルが適切な準備に失敗したという事実の断片だけなのである。

イスラエルの公式調査委員会であるアグラナット委員会が、ヨム・キプール戦争におけるイスラエルの大失態についての調査結果を発表してから四十年以上が経過している。その中で世界は、開戦日におけるイスラエルの失敗はエジプトの狡知によるものではなく、イスラエルが旧態依然の固定観念《コンセプツィア》を捨て去ることを拒否したという事実に起因していることを学んだ。一方で、アシュラフ・マルワンについてのエジプトの二重スパイ説は、根拠のない空想として残されたままである。そしてそれは、例えばマルワンがいつどこで操縦者と会い、そのミーティングで何が話されたかといった事実を裏付けるような確固たる証拠を誰かが提示しない限り、空想のまま残り続けるだろう。もしマルワンが本当にエジプトのために働いていたとしたら、彼が操縦者をどう扱ったか、あるいはどのようにしてモサド長官を誑《たぶら》かしたのかなど、それに関する何らかの記録がどこかに存在するはずだ。マルワンの行動についてエジプト側からの調査記録を提出できない限り、また、繰り返される彼らの一様な声明が、証言に基づいたイスラエルの刊行物や記事への反射的な対応に過ぎない限り、エジプトは、いくら抗議しようとも、アシュラフ・マルワンが戦争の前および最中に何をしていたか、結局はまだ全く把握できていないと結論せざるを得ない。

そしてそれが真実である限り、アシュラフ・マルワンが二重スパイではなく、過去半世紀における世界最強のスパイの一人だったという結論は避けられないのである。

謝辞

一九七三年のヨム・キプール戦争での奇襲攻撃および戦争そのものは、イスラエル史上最も衝撃的な出来事である。しかし奇襲は完全に成功したとは言えず、さらにイスラエルがはるかに悲惨な結果を回避することができたのは、エジプトにいたモサドの「奇跡の情報源」のお陰だった。これは一九九〇年代初頭に公然と知られるようになったドラマチックな物語である。

この物語への私の個人的な関与は一九九八年に始まった。それは、予備役将校として務めていたイスラエル軍事諜報調査局から、一九七三年における諜報活動の失敗原因について最高機密の研究を進めるよう命じられた時だった。私が接することのできた書類の中には、戦争前の数カ月間に信号、映像、人間などのあらゆる手段を介して収集された何百もの情報報告からなる膨大なファイルがあった。それは差し迫った脅威の明確かつ広範にわたる実態を提供していた。この秘密の宝の中で、「ホーテル」と呼ばれるモサドの情報源によるレポートは、ひときわ輝いていた。

当時、私が研究を進めている間、その正体について一度も尋ねたことはなかった。私がインタビューした全員が、私と同様、それを最高機密として扱い続けた。しかし五年も経たないうちに秘密が明らかにされ、アシュラフ・マルワンの正体が知られるようになった。二〇〇七年六月の彼の死は、スパイとしての彼の人生を徹底的に調査する上で、主要な障害を取り除いた。二〇〇二年九月のCBSの番組「六十分《シックスティー・ミニッツ》」（二〇〇九年五月に放送）の制作チームからマルワンについての物語制作への助言を求められたのを機に、私は彼の物語をより深く理解しようと決心した。

探求を進める中で、私はイスラエルの一九七三年の諜報活動の失敗を研究する者として、若い時に得た専門知識を役立てた。この研究は一冊の本（『見張りは寝込んでしまった』*The Watchman Fell Asleep* 二〇〇五年）と多くの学術記事を生み出した。これらを執筆している時、戦争に至る劇的な出来事の中で重要な役割を果たした多くの人々と信頼関係を築くことができた。その結果、二〇一〇年にヘブライ語で『天使《ハマルアフ》』が出版され、二〇一一年には改訂版が刊行された。これが本書の基礎になっている。

マルワンの物語を調査している間、私は多くの人の支援を受けた。中でも最も重要なのは、マルワンの操縦に直接関与した諜報局員たちだった。一九七三年にモサドの長官だったツヴィ・ザミールや、名前の公表を控えるよう求めた他の諜報局員たちと何度も会話を重ねた。そうしたインタビューがこの本の基礎を構成している。彼ら全員に感謝している。

さらに感謝を捧げたいのは、エジプトの複雑な政治情勢を理解する上で私を助けてくれたシモン・シャミール教授、ヨラム・メイタル教授、私の研究助手として働いてくれたハディル・サウェドとバラク・ルービンシュタイン、未公開資料の使用を許可してくれたアーロン・ブレグマン博士、ナダヴ・

ゼエヴィ博士である。ディマ・アダムスキー博士、ネヘミヤ・ブルギン博士は、私が助けを必要とする時にいつも応えてくれた。イスラエル国立公文書館のハガイ・ツォレフ博士、そして執筆中に支援を惜しまなかった他の多くの友人や家族に感謝したい。

本書英語版の発端は、二〇〇九年のサンフランシスコのコーヒーハウスにまで遡る。その店で私は何度も親友のミハエル・ラヴィーンと議論を重ねた。アイデアを大きく膨らませることは、ダヴィッド・ハゾニの翻訳によって実現した。彼は優秀な翻訳者であるだけでなく、原稿を本にしていく上で優れたパートナーであることも証明された。私のエージェントであるペーター・バーンスタインは常に協力的で、献身的で、効果のあるやり方で、忍耐強く支援してくれた。ハーパーコリンズ社のベテラン上級編集者であるクレア・ウォッチテルは、この本を作成するにあたって幅広い経験と才能を役立ててくれた。編集の最終段階では、ハンナ・ウッドが本書を安全港に運ぶ役割を担ってくれた。

この英語版は、すでに刊行したヘブライ語版の多くの誤りを訂正し、新しい情報を追加している。それにもかかわらず、私はある程度イスラエルの公文書を入手することができたが、モサドの公文書については同様とは言えない。モサドの記録の中には、これから何年にもわたって公開されない可能性が高いものもある。モサドが今までに擁した中で、最高の情報源であるアシュラフ・マルワンが提供した完全で誤りのない報告にも、制約があることを認識している。私がここで語ってきた物語は正確であると信じている。そして私の望みは、今後の歳月においてそれが証明されることである。

解説　ヒュミントを描いた傑作

佐藤　優

インテリジェンス（諜報活動）には、さまざまな技法がある。盗聴や信号傍受を中心とする「シギント」（SIGINT）、人工衛星や無人偵察機が撮影した画像分析による「ヴィジント」（VISINT）、新聞、雑誌、テレビ、政府刊行物などの公開情報（Open Source）による「オシント」（OSINT）、また最近ではウェブサイトを情報源とする「ウェビント」（WEBINT）などがある。しかし、いつの時代もインテリジェンスの王道は、人間によって情報を得る「ヒュミント」（HUMINT）だ。イスラエルの対外インテリジェンス機関であるモサド（諜報特務庁）はヒュミント能力の高さで有名だ。

本書は、一九七三年十月六日に勃発した「ヨム・キプール戦争」（第四次中東戦争、同月二十五日に終結）をめぐるヒュミントを描いた傑作だ。エジプトの最高指導者ガマル・アブデル・ナセル大統領の娘婿で、ナセル死後、後継大統領となったアンワル・サダトの側近だったアシュラフ・マルワンはイスラエルのスパイで、エジプトがイスラエルを攻撃するという確実な情報を提供した。本書の副題にも言及されている「エンジェル」というのは、マルワンのコードネーム（偽名）だ。インテリジェンスの歴史に残るこの事件をウリ・バル＝ヨセフ氏が丹念に解明する。バル＝ヨセフ氏は、元インテリジェンス・オフィサー（諜報局員）なので、この特殊な世界の内在的論理がよく分かる。そのことが本書末尾の謝辞を読むとよく分かる。

〈この物語への私の個人的な関与は一九九八年に始まった。それは、予備役将校として務めていたイスラエル軍事諜報調査局から、一九七三年における諜報活動の失敗原因について最高機密の研究を進めるよう命じられた時だった。私が接することのできた書類の中には、戦争前の数カ月間に信号、映像、人間などのあらゆる手段を介して収集された何百もの情報報告からなる膨大なファイルがあった。それは差し迫った脅威の明確かつ広範にわたる実態を提供していた。この秘密の宝の中で、「ホーテル」と呼ばれるモサドの情報源によるレポートは、ひときわ輝いていた。

当時、私が研究を進めている間、その正体について一度も尋ねたことはなかった。私がインタビューした全員が、私と同様、それを最高機密として扱い続けた。しかし五年も経たないうちに秘密が明らかにされ、アシュラフ・マルワンの正体が知られるようになった。二〇〇七年六月の彼の死は、スパイとしての彼の人生を徹底的に調査する上で、主要な障害を取り除いた。アメリカのCBSの番組「六十分《シックスティー・ミニッツ》」（二〇〇九年五月に放送）の制作チームからマルワンについての物語制作への助言を求められたのを機に、私は彼の物語をより深く理解しようと決心した。〉（本書三八二〜三八三頁）

マルワンは、モサドが工作を仕掛けて獲得した協力者ではない。マルワン自身が協力者になりたいとイスラエルに接触してきた「飛び込み」の協力者である。本書を読んでもマルワンがイスラエルの協力者となる動機がいまひとつ鮮明にならない。マルワンの内面に、危険な場所に身を置いて、その緊張を楽しむというような、独特の破壊衝動があったようにしか思えない。もっともこのような破壊衝動から協力者になる人を私も何人か見たことがある。重要なのは、モサドがマルワンの情報価値を正確に評価したことだ。もっともアマン（イスラエル軍事諜報局）の出身者には、マルワンはイスラエルを攪乱《かくらん》する使命を帯びた二重スパイだったという見方もある。私は、マルワンはイスラエルの協力者で二重スパイではないとするバル＝ヨセフ氏の解釈が正しいと考える。

この事件の背景には、国際政治の変動がある。

〈一九七二年七月、ソ連から抑止兵器を手に入れることに繰り返し失敗した後、サダトは突然、一九七〇年以来エジプトに駐留していた赤軍部隊が帰国すると発表した。ソ連は、エジプトを援助してイスラエルの優勢な空軍力に拮抗できるよう、最新鋭の地対空ミサイルの担当者とソ連製の戦闘機・航空機と共に赤軍を派遣していた。しかしクレムリンは、エジプトの安全保障に関する究極の決定については、エジプトの自主裁量を認めないできた。ソ連の部隊がエジプトの空を守っている限り、エジプトの戦争に関してソ連が拒否権を行使したからである。その事実をサダトは知り尽くしていた。その上、外交交渉によるシナイ半島返還の見通しが薄らぐにつれて、エジプトの戦争をする選択肢に課せられたソ連の足枷はますます痛みを増した。〉（一八〇頁）

エジプトとソ連の関係が不安定になったので、時間が経過すると軍事バランスはイスラエルに有利になるという焦りがサダトをして対イスラエル戦争に踏み切らせる動機になったのである。

マルワンとモサドの操縦者（協力者を運営するインテリジェンス・オフィサー）のやりとりも興味深い。化学記号を符号にしている。

〈ドゥビーは、明確なメッセージを受け取ったと悟った。マルワンが事前に攻撃を警告できるよう設定された手順の一つに、脅威の具体的な性質を明確にするための暗号を選んでいた。マルワンは化学を学んでいたので、警告には普通の会話に交えて元素名を用いることに決めていた。戦争に関する総称は「化学物質」だったが、より具体的な用語が決められていた。即時攻撃の脅威の場合は「カリウム」、それほど緊急でない警告には「ヨウ素」、スエズ運河を渡らずにシナイ半島へ空襲を行なう場合は「ナトリウム」を使うことになっていた。

一部の解説者は、ドゥビーがここで重大な間違いを犯したと評している。彼はモサド長官をロンドンに連れて行く基準として、単なる「化学物質」ではなく特定の元素名をマルワンに求めることができたはずである。しかし彼はそれをしなかった。ドゥビーはイスラエルで緊迫した状況が刻々と進展していることを知らなかった。彼が知っていたのはマスコミの報道だけで、戦争の可能性について公式の報告はなかった。ドゥビーには選択肢があまりなかったのもある。マルワンには時間がなく、近くに人がいることを理解した。さらに、マルワンがもっと正確な情報を持っていれば、違う暗号を使ったはずだ。そうしなかったということは、それほど具体的な警告ではないとの判断だった。いずれにしても、マルワンが翌日ツヴィ・ザミールに会った時、より具体的なことを言うだろうと最終的にドゥビーは結論した。〉（二三〇～二三一頁）

マルワンが「カリウム」と伝えていれば、イスラエルは事態をもっと深刻に受け止めた。モサドの操縦者は、マルワンから戦闘開始時刻を知ろうとする。しかし、マルワン自身もその正確な時刻を知らなかった。

〈ザミールは、それほど差し迫った問題ではなかったが、作戦実行時刻についても質問した。イスラエルが長年見てきたエジプトのあらゆる戦闘計画では、作戦は日没時刻に実行されることになっていた。シナイ半島への大規模な空襲を実行するのに十分な日の光が残っており、イスラエル空軍による効果的な反撃を妨げる暗闇が下りる直前の時間だった。マルワンの報告によると、今回の計画も同じだった。一九七三年十月六日の日没は、イスラエル時間で午後五時二十分だった。

しかし、マルワンも操縦者たちも知らなかったが、二日前にエジプトの戦争相はシリアの大統領と面会し、シリア軍とエジプト軍の作戦調整の後、午後二時に攻撃を開始することで合意していた。

ミーティングは二時間以上に及んだ。マルワンは自分のホテルに戻った。モサドの捜査官たちが彼を監視し続けたが、翌日の土曜日、マルワンはエジプトに帰国した。〉（二五三頁）

いずれにせよマルワンの情報がイスラエルの最高指導部に届いていたので、アラブ連合軍による奇襲に対する備えをイスラエルも部分的に行なうことができた。当時においても、イスラエルの戦力はアラブ連合軍を圧倒していたので、マルワン情報がなくてもイスラエルが敗北することはなかったであろう。しかし、マルワン情報によって、イスラエルの被害が著しく減少したことは間違いない。

二〇〇七年六月二十七日、ロンドンの高級住宅の五階からマルワンは転落して死ぬ。バル=ヨセフ氏は、エジプト当局による暗殺と見る。説得力のある見方だ。インテリジェンスの世界で、裏切り者は必ずそのツケを払わされるのである。

（作家・元外務省主任分析官）

訳者あとがき

世界の大国は独自の諜報機関を有している。アメリカのＣＩＡ、イギリスのＭＩ６、ロシアのＫＧＢなどがその代表的なものであろう。その中で中東の小国イスラエルの諜報機関モサドはこれら大国の諜報機関に伍して、あるいはそれらを超える活動を行なっている。イスラエルにはモサドに加え、国防軍に属する軍事諜報局アマン、唯一二重スパイを操縦し、諜報活動を国内で行なうイスラエル総保安庁シン・ベトという二つの諜報機関があり、さらに一九五七年から一九八六年までは核の情報収集をはじめ科学的な情報の収集を担当したレケム（Lekem）が存在した（『モサド』*Mossad: Israel's Most Secret Service*, Ronald Payne）。本書はこの中で首相直属の最も著名な諜報機関モサドのヨム・キプール戦争での活動を詳細に描いた記録である。

著者のウリ・バル＝ヨセフは、イスラエルのハイファ大学の政治学の名誉教授だが、イスラエル軍事諜報局に在籍し、研究職ながら実践的任務に就いたこともあり、『諜報の成功と失敗』（*Intelligence Success and Failure: A comparative Study*）などの著書のある、諜報研究の第一人者である。

本書の中心となるのは、ヨム・キプール戦争をはじめ、モサドに多くのアラブ側情報を提供した、エジプトのナセル大統領の女婿アシュラフ・マルワンの生涯とその活動である。野心と欲望に満ちた若者が、なぜ祖国を裏切り、イスラエルのスパイになったかを事実に即して追及するバル＝ヨセフの筆致は、マルワンのスパイ活動の実態のみならず、スパイになる人物の人間性の追求という点でも興味をそそる。マルワンがモサドのスパイになることを決意した最大の動機は金であるが、バル＝ヨセフはさらにマルワンの内面に踏み込み、彼の満たされない権力欲、名誉欲、射幸心などがその背後に潜んでいたことを剔抉《てっけつ》する。また、イスラエルの諜報社会の中でモサドと軍事諜報局との情報の解釈をめぐる対立を詳細に記しており、諜報機関が正しい情報を入手しても、その解釈次第で戦争や外交の局面が大きく変わってしまうことを論じている。モンテーニュは『エセー』の中で、「まっすぐな櫂《かい》でも水の中では曲がって見える。単に物を見るだけではなく、いかに見るかということが大事である」（原一郎訳）と述べている。どんな状況においても人間の判断力が最後には重要になるということだろう。また、諜報活動の研究者として、彼はスパイという存在が、人間性の探求という面でも興味ある存在であることを明らかにしている。マルワンがスパイを志した動機や心理と行動に関しては本書を読めば理解できるが、その他にも国家への忠誠心やイデオロギーによってスパイになった多くの人物が存在する。

国家への忠誠心からスパイ活動を行なった人物として、日本では日露戦争当時、欧州で対露攪乱工作を行なった明石元二郎が有名だが、現在の日本のこの分野をつかさどる内閣調査局の活動の実態は、当然ながら不明である。しかし、世界標準からすると劣っているのではないか。本書の解説を書いてくださった佐藤優氏は、「対外インテリジェンスに関して、今の日本はほとんど体を成していないような状況に陥っています。外務省の構造的な問題として、多くの課長レベルの外交官は語学力が基準に達しておらず、サブスタンス（外交の実質的内容に関する知識）や交渉力も弱い状況になっている」と語っている（『インテリジェンス　武器なき戦争』幻冬舎）。

我が国のスパイの歴史は、聖徳太子が伊賀の人、大伴息人を使能便《しのび》として側近に置いたことに始まるといわれるが、江戸時代にも伊賀者によって諜報活動は行なわれていた。当時は忍者、お庭番、草と言った言葉に象徴されるように、同じ武士であっても裏街道を歩む格下の存在として、軽んじられていたと言える。先進国ではエリート中のエリートが諜報活動のメンバーに抜擢されるようだが、日本では江戸時代からのこの伝統もあって、未だに諜報活動に関する評価は必ずしも高いとは言えない。だが、今後は政府としてもますますこの分野を重視せざるを得なくなるだろう。グローバル化は諜報活動の重要性を増すからである。

イデオロギーへの忠誠心からスパイになった人物もまた、珍しくない。その中でも、イギリスの支配階級を養成するケンブリッジ大学時代に共産主義に染まり、KGBのスパイとなったキム・フィルビーを逸するわけにはいかない。彼はケンブリッジを出るとタイムズ紙に入り、ジャーナリストになった。KGBのフランコ暗殺の密命を帯び、内戦時のスペイン国民戦線側に戦時特派員として行ったが、車の中でブランデーを飲んでいる時、近くに墜ちた共和国側の爆弾で負傷したために使命を果たさず帰国した。その後、イギリスの対外諜報活動を行なうＭＩ６にスカウトされ、戦中から戦後の冷戦下の世界において、数々の西側の貴重な情報をソ連に伝えた。結局、ソ連のスパイであることが明らかになったが、当局は処罰せず、フィルビーはソ連に亡命した。その後、ベイルートで余生を送ることになったが、諜報の世界から完全に足を洗うことはできず、KGBに復帰しようとした。この間の事情に関してベン・マッキンタイアーは『キム・フィルビー』（小林朋則訳、中央公論新社）の中で、次のように記している。

「フィルビーがKGBの傘下に是が非でも戻ろうとしたのには、政治以外の理由もあった。フィルビーは、欺瞞が楽しかったのである。秘密主義も、不倫という官能の罪と同じく、やめるのが往々にして難しい。……フィルビーは、スパイ活動をやめたくなかったし、おそらくはやめたくてもやめられなかっただろう。中毒になっていたのだ」

アシュラフ・マルワンが富豪になってからもモサドのスパイであり続けたのにも同じ理由があったに違いない。

また、日本でもエリートが共産主義に染まり、ソ連のスパイになった例がある。その代表例は尾崎秀実であろう。彼は、ドイツの外交官でありソ連のスパイでもあったリヒャルト・ゾルゲに協力し、多くの情報をKGBの前身であるGRUに伝え続けた。中でも日本軍が北進してソ連に対して軍事侵攻することはなく、東南アジア方面に南進することを決定した情報をGRUに流したことは、ソ連がほとんどの部隊をヨーロッパ戦線に集中することを可能にした意味で最大の功績であった。中薗英助は『スパイの世界』（岩波新書）の中で、「これは何十個師団にも相当する功績であった」と述べている。

この他にも、戦時中からKGBのスパイとして活動した日本人はたくさんいる。鬼丸武士の『上海「ヌーラン事件」の闇』（書籍工房早山）は、この面で実に貴重な事実を明らかにした名著である。もちろん、重厚な学術書ではあるが、三十年代のアジアにおけるコミンテルンの地下組織ネットワークとそれに対抗するイギリスのMＩ6の活動が詳しく記されていて、読み物としても十分楽しめる。

イレーヌ・ヌーランは、コミンテルンの一九三〇年代のアジアにおける革命工作の統括者として、七つの変名を使い、上海を舞台に情報活動を行なった人物である。ソ連のスパイ組織NKVDのウイーンの要員で、組織から離脱してすぐに殺された「ルードヴィック」ことイグナス・ポレツキーの妻、エリザベート・ポレツキーの書いた『絶滅された世代』（根岸隆夫訳、みすず書房）によれば、ヌーランことスイス人パウル・リュグの正体は、ルードヴィックとウイーンの大使館で共に働いた同僚ルフトであり、「バルカンの労働運動指導者と会うためにローマに出張した際、ルフトは同地のソヴィエト大使館の秘書と結婚した。この組み合わせは奇妙だった。彼は一文なしのウクライナ人家族の出で、相手は貴族の娘専用の高等学校だったペトログラードのスモルニー女学校出だった。二人はやがて一子を設け極東に出発した」とあり、上海からソ連に帰国すると「すぐに手が回されたことは間違いなく、ルフトのことは二度と人の口に上らなかった」とある。この人物の手足として、日本人の鈴江言一、紺野与次郎、吉野源三郎、野澤房吉などが働いていた。吉野は上海から送られてきた情報をもとに帝国大学図書館で働いていた時にそのスパイ活動が発覚し、当局に逮捕されている。戦後は岩波書店が刊行している雑誌「世界」の編集長になり、近年ベストセラーになった『君たちはどう生きるか』の著者でもある。

ヌーランとゾルゲ事件との関係も興味深いが、この件に関しては、鬼丸もはっきりした関連性を指摘していない。

ベトナム戦争を指導し、ベトナムの独立と南北統一を果たしたホー・チー・ミン、当時の名はグエン・アイ・コックも、このヌーランの配下にあった。ヌーランの影響もあってか、ホーは諜報活動を重視したようである。『パーフェクト・スパイ』（*Perfect Spy*, Larry Berman）によると、ベトナム戦争当時、サイゴンのタイム誌で記者として働いていたベトナム人、ファン・クシャン・アンの行なった諜報活動は、北のボー・グエン・ザップ将軍に「わが軍はアメリカの戦略室にいる」という冗談を言わせたほどである。CIAのウイリアム・コルビー、ジャーナリストのデーヴィッド・ハルバースタムやニール・シーハン、米軍のエドワード・ランズデール大佐などは皆タイム誌時代のファンの正体を知らずに、親しく付き合っていた。

一方、戦前、戦中の日本の諜報活動に関する調査はまだ十分に行なわれていないようだが、小谷賢『日本軍のインテリジェンス』(講談社)、斎藤充功『諜報員たちの戦後』(角川書店)などの著作が出ている。前者は、日本の諜報能力が劣り、それが敗戦の一因となったという戦後の通説に疑問を抱き、諜報能力は高かったが、それを統括する参謀本部に問題があったことを指摘している。特に陸軍が、中ソ一辺倒でヒュミント活動を行ない、アメリカに対してはほとんど諜報活動を行なわなかった事実を論じている。後者は、陸軍中野学校の卒業生の戦後の動向やGHQ潜入工作などが記されていて、興味をそそる。国鉄の下山総裁が、轢死体となって発見された下山事件のような未だ真相が分からず、多くの憶測が語られる事件と中野学校卒業生との関係などについての言及などその一例であろう。

これは全く余談になるが、戦後の連合国の対日諜報機関の活動の片鱗を伝える参考になればと、愚弟の経験を記しておく。

もう半世紀以上昔の話になるが、愚弟が早稲田の理工学部の学生時代に、六本木にあった連合軍の酒舗のバーでアルバイトをしていたことがある。そのうち客であった年上のイギリス人女性のリエゾン・オフィサー(連絡将校)と関係ができた。彼女の自動車で東京郊外に連れて行かれ、林の中で初めて情交を交わしたそうである。途端に、アルバイトの給料は三倍以上に跳ね上がり、銀座や六本木の高級レストランやクラブに連れて行かれた。その中で銀座のあるクラブのママに紹介され、その店には彼女のツケで出入りしてよいという許しを得た。そこには当時の日本の政財界の要人が出入りしていたからであった。ママとも深い仲となり、高級な酒をただで飲める環境に愚弟は大いに喜んだ。もちろん、愚弟に要人から秘密の情報を手に入れるような才覚は全くなかったし、その意志も欠けていた。それでもイギリスの女性リエゾン・オフィサーは文句を言わず、自分の高級マンションに愚弟を招き、二人で大いに楽しんだ。そこまでは良かったのだが、文字通り愚かな弟は、酒舗に通ってくる米軍の看護婦長とも親しい仲になった。愚弟はある期間、二股を愉しんだが、そこはリエゾン・オフィサー、たちまち愚弟の「浮気」の事実を知り、我が家の家系のことまで口にし、愚弟は散々脅されることになった。その時の恐怖を後になって愚弟は「殺されて、東京湾に沈められるのではないかと思った」と語っている。そこで、すぐに酒舗を止めてどちらの女性とも縁を切り、事なきを得た。イギリス女性のリエゾン・オフィサーも仕事と情事の両方に愚弟を利用しようとしたのだろうが、当てが外れ、さぞ悔しい思いをしたことだろう。しかし、これも当時、外国の工作員たちが日本でいかに工作員を獲得しようと努力していたかの一つの証拠にはなるだろう。ばかばかしい話ではあるが、敢えて記す次第である。

また、私はもっぱらジョン・バカン、サマセット・モーム、グレアム・グリーン、エリック・アンブラー、ジョン・ル・カレ、イアン・フレミングなどのエスピオナージュ小説を読み、諜報の世界に興味を持つようになったが、愚弟のばかばかしい経験がこの世界への関心を強める契機の一つになったことも確かである。

最後になるが、本書に解説を書いていただいた佐藤優氏に感謝したい。氏は言うまでもなく外務省の優れた情報分析官であったが、省内の国益を無視した人事抗争のとばっちりを食い、拘置所に繋がれた経験を持つ。しかし、そのイスラエルをはじめとする各国要人との関係は深く、氏のような存在が外務省から消えたことは国益の点からも大いに惜しまれる。

また、本訳書刊行までにお世話になったミルトスの谷内意咲氏にも心から感謝の意を表したい。本書のヘブライ語版を読み、私の訳文に多くのアドバイスを与えてくれた。また、訳語の表記と訳注などに関しても大変お世話になった。ヘブライ文化の紹介に尽力している出版社ミルトスの他の方々にも合わせてお礼を申し上げたい。

持田鋼一郎

二〇二〇年三月二十日

● 著者紹介　ウリ・バル＝ヨセフ（Uri Bar-Joseph）

1949年イスラエル生まれ。1990年スタンフォード大学で博士号取得。イスラエルのハイファ大学政治学部名誉教授。イスラエル軍事諜報局の情報分析官として諜報で長年実務を積んできた。『諜報の成功と失敗——比較研究』（*Intelligence Success and Failure: A comparative Study*）など安全保障、諜報、アラブ・イスラエル紛争に関する著書多数。

● 訳者紹介　持田鋼一郎（もちだ　こういちろう）

1942年東京生まれ。早稲田大学政経学部卒業。歌人。紀行・伝記作家。翻訳家。著書に『エステルゴムの春風』（新潮社）、『ユダヤの民と約束の土地』（河出書房新社）他、歌集に『欅の歌』（不識書院）他、訳書に『マサダの声』（ミルトス）、『ナバテア文明』（作品社）他多数。

● 装幀　クリエイティブ・コンセプト

《イスラエル諜報特務庁》
モサド最強のスパイ　エンジェルと呼ばれたエジプト高官　その謎の死を追う

2020年6月30日 初版発行

著　者　ウリ・バル＝ヨセフ
訳　者　持田鋼一郎
発行者　谷内意咲
発行所　株式会社 ミルトス
〒103-0014 東京都中央区日本橋蛎殻町
1-13-4 第1テイケイビル4F
TEL 03-3288-2200 FAX 03-3288-2225
振替口座 00140-0-134058
http://myrtos.co.jp　pub@myrtos.co.jp

印刷・製本 中央精版印刷株式会社　Printed in Japan　ISBN 978-4-89586-165-6
定価はカバーに表示してあります。